“十四五”时期水利类专业重点建设教材(职业教育)
全国水利行业规划教材　高职高专水利水电类
中国水利教育协会策划组织

水利水电工程概论

(第2版·修订本)

主　编　王长运　刘进宝　刘惠娟
副主编　汤能见　张孟希　许明丽
　　　　夏建勇　李俊杰　周　娟
　　　　陈耀宗
主　审　毕守一

黄河水利出版社
·郑州·

内 容 提 要

本书为全国水利行业规划教材、"十四五"时期水利类专业重点建设教材(职业教育),是根据中国水利教育协会职业技术教育分会高等职业教育教学研究会制定的水利水电工程概论课程标准编写完成的。本书主要介绍常见的水利水电工程的类型、基本组成、构造以及相关的一些水利水电工程技术等有关知识。全书包含绪论和9个学习项目,分别讲述水资源与水利水电工程建设概况、水利枢纽、挡水建筑物、泄水建筑物、取水建筑物、水电站、治河防洪工程、灌排工程、水利水电工程施工以及水利工程管理等相关内容。

本书可作为高等职业技术学院、高等专科学校等城市水利、水利水电工程管理、工业与民用建筑、给水排水工程、工程测量、道路与桥梁工程等专业的通用教材,也可作为水利工程管理一线人员的培训教材和参考书,或作为水利技术人员的入门教材。

图书在版编目(CIP)数据

水利水电工程概论/王长运,刘进宝,刘惠娟主编.—2版.—郑州:黄河水利出版社,2019.8 (2025.8 修订本重印)
全国水利行业规划教材
ISBN 978-7-5509-2399-7

Ⅰ.①水… Ⅱ.①王… ②刘… ③刘… Ⅲ.①水利水电工程-高等职业教育-教材 Ⅳ.①TV

中国版本图书馆 CIP 数据核字(2019)第 111190 号

组稿编辑:王路平 电话:0371-66022212 E-mail:hhslwlp@163.com

出 版 社:黄河水利出版社 网址:www.yrcp.com
地址:河南省郑州市顺河路黄委会综合楼 14 层 邮政编码:450003
发行单位:黄河水利出版社
发行部电话及传真:0371-66026940、66020550、66028024、66022620(传真)
E-mail:hhslcbs@126.com
承印单位:河南承创印务有限公司
开本:787 mm×1 092 mm 1/16
印张:14.25
字数:330 千字 印数:4 101—5 000
版次:2009 年 8 月第 1 版 印次:2025 年 8 月第 2 次印刷
2019 年 8 月第 2 版
2025 年 8 月修订本

定价:38.00 元

第2版前言

本书是贯彻落实《国家中长期教育改革和发展规划纲要(2010~2020 年)》、《国务院关于加快发展现代职业教育的决定》(国发〔2014〕19 号)、《现代职业教育体系建设规划(2014~2020 年)》和《水利部 教育部关于进一步推进水利职业教育改革发展的意见》(水人事〔2013〕121 号)等文件精神,在中国水利教育协会指导下,由中国水利教育协会职业技术教育分会高等职业教育教学研究会组织编写的第三轮水利水电类专业规划教材。第三轮教材以学生能力培养为主线,体现出实用性、实践性、创新性的教材特色,是一套理论联系实际、教学面向生产的高职教育精品规划教材。

本书于 2023 年 3 月被中国水利教育协会推荐为"十四五"时期水利类专业重点建设教材(职业教育)。

为了不断提高教材质量,编者于 2025 年 8 月,根据近年来国家及行业最新颁布的规范、标准、规定等,以及在教学实践中发现的问题和错误,对全书进行了修订完善。

本书第 1 版自 2009 年 8 月出版以来,因其通俗易懂,全面系统,应用性知识突出,可操作性强等特点,受到全国高职高专院校水利类专业师生及广大水利从业人员的喜爱。随着我国水利水电工程新技术、新材料、新方法的不断发展,为进一步满足教学需要,应广大读者的要求,编者在第 1 版的基础上对原教材内容进行了全面修订、补充和完善。

本次再版,根据本课程的培养目标和当前水利水电工程的发展状况,力求简化理论教学,扩大知识面,反映水利水电工程发展的需要;力求综合运用基本理论和知识,以解决工程实际问题;力求理论联系实际,以应用为主,内容上尽量符合实际需要。

本书重点讲述水利水电工程的基本特点、作用、类型、构造和布置方式,并尽量反映水利水电工程设计、施工与管理等方面的新技术、新材料、新方法的应用以及最新的水利水电工程建设成就,以使学生较为全面地、有针对性地获取水利水电工程方面的知识。本书按照项目与任务来进行编写,每个项目开篇指明学习目标,项目后附有一定数量的项目自测题,有助于读者掌握各项目的重点知识。

本书编写人员及编写分工如下:山西水利职业技术学院王长运编写绪论,山西水利职业技术学院陈耀宗编写项目一,安徽水利水电职业技术学院周娟编写项目二,广西水利电力职业技术学院刘惠娟编写项目三,浙江同济科技职业学院刘进宝编写项目四,湖南水利水电职业技术学院张孟希编写项目五,辽宁生态工程职业学院许明丽编写项目六,河南水利与环境职业学院李俊杰编写项目七,江西水利职业学院夏建勇编写项目八,长江工程职业技术学院汤能见编写项目九。本书由王长运、刘进宝、刘惠娟担任主编,王长运负责全书统稿;由汤能见、张孟希、许明丽、夏建勇、李俊杰、周娟、陈耀宗担任副主编;由安徽水利水电职业技术学院毕守一教授担任主审。

在编写过程中，参阅和借鉴了有关教材和科技文献，除部分已在本书参考文献中列出外，其余未能一一注明，编者在此一并表示感谢！

由于本次编写时间仓促，对于书中存在的缺点和疏漏，恳请广大读者批评指正。

编　者

2025 年 8 月

目 录

第2版前言
绪 论 ……………………………………………………………………………… (1)
任务一 水资源与水利工程 ……………………………………………………… (1)
任务二 水利水电工程建设与发展 ……………………………………………… (5)
任务三 水利水电工程建设程序 ………………………………………………… (7)
项目自测题 ……………………………………………………………………… (10)
项目一 水利枢纽 ……………………………………………………………… (11)
任务一 水利枢纽及水工建筑物 ………………………………………………… (11)
任务二 水利枢纽的分等与水工建筑物的分级 ………………………………… (17)
任务三 水 库 …………………………………………………………………… (19)
项目自测题 ……………………………………………………………………… (21)
项目二 挡水建筑物 …………………………………………………………… (22)
任务一 重力坝 …………………………………………………………………… (22)
任务二 土石坝 …………………………………………………………………… (33)
任务三 拱 坝 …………………………………………………………………… (42)
任务四 支墩坝与面板坝 ………………………………………………………… (51)
项目自测题 ……………………………………………………………………… (54)
项目三 泄水建筑物 …………………………………………………………… (56)
任务一 泄水建筑物的分类与作用 ……………………………………………… (56)
任务二 溢流坝与坝身泄水孔 …………………………………………………… (57)
任务三 河岸溢洪道 ……………………………………………………………… (63)
任务四 水工隧洞 ………………………………………………………………… (68)
项目自测题 ……………………………………………………………………… (78)
项目四 取水建筑物 …………………………………………………………… (79)
任务一 无坝取水与有坝取水 …………………………………………………… (79)
任务二 水 闸 …………………………………………………………………… (81)
任务三 其他型式的闸坝 ……………………………………………………… (100)
任务四 水泵与泵站 …………………………………………………………… (104)
项目自测题 …………………………………………………………………… (117)
项目五 水电站 ………………………………………………………………… (118)
任务一 水电站类型 …………………………………………………………… (118)
任务二 水电站建筑物 ………………………………………………………… (124)

任务三　水电站厂区工程 …………………………………………………… (138)
任务四　水电站的主要机电设备 …………………………………………… (146)
项目自测题 …………………………………………………………………… (147)
项目六　治河防洪工程 ……………………………………………………… (148)
任务一　治河工程 …………………………………………………………… (148)
任务二　防洪工程 …………………………………………………………… (157)
项目自测题 …………………………………………………………………… (161)
项目七　灌排工程 …………………………………………………………… (162)
任务一　灌溉制度与灌排技术 ……………………………………………… (162)
任务二　灌排渠系布置 ……………………………………………………… (168)
任务三　渠道及渠系建筑物 ………………………………………………… (173)
任务四　节水灌溉 …………………………………………………………… (179)
项目自测题 …………………………………………………………………… (184)
项目八　水利水电工程施工 ………………………………………………… (186)
任务一　水利水电工程施工的特点及内容 ………………………………… (186)
任务二　施工导流与截流 …………………………………………………… (187)
任务三　施工技术 …………………………………………………………… (193)
任务四　施工组织设计 ……………………………………………………… (204)
项目自测题 …………………………………………………………………… (206)
项目九　水利工程管理 ……………………………………………………… (208)
任务一　水利工程管理的任务与工作内容 ………………………………… (208)
任务二　水利工程的检查与观测 …………………………………………… (209)
任务三　水利工程的养护与修理 …………………………………………… (215)
项目自测题 …………………………………………………………………… (219)
参考文献 ……………………………………………………………………… (220)

绪 论

【学习目标】 熟悉我国水资源的状况,水利工程分类和特点;了解我国水利工程建设的成就与发展;了解水利水电工程建设的程序。

任务一 水资源与水利工程

一、水资源

(一)水资源定义

水资源作为地球自然资源的一种,是指地球所属范围内的、可作为资源的水,包括地球表面、地层中和围绕地球的大气中的水分。1988 年由联合国教科文组织和世界气象组织给出的水资源定义为:作为资源的水应当是可供利用或有可能被利用,具有足够数量和可用质量,并可适合某地对水的需求而能长期供应的水源。因此,水资源可以理解为人类长期生存、生活和生产过程中所需要的各种水,既包括了它的数量和质量,又包括了它的使用价值和经济价值。许多国家在谈到水资源时,常常把通过全球水文循环而可不断获得补充的淡水作为水资源。

综上所述,水资源作为维持人类社会存在及发展的重要资源之一,应当具有以下的功能:

(1)可以按照社会的需要提供或有可能提供的水量。

(2)水量有可靠的来源,且来源可以通过自然界水文循环不断得到更新或补充。

(3)水量可以由人工加以控制。

(4)水量及水质能够适应人类用水的需求。

(二)我国水资源状况

1. 我国水资源的特点

(1)人均水资源占有量偏少。根据 2018 年中国水资源公报,我国水资源总量为 27 462.5亿 m^3,居世界第六位。根据 2018 年人口统计,全国人均水资源量为 1 975.6 m^3,约为世界人均水资源占有量的 1/4。

(2)水土资源的区域分布条件不相匹配。将全国 10 个流域分区合并成南方 4 区、北方 6 区,其中南方片水资源总量占全国的 78.9%,耕地占全国的 36.5%,年用水量占全国的 55%;北方片水资源总量占全国的 21.1%,耕地占全国的 63.5%,年用水量占全国的 45%。

(3)年际和季节变化大,水旱灾害频繁。我国大部分地区季风影响显著,降水量、径流量的年际和季节变化很大,而且干旱地区的变化一般大于湿润地区。降水量和径流量年际间的悬殊差别和年内高度集中的特点,不仅给开发利用水资源带来了困难,也是水旱灾害频繁的根本原因。

(4)地下水分布广泛，是北方地区重要的供水水源。由于地下水分布相对地表水均匀且相对稳定，年际与季节变化小，水质较好，不易污染，在北方地表水资源相对贫乏的地区，地下水对工业、农业和城镇供水有着重要的意义。东北诸河、海河、淮河和山东半岛、内陆诸河等地区的地下水开采量，约占总供水量的1/4。其中，海河地下水开采量占全流域供水量的47%。

(5)水质变化大，污染严重。我国河流的天然水质相当好。水量较多的地区，河水矿化度和总硬度都比较低。由于人口的不断增长和工业迅速发展，废污水的排放量增加很快，水体污染日趋严重。北方地区水体污染比南方严重，西部比东部严重。在我国大城市的工业区和人口密集区附近的水体污染较严重。全国的江河水质，中小河流水污染状况重于各大水系干流。由于排入河道的废水总量没有得到有效控制，河流水污染继续呈上升趋势和扩散状态。

(6)水土流失严重，河流泥沙含量大。由于自然条件和长期以来人类活动的结果，我国森林覆盖率很低，水土流失严重。水利部2018年监测结果显示：全国水土流失面积273.69万km^2，面积大，分布广，特别是中西部地区、黄土高原、东北黑土区、长江经济带、石漠化等区域水土流失问题依然突出。

2. 我国的水资源总量

我国地域辽阔，河流、湖泊众多，水资源总量丰富。我国有河流4.2万条，河流总长度达40万km以上，其中流域面积在1 000 km^2以上的河流有1 600多条。我国还是一个多湖泊的国家，湖水面积在1 km^2以上的湖泊有2 300多个，湖泊总面积为71 790 km^2，储水总量为7 088亿m^3，其中淡水储量2 261亿m^3。

我国水资源总量由地表水、地下水、湖泊、冰川等几部分组成，其中地表水资源占96%左右。全国各流域片水资源总量见表0-1。

表0-1 2018年各水资源一级区水资源量

水资源一级区	降水量(mm)	地表水资源量(亿m^3)	地下水资源量(亿m^3)	地下水与地表水资源不重复量(亿m^3)	水资源总量(亿m^3)
全国	682.5	26 323.2	8 246.5	1 139.3	27 462.5
北方6区	379.1	4 830.2	2 742.7	977.0	5 807.2
南方4区	1 220.2	21 493.0	5 503.8	162.3	21 655.3
松花江区	569.9	1 441.7	553.0	246.9	1 688.6
辽河区	511.3	307.8	161.6	79.3	387.1
海河区	540.7	173.9	257.1	164.4	338.4
黄河区	551.6	755.3	449.8	113.8	869.1
淮河区	925.2	769.9	431.8	258.8	1 028.7
长江区	1 086.3	9 238.1	2 383.6	135.6	9 373.7
其中：太湖流域	1 381.8	204.1	52.3	27.3	231.3

续表 0-1

水资源一级区	降水量(mm)	地表水资源量(亿 m^3)	地下水资源量(亿 m^3)	地下水与地表水资源不重复量(亿 m^3)	水资源总量(亿 m^3)
东南诸河区	1 607.2	1 505.5	420.1	12.2	1 517.7
珠江区	1 599.7	4 762.9	1 163.0	14.6	4 777.5
西南诸河区	1 147.9	5 986.5	1 537.1	0	5 986.5
西北诸河区	203.9	1 381.5	889.4	113.7	1 495.3

二、水利工程

人类需要适时适量的水，水量偏多或偏少往往造成洪涝或干旱等灾害，旱、涝灾害一直是世界自然灾害中损失较大的两种灾害。水资源受气候影响，在时间、空间上分布不均匀，因而出现了来水与用水之间的不相适应。国民经济各用水部门为了解决这一矛盾，实现水资源在时间上、地区上的重新分布，做到蓄洪补枯、以丰补缺，消除水旱灾害，发展灌溉、发电、供水、航运、养殖、旅游和维护生态环境等事业，都需要因地制宜地修建必要的蓄水、引水、提水或跨流域调水工程，以使水资源得到合理开发、利用和保护。对自然界的地表水和地下水进行控制和调配，以达到除害兴利目的而修建的各项工程，总称为水利工程。

水利工程按其承担的任务可分为防洪工程、农田水利工程、水力发电工程、给水排水工程、航道及港口工程、环境水利工程等。一项工程同时兼有几种任务的，称为综合利用水利工程。现代水利工程多是综合利用的工程。水资源开发利用由原始的单一目标，向现代的多目标、整体优化转变，是人类文明进步的体现。

按水利工程对水的作用可分为蓄水工程、排水工程、取水工程、输水工程、提水工程、水质净化和污水处理工程。

（一）防洪工程

洪水泛滥可使农业大量减产，工业、交通、电力等正常生产遭到破坏，严重时，则会造成农业绝收、工业停产、人员伤亡等。如 1931 年长江宜昌站出现 63 600 m^3/s 的洪峰，上自沙市，下至上海，沿江城市全部被水淹没，南京也未幸免，武汉一片汪洋，受淹百日之久。鄂、湘、皖、赣、苏、浙、豫等七省 205 个县、5 000 多万亩（1 亩 = 1/15 hm^2）农田、2 855 万人口受灾，死亡 14.5 万人，损失惨重。

防洪措施是防止或减轻洪水灾害损失的各种手段和对策。现代防洪措施包括工程防洪措施和非工程防洪措施。

工程防洪措施主要通过控制洪水、改变洪水特性来达到防洪减灾的目的，其内容包括水土保持工程、水库工程、堤防工程、分蓄洪工程、河道整治工程等。从性质上来说，可概括为“拦、蓄、分、泄”四个方面。

非工程防洪措施是 20 世纪 50 年代以来逐步研究形成的防洪减灾的一种新概念。它是通过行政、法律、经济和现代化技术等手段，调整洪水威胁地区的开发利用方式，加强防洪管理，以适应洪水的天然特性，减轻洪灾损失，节省防洪基建投资和工程维护管理费用。

（二）农田水利工程

农业是国民经济的基础，党和国家把发展“三农”作为当前经济的首要问题。农田水利工程就是通过工程措施来改变地区水情和调节农田水分状况，使之符合发展农业生产的需要，促进农业生产的发展。

改变地区水情是一项巨大而复杂的工程，不仅要考虑农业生产，还应考虑其他用水部门的要求，即对水资源进行全面规划、综合利用。因此，改变地区水情必须在当地区域规划的基础上进行。

改变和调节农田水分状况是农田水利的基本任务，其措施一般有下列两种：

(1)灌溉措施。按照作物的需要有计划地将水量输送和分配到田间，以补充农田水分的不足，改变土壤中养料、通气、热状况等，达到提高土壤肥力和改良土壤的目的。

(2)排水措施。修建排水系统将农田内多余的水分排至一定范围之外，使农田水分保持适宜状态，满足通气、养料和热状况的要求，以适应农作物的正常生长。

（三）水力发电工程

水能资源是一种洁净能源，具有运行成本低、不消耗水量、环保生态、可循环再生等特点，是其他能源不可比拟的。水力发电是利用水能资源来进行发电。

水力发电通常是在河流上筑坝或修引水道，集中河段落差取得水头，并通过水库调节径流取得流量，引导水流通过电站厂房中安装的水轮发电机组，将水能转换为机械能和电能，然后通过输变电线路，把电能输入电网或送到用户。

（四）给水排水工程

给水是指供给城镇居民生活和工矿企业生产的用水，排水是指排除工矿企业及城市废水、污水和地面雨水。给水必须满足用水水质标准，排水必须符合国家规定的污水排放标准。

给水排水工程的目的就是通过工程措施来满足城镇的给水与排水需求。给、排水措施，应在流域规划和地区规划统一指导下，统一调配水量。必要时采取蓄水、调水措施，如修建水库、开运河、南水北调等。

（五）航道及港口工程

航道及港口工程是为发展水上运输而兴建的各种工程设施。水运具有运量大、运费低、能耗少、占地少等突出优点。因此，水运是水资源综合利用的重要方面，又是交通运输的重要组成部分。

航道是船舶航行的通路，分天然航道和人工运河两大类。天然航道包括内河航道和近海入港航道。港口是供船舶安全停泊、完成装卸并实行补给的水陆运输枢纽。港口按使用特点可分为商港、工业港、军港、渔港和避风港等。港口按所处地理位置可分为内河港、河口港和海岸港。内河港位于天然河流、人工运河、湖泊或水库内；河口港和海岸港统称海港。

（六）环境水利工程

环境水利工程是为保护和改善水环境而修建的工程设施。主要包括：①在保护和改善生态环境方面，如过鱼建筑物、人工孵育场和人工产卵场、为改善水生物环境的蓄水或排水工程、改善鱼类洄游和河口环境的入海河口排沙防淤工程、防止坝下溶解氮过饱和的工程、改善坝下低温的建筑物、提高水温的工程措施等；②在防治水污染方面，通过修建闸坝等工程，保证环境要求的水位和流量，提高河流自净能力，建设氧化塘处理工程系统、土地处理工程系统、污水深水排放工程等；③改善景观方面，应用水利美学原理设计形式优美的水工建筑物，与景观协调一致；④通过水利工程防治疾病和流行病的发生以及防治病虫害。

任务二 水利水电工程建设与发展

一、我国水利水电工程建设

几千年来，我国劳动人民在与洪水作斗争和开发利用水资源方面，取得了突出的成就，积累了很多宝贵的经验。例如，从春秋时期开始，在黄河下游沿岸修建的堤防，经历代整修加固至今，已形成近 1 600 km 的黄河大堤，为江河治理、堤坝建设与养护提供了丰富的经验；从公元前 485 年开始兴建到 1293 年全线通航，纵贯我国南北，全长 1 794 km 的京杭大运河，是世界上最长的运河，对便利我国南北交通发挥了重要作用；公元前 256 年，在四川省灌县建成的都江堰工程，利用鱼嘴分洪、飞沙堰泄洪排沙、宝瓶口引水，是世界上现存历史最长的无坝引水工程，至今仍在发挥巨大的效益。

根据 2017 年全国水利发展统计公报，截至 2017 年年底，全国已建成 5 级及以上江河堤防 30.6 万 km，达标堤防 21 万 km；已建成流量为 5 m^3/s 及以上水闸 103 878 座，其中大型水闸 893 座；已建成各类水库 98 795 座，总库容 9 035 亿 m^3，其中大型水库 732 座，总库容 7 210 亿 m^3；已建成日取水大于等于 20 m^3 的供水机电井或内径大于 200 mm 的灌溉机电井共 496 万眼；已建成各类装机流量 1 m^3/s 或装机功率 50 kW 以上的泵站 95 077 处，其中大型泵站 375 处；已建成设计灌溉面积 2 000 亩及以上的灌区 22 780 处，耕地灌溉面积 3 748 万 hm^2，其中 30 万～50 万亩大型灌区 281 处；已建成农村水电站 47 498 座，装机容量 7 927 万 kW，占全国水电装机容量的 23.2%；全国水土流失综合治理面积达 125.8 万 km^2；已有各类水文测站 113 245 座，其中国家基本水文站 3 146 处。

过去的黄河，曾在 3 000 年内决口 1 500 次以上，而经治理后，在 1958 年尽管遭遇到与 1933 年大灾之年同样大的洪水(22 300 m^3/s)，却未出现决口，经受住了考验，并出现了 70 年黄河岁岁安澜的前所未有的新局面。淮河经过治理也改变了“大雨大灾，小雨小灾，无雨旱灾”的悲惨景象。1963 年开始根治海河，在海河中、下游初步建立起防洪除涝系统，尾闾不畅的情况也有所改善。

我国建坝数量居世界之首，且不同型式的高坝在逐年增多。例如：长江三峡水利枢纽是我国目前最大的水电站，最大坝高 181 m(混凝土重力坝)，水电装机达 1 820 万 kW；位于红水河上游的广西天峨县境内的龙滩水电站，拥有最高的碾压混凝土大坝(高 216.5 m)、最高的升船机(高 179 m)、最大的地下厂房(长 388.5 m、宽 28.5 m、高 74.4 m)三项世界之最；位于云南省兰坪县的黄登水电站，拥有高度仅次于龙滩的碾压混凝土重力坝，最大坝高 203 m；位于清江中游巴东县的水布垭水电站，拥有目前世界上最高的面板堆石坝，最大坝高 233 m；位于汶川县境内岷江一级支流草坡河上游的沙牌水电站，拥有目前世界上最高的碾压混凝土拱坝，最大坝高132 m；位于云南省大理州南涧县与临沧市凤庆县交界的澜沧江中游河段的小湾水电站，拥有目前世界上最高的双曲拱坝，最大坝高292 m。水电建设飞速发展，改革开放初期中国水电的总装机容量和发电量仅为1 727万 kW和446亿kW·h，至2017年年底这一数字已分别达到了3.41亿kW和1.19万亿kW·h，增长了约20倍和26倍，均已超过了全球水电开发量和发电量的1/4。据不完全统计，截至2017年年底，我国已建装机5万kW以下的小水电站4.7万余座，总装机容量约7 927万kW；装机5万~30万（不含）kW的中型水电站479座，总装机容量约4 487万kW；已建装机30万kW及以上的大型水电站152座，发电机组797台，总装机容量约2.22亿kW，年发电量约7 200亿kW·h。在这些已建水电站中，包括各类抽水蓄能电站34座，总装机容量2 942.5万kW。

为解决城市供水，优化水资源配置，跨流域调水方兴未艾，完成了引滦入津、引黄济青、引碧入连、东圳引水、引黄入晋等供水工程，规模更大、更具有战略意义的南水北调中线工程、南水北调东线工程（一期）已经完工并向北方地区调水。

随着水利水电工程建设的发展，制定并完善了水利水电建设法律、法规、规程、规范和建设规划，促进了水利水电科学技术的普及与提高。在实践中培养并建成了一只勘测、设计、施工、管理和水利科研队伍，完成了许多大型水利水电工程的勘测、设计、施工以及设备制造与安装。与此同时，在大规模的水利水电建设中，积累了很多改造自然的宝贵经验，并提出了水利水电建设的新思路、新任务。

二、现代水利水电工程建设的发展

随着国民经济的不断发展和人口的增长，水和电的需求量都在逐年增加，而科学技术和设计理论的提高，又为水利水电工程特别是大型水利水电工程的发展提供了有利条件。现代水利水电工程建设的发展主要表现在以下几方面：

（1）大水库、大水电站和高坝建设逐年增多。根据水利部2012年统计，全世界库容在600亿m^3以上的大水库有14座，其中，最大的乌干达的欧文瀑布水库，总库容为2 048亿m^3；已建成的设计装机容量在400万kW以上的水电站12座，其中我国现已建和在建的就有9座，最大的是我国的三峡水电站，设计装机容量1 820万kW；200 m以上的高坝，现已建和在建的有71座。

目前，世界上最高的土石坝位于我国在建的双江口水电站，坝高314 m；最高的重力坝是瑞士的大狄克桑斯坝，坝高285 m；最高的拱坝在我国的小湾水电站，坝高292 m；最高的堆石坝在我国的糯扎渡水电站，坝高261.5 m。

（2）新坝型、新材料研究取得可喜成果。将土石坝施工中的碾压技术应用于混凝土坝的碾压混凝土筑坝新技术，不仅成功地用于重力坝，而且已开始在拱坝中采用。我国的龙滩水电站拥有最高的碾压混凝土重力坝（坝高216.5 m），沙牌水电站拥有最高的碾压混凝土拱坝（坝高132 m）。随着大型碾压施工机械的出现，混凝土面板堆石坝已在许多国家广为采用，我国的水布垭水电站拥有目前世界上最高的面板堆石坝（坝高233 m）。超贫胶结材料坝试验研究在国内外已经展开，并开始建筑了一些试验坝，预计在中、低坝建设中有广阔的发展前景。

(3)泄洪建筑物泄洪总量大,单宽流量也在不断提高。葛洲坝水利枢纽泄洪总量达 11 万 m^3/s;溪洛渡水电站泄洪总量为 5 万 m^3/s,其中,表孔泄量为 20 400 m^3/s、深孔泄量为 12 900 m^3/s、泄洪洞最大泄流量达 16 700 m^3/s,是目前世界上拱坝枢纽中泄量最大的。国内外泄洪单宽流量最大已超过 300 $m^3/(s \cdot m)$,葡萄牙卡斯特罗·让·博得拱坝泄槽为 364 $m^3/(s \cdot m)$,伊朗瑞萨·夏·卡比尔岸边溢洪道为 355 $m^3/(s \cdot m)$;我国三峡水利枢纽的深孔达 312 $m^3/(s \cdot m)$,五强溪溢流坝达 295 $m^3/(s \cdot m)$。峡谷区建高坝采用大流量是很少见的,而溪洛渡、龙滩等工程施工期 2% ~1% 频率的导流流量均达到 10 000 m^3/s 左右。

(4)高度机械化的隧洞掘进机(TBM)技术的应用,为大型地下工程和特长深埋隧洞工程的顺利完成提供了广阔前景。TBM 技术在国外应用已相当广泛,如澳大利亚雪山水利工程(工程包括 137 km 的引水隧洞、80 km 的高架渠、7 个水力发电站、2 个抽水站以及库容为 85 亿 m^3 的水库)、长 50 km 的英吉利海峡隧道以及长 90 km 以上的瑞士洛克伯格和哥特哈德隧道都应用了 TBM 技术。我国在水工隧洞和城市地铁隧道建设中也开始应用盾构施工。南水北调中线工程中规模最大、单项工期最长、技术含量最高、施工难度最复杂的穿黄隧洞,盾构机带着近 9 m 的圆形刀盘在黄河底部穿行了 720 个日夜,掘进了 4 250 m。南水北调西线工程的长须—恰给弄自流线路引水隧洞地处海拔 3 000 m 以上的青藏高原,隧洞全长 131 km,埋深 40 ~1 200 m,开挖洞径 10.9 m,TBM 技术将大有用武之地。

(5)地基处理和加固技术不断发展,使得处理效果更加可靠,造价进一步降低。例如深覆盖层地基防渗处理,广泛采用混凝土防渗墙技术。西藏旁多水利枢纽工程防渗墙是世界最深的防渗墙工程,其最深成墙深度达 158.47 m。旁多水利枢纽大坝基础防渗设计采用深 120 m 混凝土防渗墙下接 3 排灌浆帷幕的全封闭方案,防渗墙轴线总长度为 1 073 m,墙体最终成槽深度将达到 155 m。此外,利用水泥或水泥黏土进行帷幕灌浆也是处理深层覆盖层的一项有效措施,如法国的谢尔蓬松坝,高 129 m,帷幕深 110 m,从蓄水后的观测资料看,阻水效果较好。20 世纪 70 年代初出现的利用水气射流切割掺搅地层,同时将胶结材料(如水泥浆)灌注到被掺搅的地层中去的高压喷射灌浆,也已成功地应用于地基防渗和加固处理。

(6)计算机在水利水电建设中得以广泛使用。随着高速度、大容量计算机的出现,水工结构、水工水力学和水利施工中的许多复杂问题都可以通过计算机得到解决。由于在计算中可以很方便地变更参数,因而可以迅速地进行方案比较和选择建筑物的最优方案。

(7)大型试验设备和现场量测设备的发展,使得水工建筑物的模型试验和原型观测也得到相应的发展,并且可与电算分析方法相结合,互相校核、互相验证,还可以通过反演分析进行安全评价和安全预测。这些研究成果反馈到工程设计中,使得设计更加安全、可靠,也更加经济合理。

任务三 水利水电工程建设程序

为加强水利建设市场管理,进一步规范水利工程建设程序,推进项目法人责任制、建设监理制、招标投标制的实施,促进水利建设实现经济体制和经济增长方式的两个根本性转变,根据国家有关法律、法规,制定了我国水利水电工程建设程序。水利水电工程建设程序一般分为:项目建议书、可行性研究报告、施工准备、初步设计、建设实施、生产准备、竣工验收、后评价等阶段。

一、项目建议书阶段

(1)项目建议书应根据国民经济和社会发展的长远规划、流域综合规划、区域综合规划、专业规划,按照国家产业政策和国家有关投资建设方针进行编制,是对拟进行建设项目的初步说明。

(2)项目建议书应按照《水利水电工程项目建议书编制规程》(SL 617—2013)编制。

(3)项目建议书编制一般由政府委托有相应资格的设计单位承担,并按国家现行规定权限向主管部门申报审批。项目建议书被批准后,由政府向社会公布,若有投资建设意向,应及时组建项目法人筹备机构,开展下一建设程序工作。

二、可行性研究报告阶段

(1)可行性研究应对项目进行方案比较,对在技术上是否可行和经济上是否合理进行科学的分析和论证。经过批准的可行性研究报告,是项目决策和进行初步设计的依据。可行性研究报告由项目法人(或筹备机构)组织编制。

(2)可行性研究报告应按照《水利水电工程可行性研究报告编制规程》(SL 618—2013)编制。

(3)可行性研究报告按国家现行规定的审批权限报批。申报项目可行性研究报告,必须同时提出项目法人组建方案及运行机制、资金筹措方案、资金结构及回收资金的办法。

(4)可行性研究报告经批准后,不得随意修改和变更,在主要内容上有重要变动,应经原批准机关复审同意。项目可行性研究报告批准后,应正式成立项目法人,并按项目法人责任制实行项目管理。

三、施工准备阶段

项目可行性研究报告已经批准,年度水利投资计划下达后,项目法人即可开展施工准备工作,其主要内容包括:

(1)施工现场的征地、拆迁;

(2)完成施工用水、用电、通信、道路和场地平整等工程;

(3)必需的生产、生活临时建筑工程;

(4)实施经批准的应急工程、试验工程等专项工程;

(5)组织招标设计、咨询、设备和物资采购等服务;

(6)组织相关监理招标,组织主体工程招标准备工作。

工程建设项目施工,除某些不适应招标的特殊工程项目外(须经水行政主管部门批准),均须实行招标投标。水利工程建设项目的招标投标,按有关法律、行政法规和《水利工程建设项目招标投标管理规定》等规章执行。

四、初步设计阶段

(1)初步设计是根据批准的可行性研究报告和必要而准确的设计资料,对设计对象进行通盘研究,阐明拟建工程在技术上的可行性和经济上的合理性,规定项目的各项基本技术参数,编制项目的总概算。初步设计任务应择优选择有项目相应资格的设计单位承担,依照有关初步设计编制规定进行编制。

(2)初步设计报告应按照《水利水电工程初步设计报告编制规程》(SL 619—2013)编制。

(3)初步设计文件报批前,一般须由项目法人委托有相应资格的工程咨询机构或组织行业各方面(包括管理、设计、施工、咨询等方面)的专家,对初步设计中的重大问题进行咨询论证。设计单位根据咨询论证意见,对初步设计文件进行补充、修改、优化。初步设计由项目法人组织审查后,按国家现行规定权限向主管部门申报审批。

(4)设计单位必须严格保证设计质量,承担初步设计的合同责任。初步设计文件经批准后,主要内容不得随意修改、变更,并作为项目建设实施的技术文件基础。如有重要修改、变更,须经原审批机关复审同意。

五、建设实施阶段

(1)建设实施阶段是指主体工程的建设实施,项目法人按照批准的建设文件,组织工程建设,保证项目建设目标的实现。

(2)水利工程具备《水利工程建设项目管理规定(试行)》(2016 年水利部令第 48 号修正)规定的开工条件后,主体工程方可开工建设。项目法人或者建设单位应当自工程开工之日起 15 个工作日内,将开工情况的书面报告报项目主管单位和上一级主管单位备案。

(3)项目法人要充分发挥建设管理的主导作用,为施工创造良好的建设条件。项目法人要充分授权工程监理,使之能独立负责项目的建设工期、质量、投资的控制和现场施工的组织协调。监理单位的选择必须符合《水利工程建设监理规定》(2017 年水利部令第 49 号修正)的要求。

(4)要按照"政府监督、项目法人负责、社会监理、企业保证"的要求,建立健全质量管理体系,重要建设项目须设立质量监督项目站,行使政府对项目建设的监督职能。

六、生产准备阶段

生产准备是项目投产前所要进行的一项重要工作,是建设阶段转入生产经营的必要条件。项目法人应按照建管结合和项目法人责任制的要求,适时做好有关生产准备工作。

生产准备应根据不同类型的工程要求确定,一般应包括如下主要内容:

(1)生产组织准备。建立生产经营的管理机构及相应管理制度。

(2)招收和培训人员。按照生产运营的要求,配备生产管理人员,并通过多种形式的培训,提高人员素质,使之能满足运营要求。生产管理人员要尽早介入工程的施工建设,参加设备的安装调试,熟悉情况,掌握好生产技术和工艺流程,为顺利衔接基本建设和生产经营阶段做好准备。

(3)生产技术准备。主要包括技术资料的汇总、运行技术方案的制订、岗位操作规程制定和新技术准备。

(4)生产的物资准备。主要是落实投产运营所需要的原材料、协作产品、工器具、备品备件和其他协作配合条件的准备。

(5)正常的生活福利设施准备。

及时具体落实产品销售合同协议的签订,提高生产经营效益,为偿还债务和资产的保值增值创造条件。

七、竣工验收

(1)竣工验收是工程完成建设目标的标志,是全面考核基本建设成果、检验设计和工程质量的重要步骤。竣工验收合格的项目即从基本建设转入生产或使用。

(2)当建设项目的建设内容全部完成,并经过单位工程验收(包括工程档案资料的验收),符合设计要求并按《水利工程建设项目档案管理规定》(水利部水办〔2005〕480号)的要求完成了档案资料的整理工作,完成竣工报告、竣工决算等必需文件的编制后,项目法人按《水利工程建设项目管理规定(试行)》(2016年水利部令第48号修正)规定,向验收主管部门提出申请,根据国家和部颁验收规程,组织验收。

(3)竣工决算编制完成后,须由审计机关组织竣工审计,其审计报告作为竣工验收的基本资料。

(4)工程规模较大、技术较复杂的建设项目可先进行初步验收。不合格的工程不予验收;有遗留问题的项目,对遗留问题必须有具体处理意见,且有限期处理的明确要求并落实责任人。

八、后评价

(1)建设项目竣工投产后,一般经过1~2年生产运营后,要进行一次系统的项目后评价,主要内容包括:影响评价——项目投产后对各方面的影响进行评价;经济效益评价——对项目投资、国民经济效益、财务效益、技术进步和规模效益、可行性研究深度等进行评价;过程评价——对项目的立项、设计施工、建设管理、竣工投产、生产运营等全过程进行评价。

(2)项目后评价一般按三个层次组织实施,即项目法人的自我评价、项目行业的评价、计划部门(或主要投资方)的评价。

(3)建设项目后评价工作必须遵循客观、公正、科学的原则,做到分析合理、评价公正。通过建设项目的后评价以达到肯定成绩、总结经验、研究问题、吸取教训、提出建议、改进工作,不断提高项目决策水平和投资效果的目的。

项目自测题

1. 水资源的概念以及我国水资源的特点是什么?
2. 什么是水利工程?水利工程的类型有哪些?
3. 简要介绍我国水利水电工程建设成就。
4. 现代水利水电工程建设的发展主要表现在哪些方面?
5. 水利工程的建设一般要经历哪些阶段?各阶段主要的工作内容是什么?

项目一　水利枢纽

【学习目标】　掌握水利枢纽和水工建筑物的概念，熟悉水工建筑物的类型和水利工程的特点；了解水利枢纽的分等和水工建筑物的分级；了解水库的作用以及水库的特征水位。

任务一　水利枢纽及水工建筑物

一、水利枢纽

为了满足防洪要求，获得灌溉、发电、供水等方面的效益，需要在河流的适宜地段修建不同类型的建筑物，用来控制和支配水流，这些建筑物统称水工建筑物。不同类型的水工建筑物组成的综合体称为水利枢纽。

一个水利枢纽的功能可能是单一的，如防洪、发电、灌溉、引水等，但多数是兼有几种功能的，称为综合利用水利枢纽。水利枢纽按其所在地区的地貌形态分为平原地区水利枢纽和山区（包括丘陵区）水利枢纽；也可按承受水头的大小分为高、中、低水头水利枢纽。有些水利枢纽常以其主体工程（坝或水电站）或形成的水库名称来命名，如埃及的阿斯旺高坝、中国的新安江水电站及官厅水库等。

低水头水利枢纽多建在河道下游的平原地区或河道开阔地段。由于河床坡度平缓、地形开阔，枢纽中的挡水建筑物多为较低的拦河闸或溢流坝，因而壅水不高、库容较小、调蓄能力不大，在岩基或软基上均可修建。

高、中水头水利枢纽位于山区或丘陵区，通常是坝高、洪水流量大，地基多为岩基。

（一）韶山灌区洋潭引水枢纽

韶山灌区洋潭引水枢纽位于湘江支流涟水的中游，上距水府庙水库 18 km，是一座以灌溉为主，兼有防洪、发电、航运和供水等效益的综合利用水利枢纽，见图 1-1。

枢纽工程壅高水位为 10 m，在正常引水位和 200 年一遇洪水位时的库容分别为 2 100 万 m^3 和 5 300 万 m^3。由于地形开阔、壅水不高，而洪水流量又较大，工程主体采用混凝土溢流坝及河床式电站。溢流坝段长 170 m，高 14.6 m，布置在河床中部，坝顶不设闸门，平时用来挡水，大水时可以溢流。因泄放水的需要，在溢流坝右侧建有泄洪闸，长 59 m，分为 5 孔，每孔装 10 m × 9.3 m 弧形闸门。为防止泄洪时冲刷右侧岸坡和不影响升船机下游的通航条件，将闸轴线偏转 7°。水电站厂房位于溢流坝左侧，长 26 m。为了避免与水电站厂房互相干扰，将升船机布置在右岸。左、右坝端均为混凝土重力坝，共长 52 m。在左岸山坳冲沟处，建有均质土坝，长 80 m。左、右岸灌区分别由土坝坝内埋管和进水闸供水。

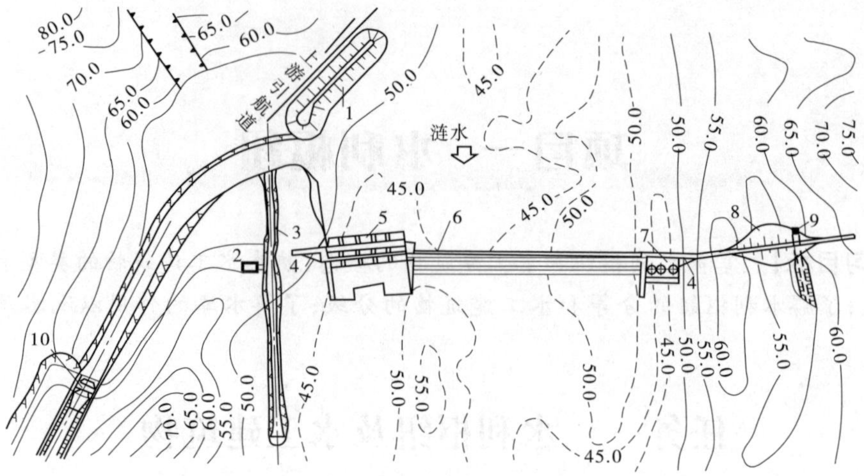

1—导流堤；2—机房；3—斜面升船机；4—重力坝；5—泄洪闸；6—溢流坝；
7—水电站；8—土坝；9—洋潭支渠进水口；10—进水闸

图1-1 韶山灌区洋潭引水枢纽平面布置图 （高程：m）

（二）三峡水利枢纽

三峡水利枢纽位于长江三峡西陵峡中，坝址在三斗坪，控制流域面积100万 km^2，年平均径流量4 510亿 m^3，年平均输沙量5.3亿t；下游距宜昌市约40 km；坝址河谷开阔，坝基为坚硬完整的花岗岩。

三峡水利枢纽是一座具有防洪、发电、航运等综合效益的多目标开发工程，主要由拦河坝、水电站厂房、通航建筑物三大部分组成。泄洪坝段位于河床主河槽部位，两侧为电站坝段和非溢流坝段，另在右岸留有后期扩机的地下厂房位置，通航建筑物位于左岸，见图1-2。主要建筑物按千年一遇洪水设计，万年一遇洪水加1%校核。

拦河坝为混凝土重力坝，全长2 309.47 m，坝顶高程185 m，最大坝高181 m，水库正常蓄水位为175 m，总库容为393亿 m^3，防洪库容为221.5亿 m^3，可使荆江河段的防洪标准由建坝前的十年一遇提高到百年一遇。

泄水坝段位于河床主河槽部位，总前沿长483 m，分为23个坝段，每个坝段长21 m，共设23个深孔和22个表孔。深孔布置在每个坝段的中部，尺寸为7 m×9 m（宽×高），进水口高程为90 m。表孔跨两个坝段间的横缝布置，净宽8 m，堰顶高程158 m。采用鼻坎挑流消能，最大泄洪能力11.9万 m^3/s。

水电站厂房为坝后式。布置在泄洪坝段的左、右两侧，分别安装14台和12台70万kW机组，共计26台，总装机1 820万kW，年平均发电量846.8亿kW·h。另在右岸留有为后期扩机的6台地下厂房位置。主要向华东、华中地区供电，少部分向川东供电，每年可节约原煤4 000万~5 000万t。

通航建筑物包括船闸和垂直升船机，均布置在左岸。船闸为双线五级船闸，总水头113 m，闸室有效尺寸为280 m×34 m×5 m（长×宽×槛上水深），可通过万吨船队，单向年通过能力自目前的1 000万t提高到5 000万t。升船机为垂直均衡重式，乘船箱尺寸为120 m×18 m×3.5 m（长×宽×厢内水深），可通过3 000 t级客货轮。

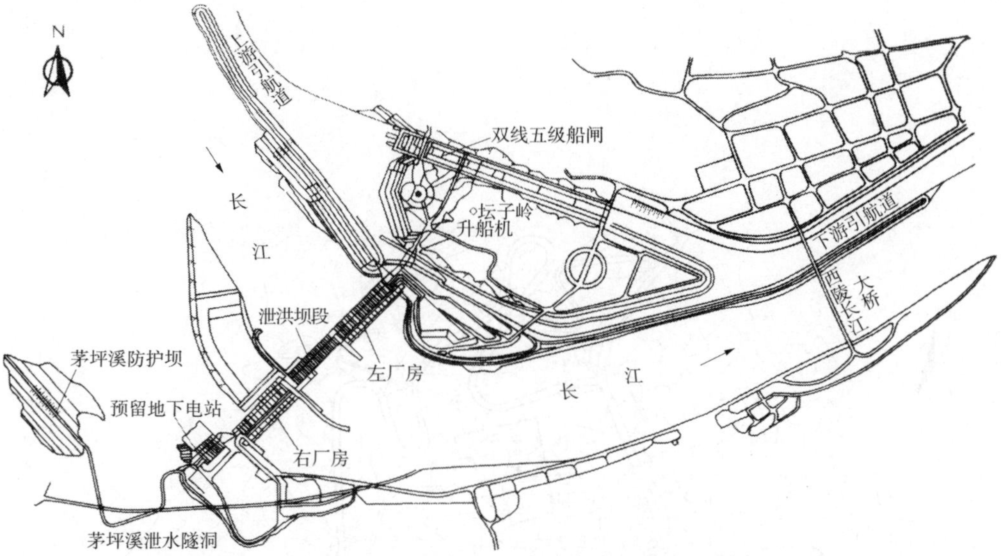

(a) 平面布置图

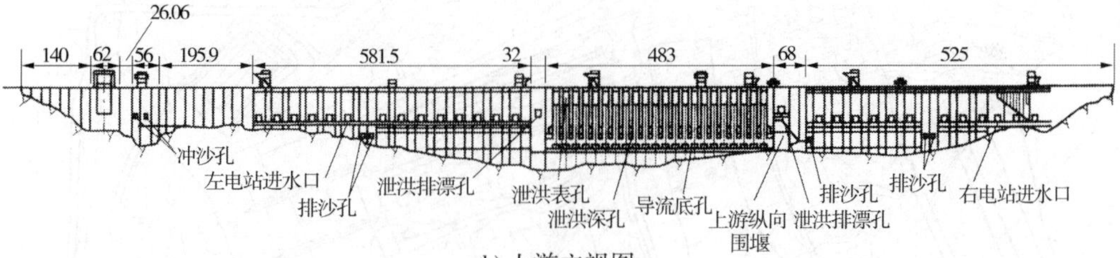

(b) 上游立视图

图 1-2　三峡水利枢纽工程布置图　（单位:m)

（三）小浪底水利枢纽

小浪底水利枢纽位于河南省洛阳市以北约 40 km 的黄河干流上，控制流域面积 69. 42 万 km^2，占黄河总流域面积的 92. 3%，控制径流的 91. 2% 和近 100% 的泥沙。

小浪底水利枢纽包括壤土斜心墙堆石坝、泄洪排沙建筑物和引水发电建筑物三大部分。由于地质原因，后二者均布置在左岸，见图 1-3。

壤土斜心墙堆石坝，坝顶长 1 667 m，坝顶高程 185 m，最大坝高 154 m，坝体填筑工程量 5 184 万 m^3，是我国坝体面积最大的土石坝。防渗体由壤土斜心墙和铺盖等组成，坝基及两岸采用混凝土防渗墙和灌浆帷幕防渗。

泄洪排沙建筑物包括：由导流洞改建成的 3 条洞径为 14. 5 m 的孔板消能泄洪洞、3 条洞径为 6. 5 m 的排沙洞、3 条城门洞形的明流泄洪洞（尺寸分别为 10. 5 m × 13 m、10 m × 12 m和 10 m × 11. 5 m，宽 × 高）、一座宽为 34. 5 m 的正常溢洪道和一座宽为 100 m 的非常溢洪道。泄洪的要求是：千年一遇洪水，总泄洪能力为 13 480 m^3/s；万年一遇洪水，总泄洪能力为 13 990 m^3/s。孔板是泄洪洞内的消能结构，首次在我国采用。以上 9 条隧洞，再加上 1 条灌溉洞、6 条引水发电洞，共 16 条隧洞的进口集中、一字排列布置在 10 座进水塔内，各塔上游面同处在一个垂直面内，塔群前沿总长 276 m，高达 113 m。6 条

图1-3　小浪底水利枢纽平面布置图　（高程:m）

泄洪洞、3 条排沙洞和一座正常溢洪道,共用一个宽 356 m、长 210 m 的大型消力塘,消力塘分二级消能。

水电站安装 6 台单机容量为 30 万 kW 的混流式水轮发动机组,总装机容量 180 万 kW。水电站厂房为地下式,尺寸为 251. 5 m(长)×26. 2 m(宽)×61. 44 m(高),如此巨大的地下洞室,未采用钢筋混凝土衬砌,而全面采用锚喷柔性支护。为引水发电还有 6 条洞径 7. 8 m 的引水发电洞以及尾水隧洞、主变洞、尾水闸门室、母线室和防淤闸等。

二、水工建筑物

水工建筑物的种类很多,形式各异,按其在枢纽中的作用可以分为以下几种类型:

(1)挡水建筑物。用以拦截江河,形成水库或壅高水位,如各种坝和水闸,为抗御洪水或挡潮沿江河海岸修建的堤防、海塘等。

(2)泄水建筑物。用以宣泄多余水量、排放泥沙和冰凌,或为人防、检修而放空水库、渠道等,以保证坝和其他建筑物的安全。水利枢纽中的泄水建筑物可与坝体结合在一起,如各种溢流坝、坝身泄水孔;也可设在坝体以外,如各种岸边溢洪道和泄水隧洞。

(3)输水建筑物。为满足灌溉、发电和供水的需要,从上游向下游输水用的建筑物,如引水隧洞、引水涵管、渠道、渡槽等。

(4)取(进)水建筑物。是输水建筑物的首部建筑,如引水隧洞的进口段、灌区渠首和供水用的进水闸、扬水站等。

(5)整治建筑物。用以改善河流的水流条件,调整水流对河床及河岸的作用,以及防护水库、湖泊中的波浪和水流对岸坡的冲刷,如丁坝、顺坝、导流堤、护底和护岸等。

(6)专门建筑物。为灌溉、发电、过坝等需要而兴建的建筑物。如专为发电用的压力前池、调压室、电站厂房,专为灌溉用的沉沙池、冲沙闸,专为过坝用的船闸、升船机、鱼道、过木道等。

应当指出的是,有些水工建筑物的功能并非单一,难以严格区分其类型,如各种溢流坝,既是挡水建筑物,又是泄水建筑物;水闸既可以挡水,又可以泄水,有时还可作为灌溉渠首或供水工程的取水建筑物。

三、水利工程的特点

水利工程与一般土建工程相比,除工程量大、投资多、工期长之外,还具有以下几方面的特点。

(一)工作条件复杂

地形、地质、水文、社会经济、施工等条件对选定坝址、闸址、洞线、枢纽布置和水工建筑物的型式等都有极为密切的关系。具体到每一个工程都有其自身的特定条件,因而水利枢纽和水工建筑物都具有一定的个性。

水文条件对工程规划、枢纽布置、建筑物的设计和施工都有重要影响,要在有代表性、一致性和可靠性资料的基础上进行合理的分析与计算,以作出正确的估计。

水工建筑物的地基,有的是岩基,有的是土基。在岩基中,经常遇到节理、裂隙、断层、破碎带、软弱夹层等地质构造;在土基中,可能遇到压缩性大的土层或流动性较大的细砂层。为此，设计前必须进行周密的勘测，作出正确的判断，以便为建筑物选型和地基处理提供可靠的依据。

由于上、下游水位差，挡水建筑物要承担相当大的水压力，为了保证安全，建筑物及其地基必须具有足够的强度和稳定性。与此同时，库水从坝基、岸边和坝体向下游渗流形成的渗流压力不仅对建筑物的稳定和强度不利，而且还可能由于物理的和化学的作用使坝基受到破坏。另外，渗流对地下工程（隧洞、调压室、埋藏式压力钢管、地下厂房等）产生的外水压力，也应作为一项主要荷载。

由于泄水建筑物下泄的水流能量大，而且集中，对下游河床及岸坡具有很大的冲淘作用，必须采取适当的消能及防护措施。对高水头泄水建筑物，还需处理好由于高速水流带来的一系列问题，如气蚀、掺气、脉动和振动，以及挟沙水流对过水表面的磨蚀等。

在多泥沙河流修建水库，泥沙的淤积不仅会减小有效库容，缩短水库寿命，而且还将由于回水延长和抬高，产生其他不利影响。在含沙量较大的河流上修建水利枢纽时，如何防沙、排沙、减小淤积是一个值得重视的问题。

地震时，建筑物要承受地震惯性力，库水、淤沙对建筑物还将产生附加的地震动水压力和动土压力。

（二）受自然条件制约，施工难度大

在河道中兴建水利工程，第一，需要解决好施工导流，要求施工期间，在保证建筑物安全的前提下，让河水顺利下泄，这是水利工程设计和施工中的一个重要课题；第二，工程进度紧迫，截流、度汛需要抢时间、争速度，否则就要拖延工期；第三，施工技术复杂，如大体积混凝土的温控措施和复杂地基处理；第四，地下、水下工程多，施工难度大；第五，交通运输比较困难，特别是高山峡谷地区更为突出。

（三）效益大，对环境影响也大

一方面，水利工程，特别是大型水利枢纽的兴建，对发展国民经济、改善人民生活具有重大意义，对美化环境也将起到重要作用。例如，三峡水利枢纽工程在防洪、发电、航运等方面效益十分显著。其巨大库容所提供的调蓄能力能使下游荆江地区抵御百年一遇的特大洪水，也有助于洞庭湖的治理和荆江堤防的全面修补；三峡水电站 2018 年发电量达 1 016.2亿 kW · h，创国内单座电站年发电量新纪录，所发的电力将主要供给华中、华东以及南方电网，可缓解我国电力供应的紧张局面；三峡工程的修建可使万吨级船舶直接到达重庆，2011 年三峡船闸通航能力就达到 1 亿 t，提前 19 年达到航运标准设计值。另一方面，三峡水利枢纽工程也会造成 129 座城镇淹没，产生 113 万移民；三峡水库淹没区已探明的文物点就有 1 200 多个，造成大量的文物需要抢救和保护；由于地质、水温和湿度的变化，改变了库区的气候条件，引起局部气候恶化，并使库区的生态平衡发生改变。另外，在地震多发区修筑大、中型水库，有可能诱发地震等。

（四）失事后果严重

作为蓄水工程主体的坝或江河的堤防，一旦失事或决口，将会给下游人民的生命财产和国家建设带来重大的损失。据统计，近年来世界上每年的垮坝率虽较过去有所降低，但仍在 0.2% 左右。例如，2000 年 10 月 18 日，广西南丹县鸿图选矿厂尾矿库发生重大垮坝事故，共造成 28 人死亡，56 人受伤，70 间房屋不同程度毁坏，直接经济损失 340 万元；

2004 年 5 月 26 日，湖北清江流域骤降暴雨，27 日下午，位于恩施市上游 11 km 处在建的清江大龙潭水电枢纽工程洪峰流量达到 1 071 m^3/s，洪水漫过围堰并逐渐冲毁围堰导致围堰溃决，造成了包括12 名幼童在内的18 条生命的逝去；2013 年 2 月 15 日，山西洪洞县曲亭水库左岸灌溉洞出现大流量漏水，造成坝体坍塌，下游 1 万多群众紧急转移，导致太原到运城、太原到离石、大同到西安等七条客运线停运。

任务二 水利枢纽的分等与水工建筑物的分级

水利工程是改造自然、开发水资源的举措，能为社会带来巨大的经济效益和社会效益。随着社会经济的发展，这种关系还将越来越紧密。但是，这种紧密的经济结构有其脆弱的一面，即不宜承受水利设施失效的影响。水利工程工作失常，会直接影响经济收益，而工程失事，将给社会带来巨大的财产损失和人为的灾害。直接损失尚可估量，间接损失就更为严重。水利是国民经济的基础产业，工作失常会导致社会经济运转受到阻滞和破坏，甚至形成社会问题。因此，应从社会经济全局的利益出发，高度重视工程安全，将之与经济性合理地统一考虑。有关规范将水利水电工程按重要性进行分等，将枢纽中的建筑物分级，就是体现了这种意图。

根据水利部颁布的现行规范《水利水电工程等级划分及洪水标准》(SL 252—2017)，水利水电工程按其规模、效益和在国民经济中的重要性分为五等，见表 1-1。

表 1-1 水利水电工程分等指标

工程等别	工程规模	水库总库容（亿 m^3）	防洪			治涝	灌溉	供水		发电
			保护人口（万人）	保护农田面积（万亩）	保护区当量经济规模（万人）	治涝面积（万亩）	灌溉面积（万亩）	供水对象重要性	年引水量（亿 m^3）	发电装机容量（MW）
Ⅰ	大(1)型	≥10	≥150	≥500	≥300	≥200	≥150	特别重要	≥10	≥1 200
Ⅱ	大(2)型	<10，≥1.0	<150，≥50	<500，≥100	<300，≥100	<200，≥60	<150，≥50	重要	<10，≥3	<1 200，≥300
Ⅲ	中型	<1.0，≥0.1	<50，≥20	<100，≥30	<100，≥40	<60，≥15	<50，≥5	比较重要	<3，≥1	<300，≥50
Ⅳ	小(1)型	<0.1，≥0.01	<20，≥5	<30，≥5	<40，≥10	<15，≥3	<5，≥0.5	一般	<1，≥0.3	<50，≥10
Ⅴ	小(2)型	<0.01，≥0.001	<5	<5	<10	<3	<0.5		<0.3	<10

注：1. 水库总库容指水库最高水位以下的静库容；治涝面积指设计治涝面积；灌溉面积指设计灌溉面积；年引水量指供水工程渠首设计年均引（取）水量。

2. 保护区当量经济规模指标仅限于城市保护区；防洪、供水中的多项指标满足 1 项即可。

3. 按供水对象的重要性确定工程等别时，该工程应为供水对象的主要水源。

水利水电工程中的永久性水工建筑物和临时性水工建筑物，根据其所属工程等别及其在工程中的作用和重要性划分为五级和三级，分别见表1-2和表1-3。

表1-2　永久性水工建筑物级别

工程等别	永久性建筑物级别	
	主要建筑物	次要建筑物
Ⅰ	1	3
Ⅱ	2	3
Ⅲ	3	4
Ⅳ	4	5
Ⅴ	5	5

表1-3　临时性水工建筑物级别

级别	保护对象	失事后果	使用年限（年）	临时性挡水建筑物规模	
				围堰高度（m）	库容（亿 m^3）
3	有特殊要求的1级永久性水工建筑物	淹没重要城镇、工矿企业、交通干线或推迟工程总工期及第一台（批）机组发电，推迟工程发挥效益，造成重大灾害和损失	>3	>50	>1.0
4	1级、2级永久性水工建筑物	淹没一般城镇、工矿企业或影响工程总工期和第一台（批）机组发电，推迟工程发挥效益，造成较大经济损失	≤3，≥1.5	≤50，≥15	≤1.0，≥0.1
5	3级、4级永久性水工建筑物	淹没基坑，但对总工期及第一台（批）机组发电影响不大，对工程发挥效益影响不大，经济损失较小	<1.5	<15	<0.1

永久性水工建筑物系指工程运行期间使用的建筑物。根据其重要性分为：①主要建筑物，指失事后将造成下游灾害和严重影响工程效益的建筑物，如堤坝、水闸、电站厂房及泵站等；②次要建筑物，指失事后不至于造成下游灾害或对工程效益影响不大，并易于修复的建筑物，如挡土墙、导流墙及护岸等。

临时性水工建筑物系指工程施工期间使用的建筑物，如导流建筑物、施工围堰等。

水工建筑物级别确定的一般规定如下：

（1）水利水电工程永久性水工建筑物的级别，应根据工程的等别或永久性水工建筑物的分级指标综合分析确定。

（2）综合利用水利水电工程中承担单一功能的单项建筑物的级别，应按其功能、规模确定；承担多项功能的建筑物级别，应按规模指标较高的确定。

（3）失事后损失巨大或影响十分严重的水利水电工程的2～5级主要水久性水工建

筑物,经论证并报主管部门批准,建筑物级别可提高一级;水头低、失事后造成损失不大的水利水电工程的1~4级主要永久性水工建筑物,经论证并报主管部门批准,建筑物级别可降低一级。

(4)对2~5级的高填方渠道、大跨度或高排架渡槽、高水头倒虹吸等永久性水工建筑物,经论证后建筑物级别可提高一级,但洪水标准不予提高。

(5)当永久性水工建筑物采用新型结构或其基础的工程地质条件特别复杂时,对2~5级建筑物可提高一级设计,但洪水标准不予提高。

(6)穿越堤防、渠道的永久性水工建筑物的级别,不应低于相应堤防、渠道的级别。

为了使建筑物的安全性、可靠性与其在社会经济中的重要性协调,在水工设计中,对不同级别的建筑物在下列几方面应有不同的要求:

(1)抵御洪水能力。如洪水标准、坝顶超高等。

(2)强度和稳定性。如建筑物强度和抗滑稳定安全度,防止裂缝发生或限制裂缝开展的要求及限制变形要求等。

(3)建筑材料。如选用材料的品种、质量、标号及耐久性等。

(4)运行可靠性。如建筑物的供水、供电、通航的保证率,闸门等设备的可用性等。

任务三 水 库

天然河道的来水量在年内和年际之间分配很不均匀,在汛期或丰水年,水量丰沛,一般超过用水量,甚至造成洪涝灾害;而在枯水期或枯水年的水量,往往不够用。显然,河流天然来水同人类的生产、生活用水要求存在矛盾,而只有通过建设水利工程(比如水库)来调节河流径流,这是解决来水和用水之间矛盾的一种普遍的、有效的工程措施。

一、水库及其作用

(一)水库的作用及调节

兴建水库是合理开发利用水资源的需要。修建水库后,能够有效地调蓄水量,抬高水位,改变河川天然来水过程,除害兴利,以适应国民经济用水的要求。

通过水库来控制河道流量变化,使之按各用水部门的需要调节分配河川径流过程,称为径流调节。通常又按其不同用途,分为兴利调节和防洪调节。把提高枯水期(或枯水年)的供水量,以满足灌溉、发电、供水等兴利要求而进行的调节称为兴利调节;而把拦蓄洪水、削减洪峰流量,防止或减轻洪水灾害的调节称为防洪调节。

(二)水库兴利调节的分类

水库来水、用水和蓄水都是经常变化的,水库由空库到满库再到空库(指兴利库容),循环一次所经历的时间,称为调节周期。按调节周期的长短来分,有日调节、周调节、年调节和多年调节等类型。对于以灌溉为主的水库常为年调节或多年调节水库。

(1)日调节及周调节。日调节和周调节是短期调节,一般用于发电水库。河川径流在一天或一周内的变化是不大的,而用电负荷,在白天和夜晚或工作日与休假日之间,常差异较大。有了水库,就可能把夜间或休假日负荷少时的多余水量存蓄起来,增加白天或工作日高负荷时的发电量。这种在一天、一周内将径流重新分配的调节称为日调节、周调节。

(2)年调节。在我国，一般河流的年内径流季节性变化是很大的，丰水期与枯水期水量相差悬殊。径流调节的任务就是将丰水期多余的水量存蓄在水库中，供枯水期用，调节周期一般为年，称为年调节。这是最常见的调节方式。

(3)多年调节。如果水库库容相当大，可以把丰水年的水量全部或部分蓄留在水库中，供枯水年使用，这种调节方式称为多年调节。

二、水库特征水位和库容

(一)水库的特征水位

水库在运行的过程中，其库中的水位是经常变化的。但是，有几个水位具有特征意义，水库蓄水超过了这些水位，标志着水库运行状态的改变。水库各特征水位与库容的对应关系见图1-4。

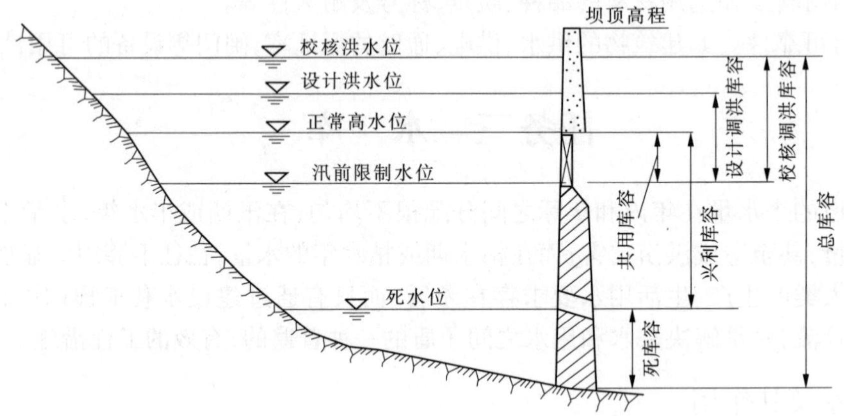

图1-4 水库各特征水位与库容的对应关系

1. 正常高水位

正常高水位(亦称设计蓄水位或兴利水位)是水库在正常运用情况下允许经常保持的最高水位，即为了保证兴利部门枯水期的正常用水，水库在丰水期后期需要达到的水位。它是确定水工建筑物的尺寸、库区淹没及水电站出力等指标的重要依据。

2. 设计洪水位与校核洪水位

在水库正常运行情况时，当发生设计洪水时，水库达到的最高水位称为设计洪水位。当发生校核洪水时，水库达到的最高水位称为校核洪水位。水工建筑物必须对这两种水位进行设计与校核。

3. 汛前限制水位

在汛期到来之前，预先把水库放空一部分，以便于留出库容，在洪水到来时能够多蓄洪水，从而更大程度地削减洪峰，这个消落下来的水位称为汛前限制水位，亦称汛期限制水位或防洪限制水位。

4. 死水位

死水位是指在水库正常运行情况下允许消落的最低水位，即为满足淤沙或灌溉、发电、航运、供水、养鱼以及旅游等需要，水库必须保持的最低水位。通常死水位是由水库淤积年限、发电最低水头和灌溉最低水位等因素确定。

（二）水库的库容

水库死水位以下的库容称为死库容，它不能起水量调节的作用，但可以淤积泥沙。死水位和正常高水位之间的库容称为兴利库容，兴利库容起水量调节作用。设计洪水位和汛前限制水位之间的库容称为设计调洪库容。校核洪水位和汛前限制水位之间的库容称为校核调洪库容。正常高水位和汛前限制水位之间的库容称为共用库容，汛前限制蓄水，腾出库容以利防汛，汛后蓄水用于兴利。校核洪水位以下至库底的所有库容称为总库容。

项目自测题

1. 水工建筑物与水利枢纽的概念是什么？
2. 举例说明水利枢纽的组成与作用。
3. 水工建筑物按其作用分为哪些类型？
4. 水利工程的特点是什么？
5. 水利枢纽与水工建筑物为什么要进行分等与分级？
6. 什么叫永久性水工建筑物和临时性水工建筑物？
7. 水库的作用是什么？
8. 水库有哪些特征水位与特征库容？

项目二 挡水建筑物

【学习目标】掌握重力坝、土石坝的工作原理及其特点；熟悉重力坝、土石坝的构造；了解重力坝的荷载、材料，土石坝的渗透和稳定，以及拱坝及其他坝型的基本知识等。

任务一 重力坝

一、重力坝的特点和类型

重力坝是依靠自重在地基上产生的抗滑力来维持其稳定的一种挡水建筑物。坝轴线一般为直线，在垂直坝轴线方向设置横缝，将坝体分成若干独立工作的坝段，结构型式类似于以坝基为固端的悬臂梁。重力坝大多修建在岩基上，采用的材料主要有混凝土或浆砌石。

目前，世界上最高的重力坝是瑞士的大狄克桑斯整体式重力坝，1962 年建成，坝高 285 m。我国建成了许多重力坝，如三峡混凝土重力坝、刘家峡重力坝、新安江重力坝等。

（一）重力坝的特点

1. 重力坝的优点

重力坝是应用广泛的一种坝型，有以下主要优点：

（1）对地形、地质条件适应性强。任何形状的河谷都可以建造重力坝；对地质条件要求相对较低，一般建在岩基上，能适应变化的岩石情况和复杂、不均匀的地基；当坝高不大时，可以修建在土基上。

（2）工作安全，运行可靠。重力坝断面形状为三角形，各坝段之间独立工作，坝内应力较小，筑坝材料强度较高，抵抗洪水漫顶、渗漏、侵蚀和地震等破坏的能力都比较强。

（3）泄洪和导流方便。重力坝可以采用坝顶溢流，也可在坝内设置泄水孔泄流。在施工期可以利用坝体导流，不需要另设导流隧洞。

（4）便于施工和管理。大体积混凝土可以利用机械化施工加快进度，在放样、模板支护、混凝土浇筑等方面都比较方便。后期在维护、扩建、修复等方面也比较简单。

2. 重力坝的缺点

（1）重力坝需要有足够的自重维持稳定，坝体体积较大，水泥用量较多，坝体材料的强度得不到充分发挥。

（2）坝底扬压力大。坝体挡水后，在上下游水头差的作用下，水将通过坝体、地基等孔隙向下游渗透，由渗透引起的水压力称渗透压力，由下游水深引起的水压力称浮托力，渗透压力和浮托力之和称为扬压力。重力坝因坝基接触面积大，坝底扬压力大，对坝体稳定不利。

(3)坝体混凝土容易出现温度应力。重力坝是大体积结构,在施工期,水泥的水化热不易散去,使混凝土产生较大的温度应力,在混凝土浇筑时,应严格做好温度控制措施。

(二)重力坝的类型

重力坝按照不同的分类方法有不同的类型。

(1)按坝的高度分类,可分为高坝、中坝、低坝。坝高大于 70 m 的为高坝,坝高在 30 ~70 m 之间的为中坝,小于 30 m 的为低坝。坝高指的是坝体最低面(不包括局部深槽或井、洞)至坝顶面的高度。

(2)按照筑坝材料分类,可分为混凝土重力坝和浆砌石重力坝。一般情况下,较高的坝和重要的工程经常采用混凝土重力坝,中、低坝则可以采用浆砌石重力坝。

(3)按照坝体是否过水,可分为溢流坝和非溢流坝。坝体内设有泄水底孔的坝段和溢流坝段统称为泄水坝段,非溢流坝段也可称作挡水坝段,见图 2-1。

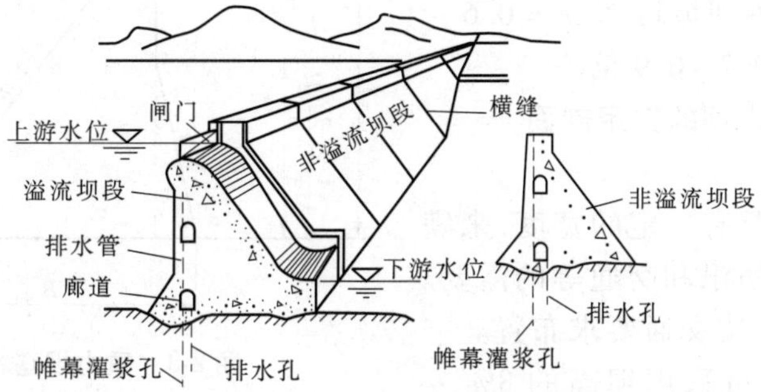

图 2-1 混凝土重力坝示意图

(4)按照施工方法分类,可分为浇筑式混凝土重力坝和碾压式混凝土重力坝。

(5)按照坝体的结构型式分类,可分为实体重力坝[见图 2-2(a)]、宽缝重力坝[见图 2-2(b)]、空腹重力坝[见图 2-2 (c)]。

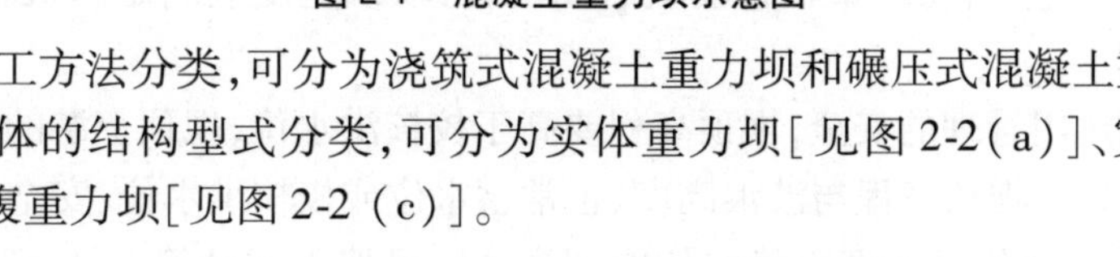

图 2-2 重力坝的形式

实体重力坝的结构型式简单,设计施工比较方便,但其缺点是扬压力大,工程量较大,而且混凝土材料抗压强度不能充分发挥。空腹重力坝、宽缝重力坝则可以利用空腹和宽缝排除坝基的渗透水流,有效地减小扬压力,较好地利用材料的抗压强度,从而可减少工程量 10% ~30%。空腹重力坝还可以将水电站厂房设置在空腹内,减少了电站厂房的开挖工程量，也可从厂房顶部泄水，解决狭窄河谷中布置电站厂房和泄水建筑物的困难。20 世纪 70 年代以前，宽缝重力坝在中国应用的比较多，在坝高 50 m 以上的重力坝中大约有 40% 以上的是宽缝重力坝，新安江、丹江口、潘家口等水电站均为宽缝重力坝，坝高分别为 105 m、97 m 和 107 m。石泉水电站为空腹重力坝，坝高 65 m。空腹重力坝、宽缝重力坝与实体重力坝相比，缺点是施工比较复杂，模板用量大，不适合大型机械化施工。

二、重力坝的剖面

（一）重力坝的基本剖面

重力坝的基本剖面是指坝体在自重、静水压力（水位与坝顶齐平）和扬压力 3 项主要荷载作用下，满足稳定和强度要求，并使工程量最小的三角形剖面，如图 2-3 所示。

根据工程经验，一般情况下，上游坝坡坡率 $n=0\sim0.2$，常做成铅直或上部铅直下部倾向上游；下游坝坡坡率 $m=0.6\sim0.8$；底宽为坝高的 0.7～0.9 倍。

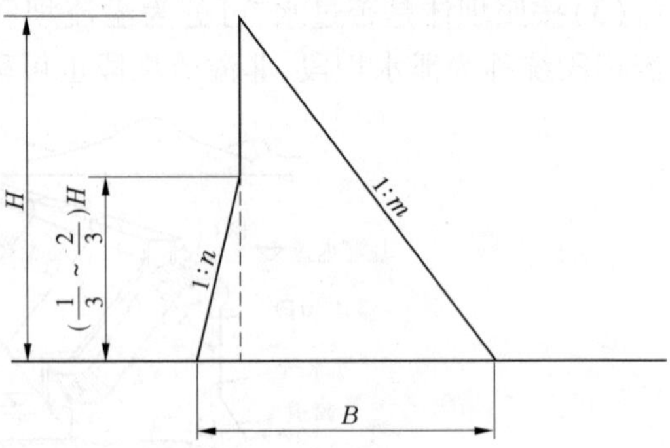

图 2-3　重力坝基本剖面图

（二）非溢流重力坝的实用剖面

1. 坝顶宽度

大坝的顶部需要有一定的宽度，来满足设备布置、施工、防汛和交通等的需要。当有交通要求时，应按交通要求布置。一般情况坝顶的宽度可采用坝高的 8%～10%，且不小于 3 m。当坝顶布置移动式启闭机时，坝顶宽度应满足门机轨道安装要求。

2. 坝顶高程

为了交通和运用管理的安全，坝顶高程要高于校核洪水位，坝顶上游的防浪墙顶的高程应高于波浪顶高程。坝顶高程与波浪高度、正常蓄水位或校核洪水位、安全超高等有关系。

坝顶或坝顶上游防浪墙高于静水位的超高 Δh，可按下式计算：

$$\Delta h = h_l + h_z + h_c \tag{2-1}$$

式中　h_l、h_z、h_c——波浪高度、波浪中心线至静水面的高度、安全超高，m。

波浪的几何要素如图 2-4 所示，波浪高度 h_l 为波峰到波谷的高度，波长 L 为波峰到波峰的距离，因空气阻力比水的阻力小，所以波浪中心线高出静水面一定高度 h_z。

平原、滨海地区水库，宜采用南京水利科学研究院的莆田试验站公式，内陆峡谷水库，宜用官厅水库公式。

因设计与校核情况计算 h_l 和 h_z 用的风速不同，查表 2-1 得出的安全超高值 h_c 不同，故 Δh 的计算结果不同，因此坝顶高程按下式计算，并选用较大值作为选定高程：

表 2-1　安全超高 h_c 值表　（单位：m）

水工建筑物安全级别	Ⅰ	Ⅱ	Ⅲ
正常蓄水位（设计洪水位）	0.7	0.5	0.4
校核洪水位	0.5	0.4	0.3

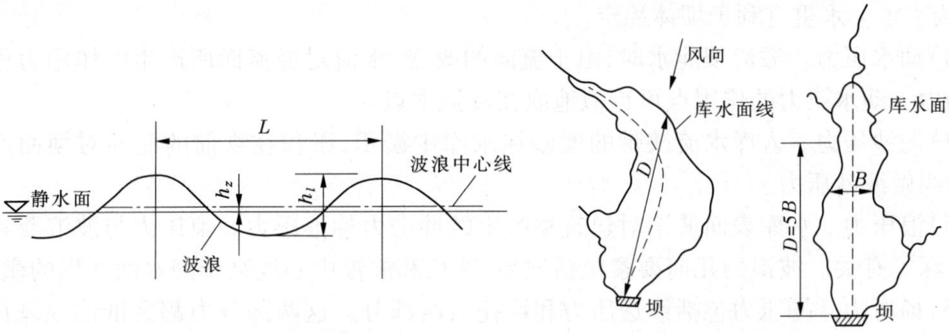

(a)波浪要素　　(b)波浪吹程

图 2-4　波浪几何要素及吹程

$$坝顶高程 = 设计洪水位 + \Delta h_{设}$$
$$坝顶高程 = 校核洪水位 + \Delta h_{校}$$

式中，$\Delta h_{设}$、$\Delta h_{校}$按式(2-1)分别计算。当坝顶有与之连成整体的浆砌石或钢筋混凝土防浪墙时，墙顶高程可代替坝顶高程，但坝顶高程不得低于最高静水位。

3. 实用剖面形式

常见的实用剖面形式如图 2-5 所示。根据坝顶布置的需要，坝体实用剖面的上游坝面，常采用如下形式：

(1)铅直坝面。上游坝面为铅直面，这样便于施工，容易布置进水口、闸门和拦污设备，但有可能会使下游坝面产生拉应力，此时，可适当修改下游坝坡的系数 m 值。

(2)斜坡坝面。当坝基础条件较差时，可利用斜面上的水重，提高坝体的稳定性。

(3)折坡坝面。这是最常见的实用剖面。既可利用上游坝面的水重增加稳定，又可利用折坡点以上的铅直面布置进水口，还可以避免空库时下游坝面产生的拉应力。

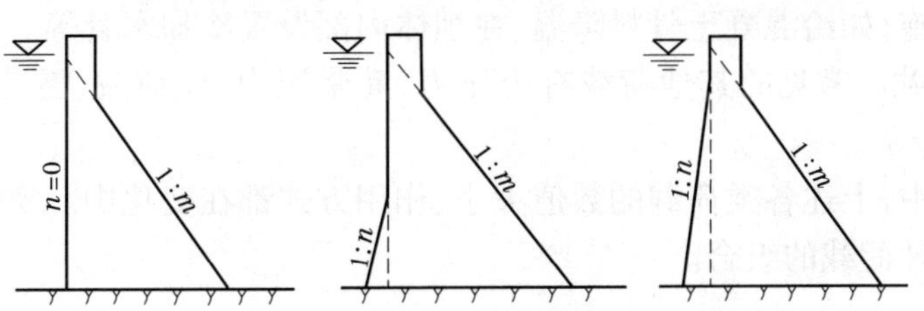

图 2-5　非溢流重力坝剖面示意图

三、重力坝的荷载

重力坝的荷载主要有坝体自重、静水压力、动水压力、泥沙压力、浪压力、扬压力、冰压力、地震荷载、温度荷载等荷载。

(1)自重。坝体自重是重力坝的主要荷载。除坝体混凝土的自身重量外，还应包括坝上的永久性设备，如固定式启闭机、闸门等。

(2)静水压力。静水压力是作用在上、下游坝面的主要荷载，计算时常分解为水平水压力和垂直水压力两种。其中，垂直水压力为上、下游倾斜坝面垂直向上部分的水体重量，称为水重。水重有利于坝体稳定。

(3)动水压力。溢流坝泄水时，由于流向的改变，水流对溢流面所产生的作用力称为动水压力。动水压力的作用点可近似地取在反弧中点。

(4)泥沙压力。入库水流挟带的泥沙在水库中淤积，淤积在坝前的泥沙对坝面产生的压力叫做泥沙压力。

(5)浪压力。水库表面波浪对建筑物产生的冲击力称浪压力。浪压力与波浪要素和坝前水深等有关。波浪的几何要素包括波高、波长和波浪中心线高于静水面产生的壅高。

(6)扬压力。扬压力包括渗透压力和浮托力两部分。这两部分力都会抵消坝体自重等有效重力，对坝体稳定不利。工程中应采取相应措施来减小坝体扬压力，如防渗帷幕灌浆，即在靠近上游面的基础灌浆廊道中，穿过坝体向下往基岩中打孔，然后向孔内加压灌入水泥浆。水泥浆在高压作用下渗入到岩基的节理裂隙中凝结，从而堵塞渗透通道。沿坝轴线布置一排灌浆孔，灌浆完成后即在基岩中形成一道防渗帷幕。工程中还可以在坝体靠近上游处设置排水孔幕，由排水廊道收集渗水，排向下游。

(7)冰压力。在寒冷地区，冬季库面结冰后对建筑物会产生冰压力。冰压力分为静冰压力和动冰压力。水库表面结冰后，体积膨胀，受到坝面和库岸的约束，在坝面上产生的压力为静冰压力。冰块破碎后，随风吹或水流漂浮至坝前，冰块撞击到坝面、闸门或闸墩上的作用叫动冰压力。

(8)地震荷载。地震荷载是稀遇荷载，在地震区必须考虑地震荷载。地震烈度在6度及其以下地区建坝，一般可以不考虑地震荷载。作用在重力坝上的地震荷载包括地震惯性力、地震动水压力和地震动土压力。

(9)温度荷载。坝体混凝土温度变化会产生膨胀或收缩，当变形受到约束时，将会产生温度应力。大体积混凝土结构在施工期内产生大量的水泥水化热，且不易散发，而混凝土的强度增长缓慢，当气温降低时极易产生表面裂缝甚至贯穿裂缝。所以，在施工期，应采取温度控制措施，如给混凝土骨料降温、在坝体内部设置冷却水管等。

(10)其他荷载。常见的其他荷载有土压力、灌浆压力、风荷载、雪荷载、坝顶车辆荷载、永久设备荷载等。

在实际工程中，上述各类荷载的数值大小、作用方式都在变化中。实际作用在重力坝上的荷载常是几种荷载的组合。

四、重力坝的安全分析

重力坝的抗滑稳定及应力分析即在各种荷载组合情况下，对初拟的断面尺寸，进行稳定计算、强度校核，最终定出经济断面。

（一）重力坝的抗滑稳定分析

抗滑稳定分析是重力坝设计中的一项重要内容，其目的是核算坝体沿坝基面或沿地基深层软弱结构面抗滑稳定的安全度。

1. 抗滑稳定计算截面的选取

重力坝的稳定应根据坝基的地质条件和坝体剖面形式，选择受力大，抗剪强度较低，容易产生滑动的截面作为计算截面。重力坝抗滑稳定计算主要是核算沿坝基面及混凝土面(包括常态混凝土水平施工缝或碾压混凝土层面)的抗滑稳定性。另外,当坝基内有软弱夹层、缓倾角结构面时,也应核算其深层抗滑稳定性。

2. 重力坝的沿坝基面抗滑稳定分析

以一个坝段或取单宽作为计算单元,计算公式有抗剪强度公式和抗剪断公式。

1)抗剪强度公式

将坝体与基岩间看成是一个接触面,而不是胶结面。当接触面呈水平时(见图2-6),其抗滑稳定安全系数 K_s 为:

$$K_s = \frac{f(\sum W - U)}{\sum P} \tag{2-2}$$

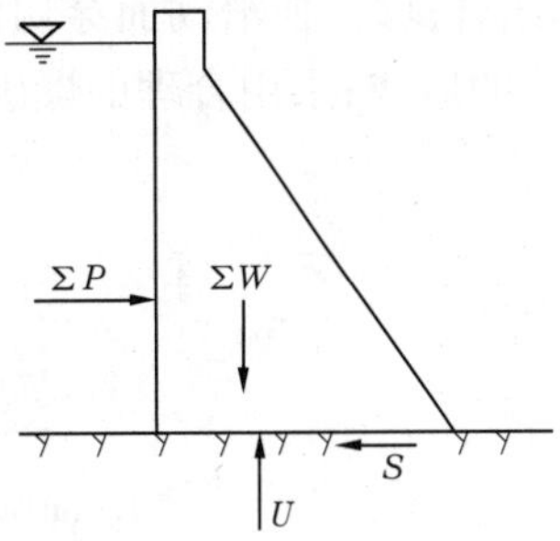

图2-6 重力坝抗滑稳定计算简图

式中 $\sum W$——接触面以上的总铅直力, kN;

$\sum P$——接触面以上的总水平力, kN;

U——作用在接触面上的扬压力, kN;

f——接触面间的摩擦系数。

混凝土与基岩间的摩擦系数 f 值常取在 0.5 ~0.8 之间,摩擦系数的选定直接关系到大坝的造价与安全,f 值愈小,为维持稳定所需的 $\sum W$ 越大,即坝体剖面愈大,以新安江工程重力坝为例,若 f 值减小 0.01,坝体混凝土就要增多 2 万 m^3。

由于抗剪强度公式未考虑坝体混凝土与基岩间的凝聚力,而将其作为安全储备,因此相应的安全系数 K_s 值就不应再定得过高。

2)抗剪断公式

利用抗剪断公式时,认为坝体混凝土与基岩接触良好,直接采用接触面上的抗剪断参数 f' 和 c' 计算抗滑稳定安全系数。此处,f' 为抗剪断摩擦系数,c' 为抗剪断凝聚力。

$$K_s' = \frac{f'(\sum W - U) + c'A}{\sum P} \tag{2-3}$$

对于大中型工程,在设计阶段,强度参数 f' 和 c' 应有野外及室内试验成果;在规划和可行性研究阶段可参照规范给定的数值选用。

各种荷载组合情况下的安全系数应不小于规范中规定。

上述抗剪强度公式形式简单,对摩擦系数 f 的选择,多年来积累了丰富的经验,在国内外应用广泛,但该式忽略了坝体与基岩间的胶结作用,不能完全反映坝的实际工作性态。抗剪断公式直接采用接触面上的抗剪强度参数,物理概念明确,比较符合坝的实际工作情况,已日益为各国所采用。

3. 提高坝体抗滑稳定性的工程措施

当抗滑稳定验算结果不满足时,除增加坝体断面外,还可以采用以下工程措施来解决。

(1)利用水重。将坝的迎水面做成向上游的倾斜面或折坡面,利用坝面水重增加坝体的抗滑稳定性,但是倾斜过大将对坝踵应力不利。边坡系数控制在 1:0.1 至 1:0.2 以内,以免上游面出现拉应力。

（2）减小扬压力。做好坝基防渗与排水，减小作用在坝基上的扬压力，可相对增大坝体的有效重量，如设防渗帷幕、加强坝基排水、选用宽缝或空腹重力坝等。但当下游水位较低时，效果不明显。

（3）提高坝基面的抗剪断参数 f' 和 c'。在设计和施工时，应保证坝体混凝土和坝基岩体结合良好，使滑动面穿切混凝土或基岩体。其主要措施为将基岩面开挖成“大平小不平”的形式；采用合理的爆破工艺，避免岩体震裂；或使基岩面向上游倾斜等；见图2-7。

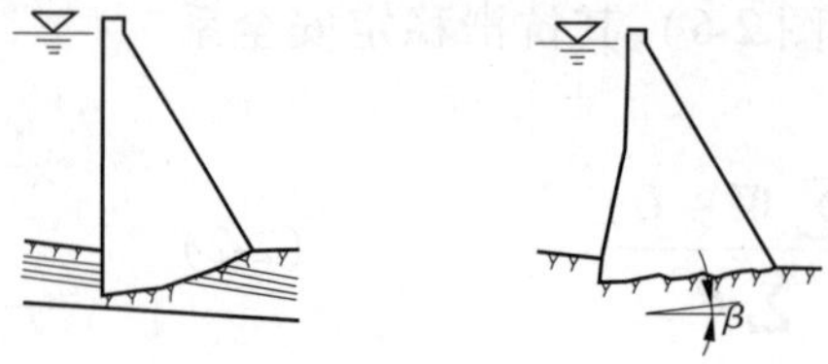

(a)坝基开挖成倾斜面　(b)坝基开挖成锯齿状

图2-7　坝基开挖示意图

（4）在坝踵底部设置齿墙或深孔预应力锚缆等，见图2-8和图2-9。

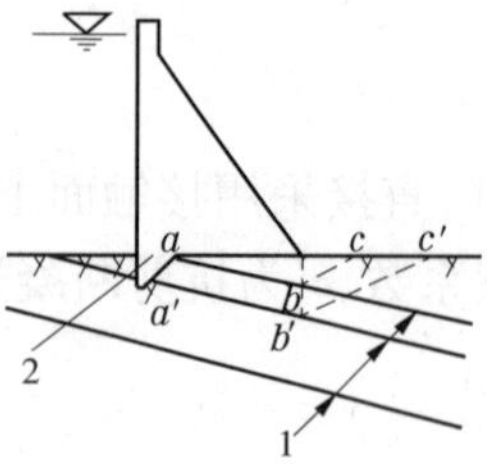

图2-8　坝踵齿墙

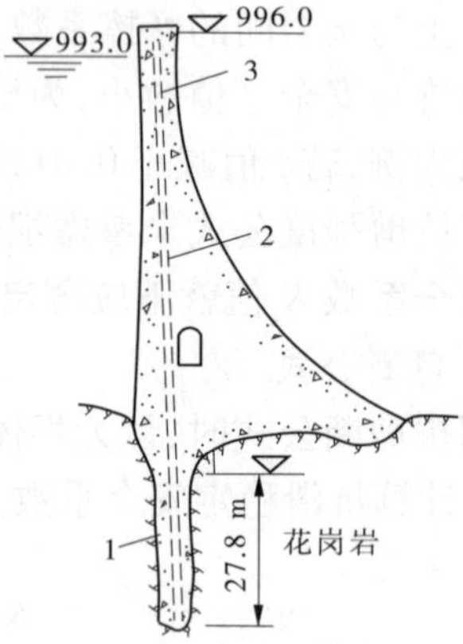

1—锚缆竖井；2—预应力锚缆；3—锚定钢筋

图2-9　重力坝深孔预应力锚缆

（二）重力坝的应力分析

应力分析的目的是检验大坝在施工期和运用期是否满足强度要求，并根据应力分布情况进行坝体混凝土标号分区，也为研究坝体某些部位的应力集中和配筋等提供依据。应力分析的过程是：首先进行荷载计算和荷载组合，然后选择适宜的方法进行应力计算，最后检验坝体各部位的应力是否满足强度要求。

重力坝的应力分析方法可归结为理论计算和模型试验两大类，这两类方法是彼此补充、互相验证的，其结果都要受到原型观测的检验。对于中小型工程，一般可只进行理论计算。

材料力学法是应用最广、最简便的理论计算方法，也是重力坝设计规范中规定采用的计算方法。材料力学法不考虑地基的影响，假定水平截面上的铅直正应力按直线分布，按材料力学的偏心受压公式计算其大小。计算结果在地基附近约1/3坝高范围内，与实际情况不符。但长期的实践经验和多年的工程实践证明,对于中等高度的坝,应用这一方法,是可以保证工程安全的;对于较高的坝,特别是在地基条件比较复杂的情况下,还应该同时采用其他方法进行应力分析。

五、重力坝的材料

重力坝的筑坝材料主要是混凝土和浆砌石。水工混凝土,尤其用于筑坝的混凝土,在材料配比、性能要求、施工质量控制等方面具有不同于一般混凝土的特点,即除应有足够的强度外,还应在天然环境和使用条件下满足抗渗、抗冻、抗磨、抗裂、抗侵蚀等耐久性的要求。

(一)混凝土的强度

材料的强度是材料在荷重或其他因素(如温度变化、变形等)所产生的内部应力作用下抵抗破坏的性能。材料强度用材料试件在破坏时的极限应力值表示。根据受力情况的不同,材料有抗压、抗拉、抗剪、抗弯等几种强度,混凝土的等级采用的是抗压强度。影响混凝土抗压强度的主要因素有混凝土材料的水泥标号和水灰比、骨料的种类和级配、养护条件、施工质量等。

一般重力坝的混凝土其抗压强度等级采用的是 C10、C15、C20、C25 等级别;C7.5 只用于应力很小的次要部位或作为回填用;C30 或更高强度等级的混凝土应尽量少用,或仅用于局部。

(二)混凝土的耐久性

(1)抗渗性。抗渗性即抵抗压力水渗透的能力,大坝的上游面、基础层和下游水位以下的坝面为防渗部位。

(2)抗冻性。抗冻性指混凝土在饱和状态下,经多次冻融循环而不破坏,不严重降低强度的性能。

(3)抗磨性。抗磨性指抵抗高速水流或挟沙水流的冲刷、磨损的能力。

(4)抗侵蚀性。抗侵蚀性指抵抗环境水的侵蚀性能。

(三)坝体混凝土的分区

由于坝体各部分的工作条件不同,因而对混凝土强度等级、抗渗、抗冻、抗冲刷、抗裂等性能要求也不同,为了节省和合理使用水泥,通常坝体不同部位按不同工作条件分区,采用不同等级的混凝土。

六、重力坝的构造

(一)坝体排水设施

靠近上游坝面设置排水管幕,以减小坝体渗透压力,增加坝体稳定。排水管距上游坝面的距离为作用水头的 1/10 ~ 1/20,不小于 2 m。排水管间距一般为 2 ~ 3 m,管径为 15 ~ 25 cm。排水管幕沿坝轴线一字排列,管孔铅直,与纵向排水、检查廊道相通,上下端与坝顶和廊道直通。排水管收集渗入坝体的渗水,将其排入廊道。渗水再从廊道排水沟汇集到底部集水井,最后通过自流或用抽水机排到下游,如图 2-10 所示。

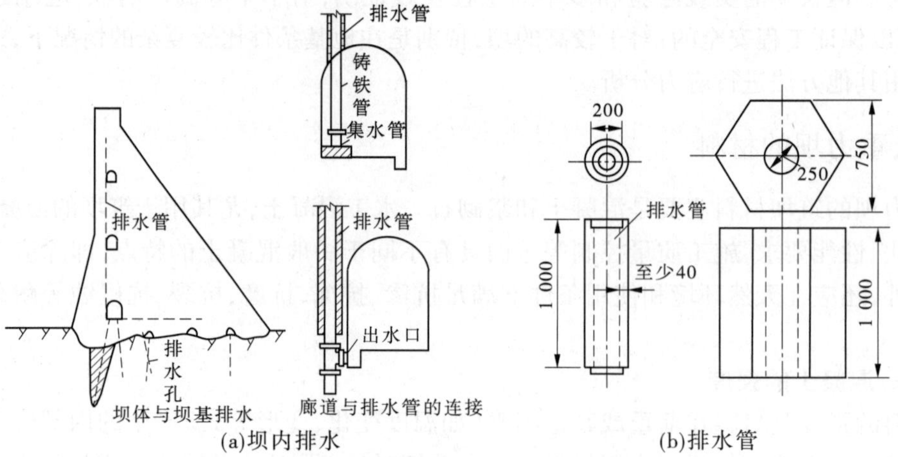

图2-10 重力坝内部排水构造图 （单位：mm）

(二)分缝

为了满足运用和施工要求，防止温度变化和地基不均匀沉降导致坝体开裂，需要合理分缝。常见的有横缝、纵缝、水平缝。

1. 横缝

横缝垂直于坝轴线设置，将坝体分成若干个坝段。横缝间距一般为 15～20 m，主要取决于河谷地形、地基的特点、结构布置、温度变化和建筑能力等。

横缝有永久性横缝和临时性横缝两种。永久性横缝又可分为沉降缝、温度缝和兼有两种作用的温度沉降缝。永久性横缝缝面为平面，不设键槽，不进行灌浆，一般也可不预留缝宽。当不均匀沉降较大时，可用沥青油毡隔开，缝宽为 1～2 cm。永久性横缝需设专门止水。临时性横缝缝面常设置键槽和灌浆系统。

2. 纵缝

平行于坝轴线的缝称纵缝，纵缝是施工临时缝。设置纵缝的目的是为了做到分仓浇筑，以适应混凝土浇筑能力，减少大坝在施工期的温度应力，待温度正常之后进行接缝灌浆，使大坝合成一体。纵缝应用最广的是铅直纵缝，此外还有错缝、斜缝。

近年来，世界坝工由于温度控制和施工水平的不断提高，发展趋势是不设纵缝，通仓浇筑，施工进度快，坝体整体性好。

3. 水平缝

水平缝是上下层新老混凝土浇筑块的施工接缝，是临时性的。施工时需先将下块混凝土表面的水泥乳膜及浮渣用风水枪或压力水冲洗并使表面成为干净的麻面，再铺一层 2～3 cm 厚的水泥砂浆，然后再在上面浇筑混凝土。

(三)止水

止水设置在横缝靠近上游面附近的地方，这样可以阻止库水渗入横缝。止水片的上部应伸到最高水位以上，一般伸到坝顶，下部必须与坝基岩石妥善连接，并埋入一定深度。常用的止水片材料有金属片、塑料带、橡胶带、沥青等柔性材料。

(四)廊道系统

为了满足施工和运用要求,需要在大坝坝体内设置各种用途的廊道,如灌浆廊道、排水廊道、观测廊道、检查廊道、交通廊道等。这些廊道之间互相连通,形成一个廊道系统。高坝有时还需要设置电梯井,用电梯井把不同高程的廊道在垂直方向连接贯通,构成坝体内部立体交通系统。

七、重力坝的地基处理

重力坝的地基要求能够承受较大的荷载,天然地基多少存在着风化、节理、裂隙、破碎带等缺陷,在不同程度上破坏基岩的整体性和均匀性,降低了基岩强度和抗渗能力,因此必须对地基进行适当的处理。常用的处理方法有开挖和清理、基础灌浆、坝基排水以及特殊软弱地带的处理。

(一)开挖和清理

开挖的目的是将不适合建造重力坝的表层岩石挖除掉,使坝体建在坚硬的岩石基础上。高坝一般要求开挖到新鲜坚固的岩石上,中坝可开挖到微风化或弱风化岩石的上部。

岩基开挖主要采用钻孔爆破法施工,遵循自上而下分层开挖的原则。开挖到设计开挖线附近时,应该预留一定厚度的保护层,然后采取浅层弱振爆破或机械开凿,以确保基础面以下的地层不受破坏。

基岩开挖后,在浇筑混凝土之前,需进行彻底的清理和冲洗,清除一些松动的岩块,打掉突出的尖角。基坑原有的勘探钻孔、井、洞等均应回填封堵。

(二)基础灌浆

常见的基础灌浆有固结灌浆和帷幕灌浆两种。

1. 固结灌浆

当基岩在较大范围内节理裂隙发育或较破碎,挖除不经济时,可以对坝基进行低压浅层灌水泥浆加固,这种灌浆称为固结灌浆。固结灌浆可以提高基岩的整体性和弹性模量,增加基岩的抗压、抗剪强度,降低地基的透水性。工程中,一般在坝体浇筑到5 m左右时,采用较高强度等级的膨胀水泥浆进行固结灌浆。

固结灌浆孔一般采用梅花形和方格形布置,如图2-11所示。孔距、排距、孔深取决于坝高、基岩构造和位置。一般靠近坝踵和坝趾处密而深,远离坝踵和坝趾处疏而浅。

固结灌浆宜在基础部位混凝土浇筑后进行,固结灌浆压力要在不掀动基岩的原则下取较大值,无混凝土盖重时取0.2~0.4 MPa,有盖重时取0.4~0.7 MPa,具体视盖重厚度而定。

2. 帷幕灌浆

帷幕灌浆的目的是减少坝基渗水量,降低坝底渗透压力,防止坝基内产生机械或化学管涌。帷幕灌浆工作在灌浆廊道中用钻孔机械完成,灌浆孔要打到岩层深处相对不透水层,帷幕孔1~3排,孔距1.5~4 m。灌浆材料有水泥浆和化学浆,应优先选用膨胀水泥浆,化学浆可灌性好,抗渗性好,但价格昂贵。

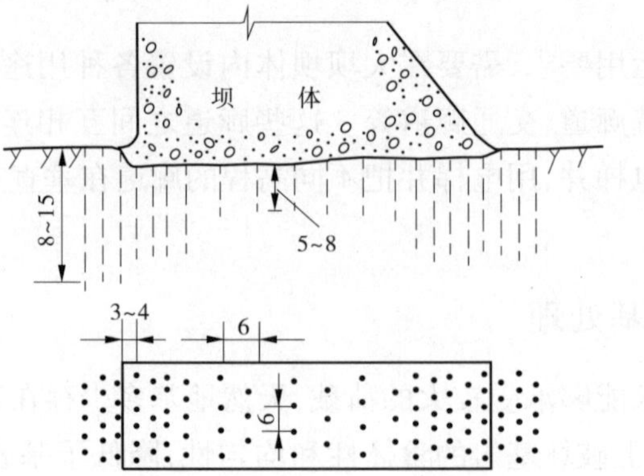

图2-11　固结灌浆孔布置示意图　（单位：m）

帷幕的位置常布置在靠近上游坝面的坝轴线附近，自河床向两岸延伸一定距离，如图2-12所示。

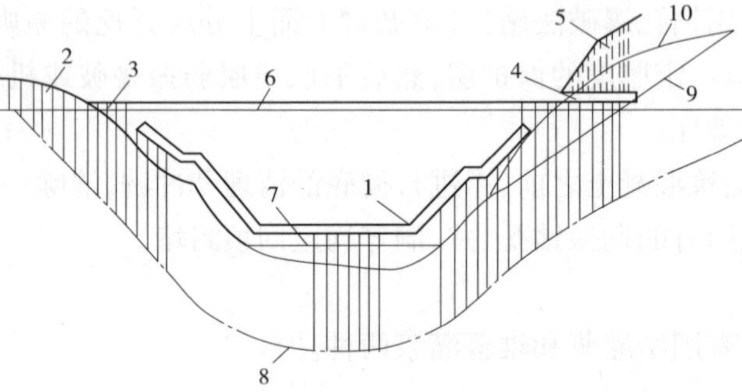

1—灌浆廊道；2—山坡钻进；3—坝顶钻进；4—灌浆平洞；5—排水孔；6—正常蓄水位；
7—原河水位；8—防渗帷幕底线；9—原地下水位线；10—蓄水后地下水位线

图2-12　防渗帷幕沿坝轴线布置示意图

固结灌浆和帷幕灌浆主要采用回转式钻孔机钻孔。钻孔顺序应遵循逐步加密的原则，钻孔完成后进行冲洗，将残存在孔底的岩粉及孔壁周围裂隙中的填充物冲出孔口，在进行压水试验后正式开始灌浆，用灌浆泵将水泥浆压入孔壁四周裂隙中，水泥浆应逐步由稀变稠。灌浆结束后，须进行灌浆质量检查。

（三）坝基排水

坝基排水的目的是排除帷幕后的坝基渗水，降低坝基底面的扬压力。工程中在防渗帷幕后设置主排水孔幕和辅助排水孔幕来收集渗水，汇入集水井，自流或抽排到下游。

（四）软弱夹层和断层带的处理

当坝基存在断层破碎带、软弱夹层等缺陷时，必须作出相应处理。对于埋深较浅的可以采用挖除回填来彻底解决。当埋深较深时，可在层间打洞，设置混凝土塞；在坝趾处设置齿墙，切断软弱夹层；在层数多、位置深且夹层较薄的坝基上进行预应力锚索加固。

任务二 土石坝

土石坝是指用当地土料、石料或土石混合料，经过抛填、碾压等方法堆筑而成的挡水坝，是土坝、堆石坝和土石混合坝的总称。由于筑坝材料主要来自坝区，因而也称做当地材料坝。

土石坝是最古老的一种坝型，也是最为广泛的坝型，早在公元600多年前，我国就已经填筑土堤防御洪水。目前，我国最高的心墙土石坝是黄河小浪底水电站，坝高154 m。世界上最高的土石坝是塔吉克斯坦的罗贡坝，坝高335 m。

一、土石坝的特点、组成及分类

（一）土石坝的特点

（1）可以就地取材，节约大量水泥、木材和钢材，减少工地的外线运输量。

（2）能适应各种不同的地形、地质条件。任何不良的坝址地基，经处理后均可筑坝，特别是气候恶劣、地质条件复杂和高烈度地震区的情况下，土石坝实际上是唯一可取的坝型。

（3）土石坝构造简单，施工方便。大型施工机械的发展，提高了土石坝的压实密度，减小了土石坝的断面，加快了施工进度，降低了造价，促进了高土石坝的发展。

（4）工作可靠，寿命较长。施工、管理运行、加高和扩建等比较简单。

（5）土石坝坝身不能泄流，须另外修建泄水建筑物，增加了枢纽布置的难度。

（6）施工导流相比混凝土坝困难。

（7）易受降雨等天气影响，特别是黏性土的施工。

（二）土石坝的主要组成

（1）坝体。坝体是土石坝的主体，主要用来维持大坝稳定和挡水。

（2）防渗体。防渗体布置在坝体的中部或靠近上游面，用于减少渗透水量，防止渗透变形。均质土坝可不设防渗体。

（3）护坡。护坡铺设在土石坝的上、下游坝坡表面，防止坝坡被冲刷等破坏。

（4）排水设施。排水设施常布置在坝体的下游，用于安全地排除渗水，增强下游坝坡的稳定。

（三）土石坝的分类

1. 按坝高分类

（1）低坝。高度在30 m以下的坝为低坝。

（2）中坝。高度在30~70 m的坝为中坝。

（3）高坝。高度超过70 m的坝为高坝。

2. 按施工方法分类

（1）碾压式土石坝。它是用适当的土料分层铺填，并逐层碾压而成的坝。碾压式施工方法在土石坝建设中应用非常广泛，不仅适用于土坝，也能适用于堆石坝。

（2）水力冲填坝。这是一种利用水力输送土料的湿法填筑施工的坝。在坝的填筑面上、下游修筑边埂，然后把泥浆通过输泥管或输泥渠道输送到填筑面，使泥浆在边埂包围的沉淀池中沉淀、脱水、固结，形成坝体。

(3)定向爆破堆石坝。这种坝是在坝址地形合适的情况下，按预定设计要求爆破两岸山体，使爆出的岩石抛向预定筑坝位置，一次筑坝成形。定向爆破法筑坝施工简单迅速，但这种坝增筑防渗部分比较困难。

3. 按坝体材料及防渗体的相对位置分类

(1)均质坝。均质坝坝体用透水性较弱的同一种黏性土填筑而成，坝体兼作挡水和防渗。均质坝构造简单，但由于黏性土抗剪强度低，不宜修建高坝。

(2)心墙坝。心墙坝是用防渗性好的黏性土料做成防渗体设置在坝体中间，用透水性较好的土石料作坝壳。心墙坝的优点是剖面小，工程量省；缺点是心墙与坝体施工干扰大，防渗体发生故障不易维修。心墙材料还有沥青混凝土、钢筋混凝土等。

(3)斜墙坝。黏性土或其他不透水材料做成的防渗体呈倾斜状位于坝体靠近上游部分，坝体用透水性较大的土、石料进行填筑。

(4)多种土质坝。坝的主体(不包括防渗体、排水体和护坡等)由几种不同的土料建成的坝就是多种土质坝，具体见图2-13。

二、土石坝的剖面形状和构造

土石坝的基本剖面形状一般为梯形或复式梯形。

(一)坝顶

土石坝的坝顶高程由水库静水位加上超高确定。土石坝的超高由三部分组成：波浪在坝坡上的爬高、波浪中心线壅高和安全加高。分别计算设计洪水位与校核洪水位两种情况，取其中计算高值为坝顶设计高程。

坝顶上游常设防浪墙，防浪墙应坚固，不透水，下部埋入坝体，高度一般为1～1.2 m。坝顶须做护面，护面的材料可采用碎石、单层砌石、沥青或混凝土等，如有交通要求，应满足公路路面的有关规定。为了排除雨水，坝顶应做成向一侧或两侧倾斜的横向坡度。坝顶构造如图2-14所示。

(二)防渗设施

1. 心墙

心墙一般布置在坝体中部，有时稍偏上游并稍为倾斜，以便于和坝顶的防浪墙连接，并可使心墙后的坝壳先期施工，得到充分的先期沉降，以避免出现裂缝。

心墙顶部厚度不小于3 m，以便于机械化施工。底部厚度不宜小于作用水头的1/4。两侧边坡多在1∶0.15～1∶0.3，有些肥大的心墙可到1∶0.4～1∶0.5。顶部高程应高出设计洪水位0.3～0.6 m，当有防浪墙时，心墙顶部也不应低于设计水位，且防浪墙应与心墙相连。心墙顶与坝顶之间应设保护层，厚度不小于该地区冰冻或干燥深度，同时按构造要求不小于1 m。

心墙与坝壳之间应设置过渡层，过渡层的结构常采用级配良好、抗风化的细粒石和砂砾石料，以使整个坝体内应力传递均匀，并保证坝壳的排水效果良好。心墙与地基和两岸必须有可靠的连接。岩石地基上的心墙一般还要设置混凝土垫座，如图2-15所示。

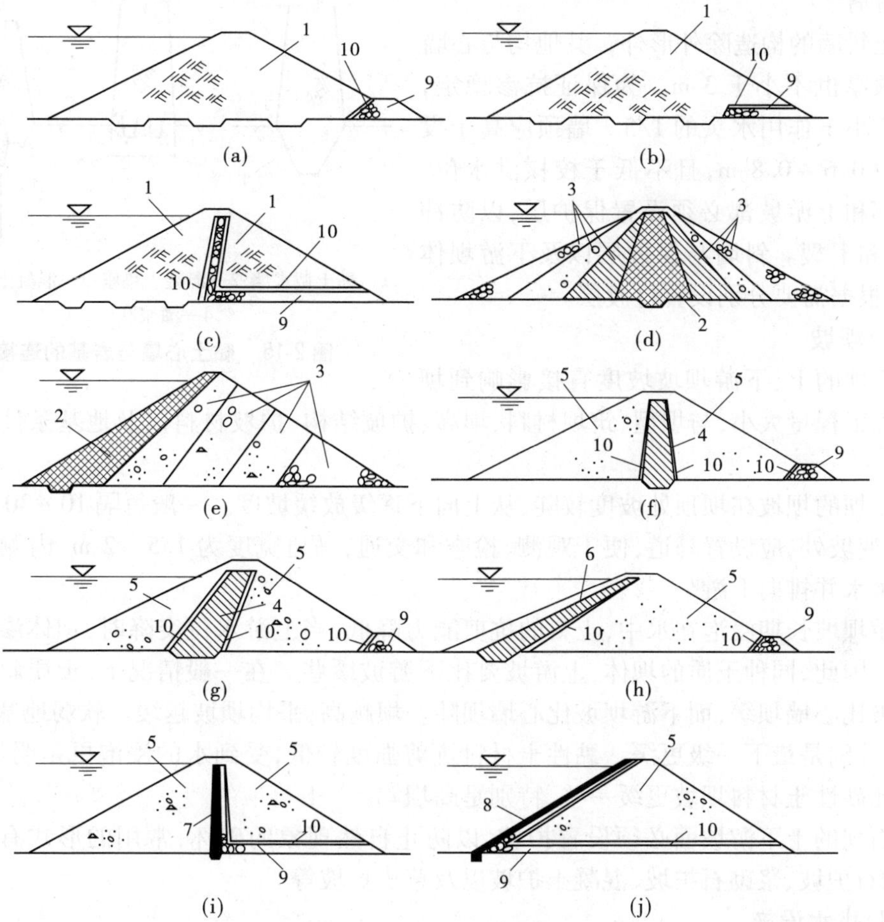

(a)、(b)、(c)均质土坝;(d)、(e)多种土质坝;(f)、(g)土心墙坝;

(h)土斜墙坝;(i)非土质心墙坝;(j)非土质斜墙坝

1—均质土料;2—较不透水土料;3—透水性逐层增强的土料;4—土料心墙;5—坝体透水土料;

6—土料斜墙;7—非土质材料心墙;8—非土质材料斜墙;9—排水体;10—反滤层

图 2-13　土石坝分类示意图

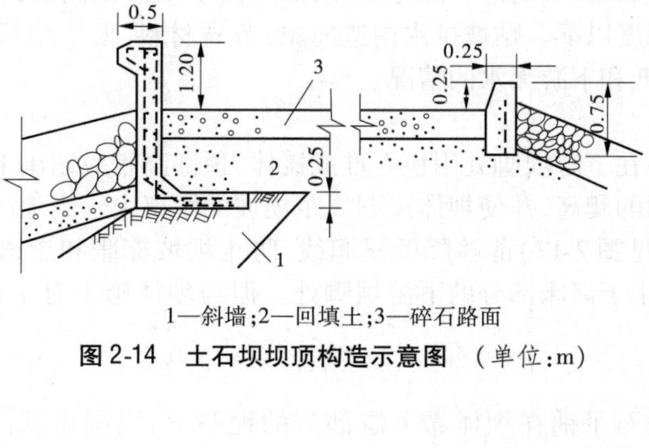

1—斜墙;2—回填土;3—碎石路面

图 2-14　土石坝坝顶构造示意图　(单位:m)

2. 斜墙

黏土斜墙的构造除外形外，其他均与心墙类似。顶厚也不小于3 m。为保证抗渗稳定，底厚不宜小于作用水头的1/5。墙顶应高于设计洪水位0.6～0.8 m，且不低于校核洪水位。斜墙顶部和上游坡都必须设置保护层，以防冲刷、冰冻和干裂。斜墙与保护层以及下游坝体之间，应根据需要分别设置过渡层。

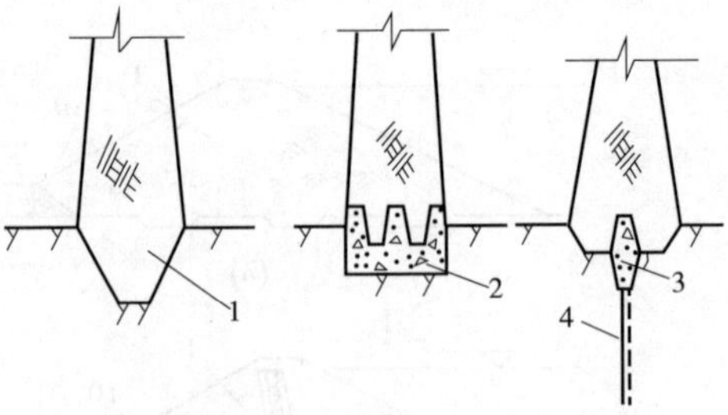

1—黏土截水墙；2—混凝土垫座；3—混凝土齿墙；4—灌浆孔

图 2-15　黏土心墙与岩基的连接

（三）坝坡

土石坝的上、下游坝坡坡度直接影响到坝体稳定和工程量大小，与坝型、筑坝材料、坝高、护坡结构、护坡材料以及地基条件等因素有关。

土石坝的坝坡在坝顶处坡度较陡，从上向下逐级放缓坡度。一般每隔10～30 m变坡一次，在变坡处，应设置马道，便于观测、检查和交通，马道宽度为1.5～2 m，内侧设排水沟汇集雨水并排向下游。

上游坝坡长期浸泡在水中，土料的抗剪能力降低，当上游水位突降时，坝体渗水向上游反渗。因此，同种土质的坝体，上游坡要比下游坡缓些。在一般情况下，土质斜墙坝的上游坝坡比心墙坝缓，而下游坝坡比心墙坝陡。坝越高，平均坝坡越缓。软弱地基上的坝坡较缓，特别是最下一级更缓。黏性土材料抗剪强度较低，受到水的浸泡更是明显下降，其坝坡比砂性土材料坝坡更缓一些，特别是高坝。

土石坝的上下游坡面必须设置护坡，以防止自然现象的破坏，常用的形式有堆石护坡、干砌石护坡、浆砌石护坡、混凝土护坡以及草皮护坡等。

（四）排水设施

土石坝虽然有防渗体，但仍有一定水量渗入坝体内。设置坝体排水设施，可以将渗入坝体内的水排出坝外，以达到降低坝体浸润线及孔隙水压力、防止渗透变形、增加坝坡的稳定性、防止冻胀破坏的目的。常用的坝体排水有以下几种形式。

1. 贴坡排水

贴坡排水在紧贴下游坝坡的表面设置，由1～2层堆石或砌石筑成，在石块与坝坡之间应设置反滤层，如图2-16所示。贴坡排水顶部应高于坝体浸润线的逸出点，并保证坝体浸润线位于冻结深度以下。贴坡排水构造简单、节省材料、便于维修，但不能降低浸润线，多用于浸润线很低和下游无水的情况。

2. 堆石棱体排水

堆石棱体排水是在下游坝脚处用块石堆成棱体，顶部高程应超出下游最高水位，超出高度大于波浪沿坡面的爬高，并使坝体浸润线距坝坡的距离大于当地冰冻深度。

堆石棱体排水（见图2-17）能够降低浸润线，防止坝坡冻胀和渗透变形，保护下游坝脚不受尾水淘刷，多用于河床部分的下游坝脚处。但与坝体施工有干扰，检修困难，且石料用量大。

3. 褥垫排水

褥垫排水是将块石平铺在坝体靠下游部分的地基上，周围设反滤层，形成褥垫（见

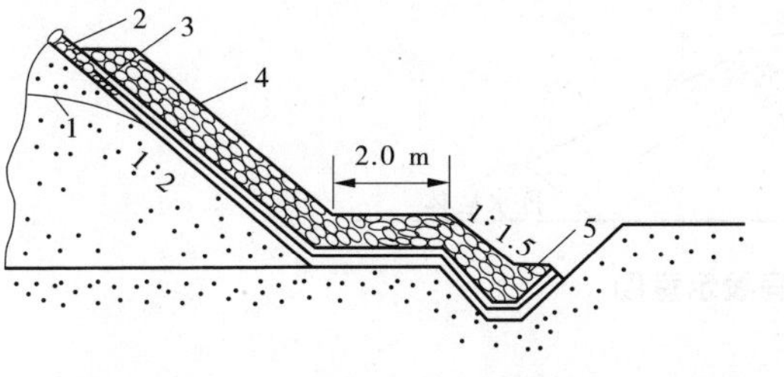

1—浸润线;2—护坡;3—反滤层;4—贴坡排水;5—排水沟

图 2-16　贴坡排水示意图

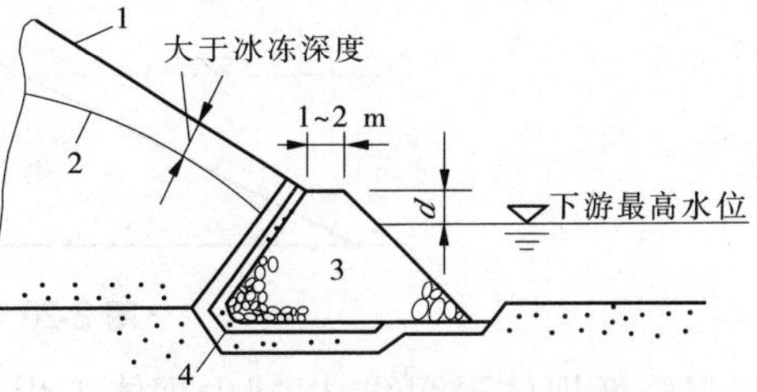

1—下游坝坡;2—浸润线;3—棱体排水;4—反滤层

图 2-17　堆石棱体排水示意图

图 2-18)。它可以降低浸润线,加速软土地基的固结。但对地基不均匀沉降适应性差,易于断裂,难于维修。

褥垫伸入坝体的长度应根据渗流计算来确定,一般情况,对黏性土均质坝应不大于坝底宽的 1/2,对砂性土均质坝不大于坝底宽的 1/3。

4. 管式排水

管式排水是用带孔的陶瓦管、混凝土管、钢筋混凝土管或碎石管埋入坝体,如图 2-19 所示。平行于坝轴线的集水管收集渗水,经垂直于坝轴线的横向排水管排向下游。管式排水的优缺点与褥垫排水相似,排水效果不如褥垫排水好。一般用于土石坝岸坡及台地地段,此处坝体下游经常无水,排水效果好。

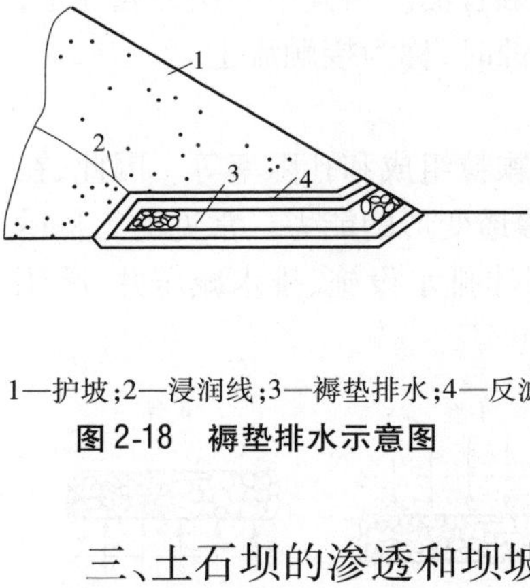

1—护坡;2—浸润线;3—褥垫排水;4—反滤层

图 2-18　褥垫排水示意图

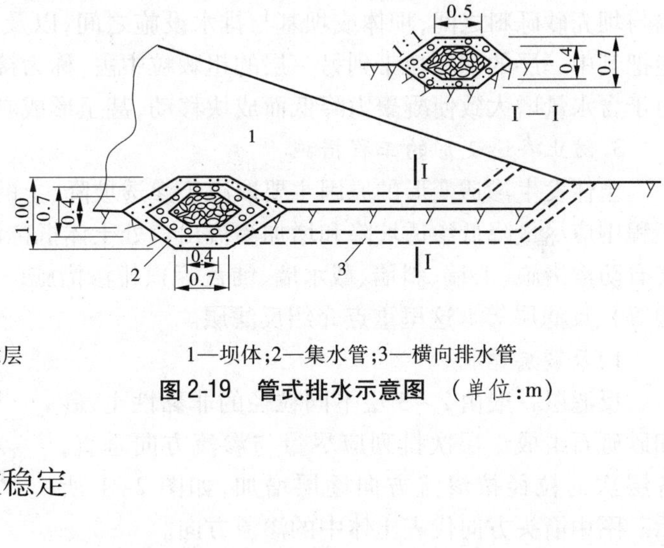

1—坝体;2—集水管;3—横向排水管

图 2-19　管式排水示意图　(单位:m)

三、土石坝的渗透和坝坡稳定

(一)土石坝的渗透

1. 坝体浸润线

在上下游水位差的作用下,库水会通过坝身渗透,当坝基为砂性土或其他软土时,也会产生渗透。上游库水通过土石坝坝体渗透时,渗透水沿程不断减少,在坝体内形成一条沿程不断下落的渗流水面线,称为浸润线。在浸润线上,渗透水压为零,在同一种土料的坝体中,浸润线的形状为抛物线,如图 2-20 所示。

在浸润线以上的坝体中,土体呈自然含水状态,在浸润线以下,土体浸在水中,一般处于饱和状态,其抗剪强度降低,且受到指向下游的渗流力作用,对坝坡稳定不利。工程中,

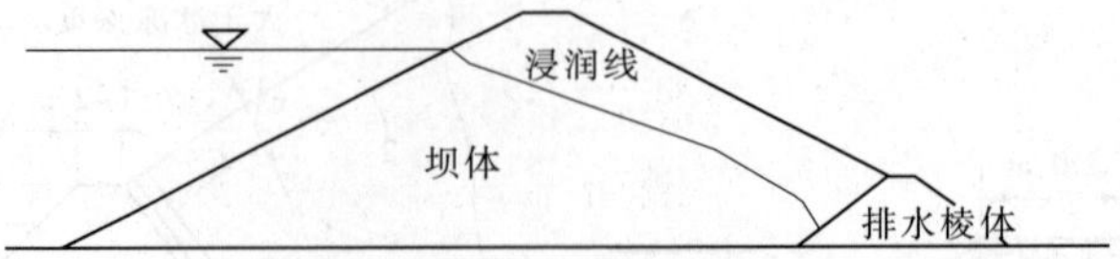

图2-20　浸润线示意图

应尽量降低坝体浸润线，以减少坝体工程量。

2. 渗透变形常见形式

土石坝及地基中的渗流，由于机械和化学作用，可能使土体产生渗透变形，常见的渗透变形的形式有以下几种：

(1)管涌。在渗流作用下，土体中细小颗粒通过粗大颗粒的孔隙发生移动，最终被带出土体，形成渗流通道的现象称为管涌。没有凝聚力的无黏性砂土、砾石砂土容易出现管涌；黏性土的颗粒间有一定的凝聚力，渗流难以把其中的颗粒带走，不易发生管涌。

(2)流土。在渗流作用下，某一范围内的部分土体被成块掀起的现象称为流土。一般发生在黏性土及均匀非黏性土体的渗流出口。

(3)接触冲刷。当渗流沿两种不同土壤的接触面流动时，把其中细颗粒带走的现象称为接触冲刷。

(4)接触管涌和接触流土。渗流方向垂直于两种不同土壤的接触面时，如在黏土心墙与坝壳砂砾料之间，坝体或坝基与排水设施之间，以及坝基内不同土层之间的渗流，可能把其中一层的细颗粒带到另一层的粗颗粒中去，称为接触管涌。当其中一层为黏性土，由于含水量增大致使凝聚力降低而成块移动，甚至形成剥蚀时，称为接触流土。

3. 防止渗透变形的工程措施

土体发生渗透变形的原因主要取决于渗透坡降、土的颗粒组成和孔隙率等。因此，在工程中应尽量降低渗透坡降和增加渗流出口处土体抵抗渗透变形的能力。常见的工程措施有防渗措施（心墙、斜墙、截水墙、铺盖等）、排渗措施（坝体排水设施、排水减压井、减压沟等）、反滤层等。这里重点介绍反滤层。

1)反滤层结构

反滤层一般由2～3层不同粒径的非黏性土、砂和砂砾石组成。层次排列应尽量与渗流方向垂直，各层次的粒径按渗流方向逐层增加，如图2-21所示。图中箭头方向代表土体中的渗流方向。

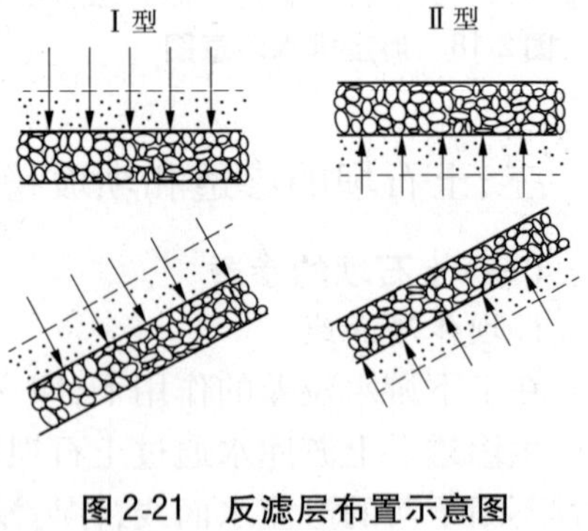

图2-21　反滤层布置示意图

2)反滤层材料

反滤层的材料应具有耐久性、抗风化性能。材料布置应满足：被保护土壤的颗粒不得穿过反滤层，对于不影响骨架稳定的细小颗粒（如粒径小于0.1 mm的砂土），则可允许被带走；各层的颗粒不得发生位移，尤其是相邻两层间，较小粒径颗粒不得穿过较粗一层的孔隙；反滤层不能被堵塞，应具有足够的透水性；反滤层应保证耐久、稳定，其工作性能和效果不随环境和时间的改变而变化。

(二)土石坝的坝坡稳定

土石坝作为一个整体,依靠重力维持自身稳定。但由于坝身是由散粒体堆筑而成,坝身整体体积庞大,坝体不可能产生水平滑动,其失稳形式主要是坝坡滑动或坝坡与坝基一起滑动。

坝坡滑动的形式一般有以下几种:

(1)曲线滑裂面。当滑裂面通过黏性土的部位时,其形状常是上陡下缓的曲面,近似圆弧面,如图 2-22(a)、(b)所示。

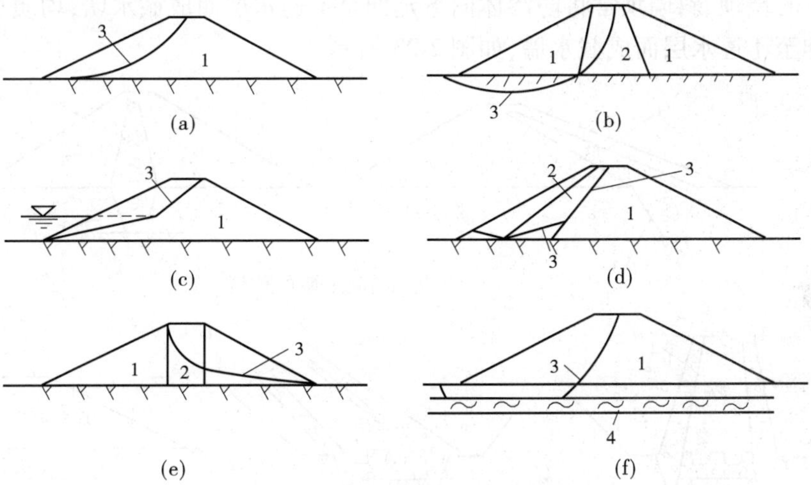

1—坝壳;2—防渗体;3—滑裂面;4—软弱层

图 2-22　坝坡滑动的形式示意图

(2)直线或折线滑裂面。滑裂面通过无黏性土时,滑裂面的形状可能是直线或折线形,当坝坡干燥或全部浸入水中时呈直线形,当坝坡部分浸入水中时呈折线形,如图 2-22(c)所示。斜墙坝的上游坡失稳时,通常沿着斜墙与坝体交界面滑动,如图 2-22(d)所示。

(3)复合滑裂面。当滑裂面通过性质不同的几种土料时,可能是由直线和曲线组成的复合形状滑裂面。如图 2-22(e)所示为通过黏土心墙的圆弧和通过砂砾坝壳直线组成的复合滑裂面。如图 2-22(f)所示为坝基存在软弱夹层的情况,由两段圆弧和一段直线组成的复合滑裂面。

四、土石坝地基处理

土石坝地基处理应能够有效控制渗流,使地基和坝身不产生渗透变形;能够控制沉降与不均匀沉降,以限制坝体裂缝的产生;能够有效保证地基的稳定,使其不发生滑动。

岩石地基的强度大、变形小,一般均能满足土石坝的要求,其处理的目的主要是控制渗流。这里重点介绍非岩石地基的处理。

(一)清理

筑坝前要完全清除表面的腐殖土,以及可能发生集中渗流和可能发生滑动的表层土石,如较薄的细砂层、稀泥、草皮、树根以及乱石和松动的岩块等,清除深度一般为 0.3 ~

1 m。

(二)砂砾石地基处理

砂砾石地基一般强度较大,压缩变形也小,地基处理主要是解决渗流问题,处理的方法一般是“上防下排”。属于“上防”的有铅直方向的黏性土截水墙、混凝土防渗墙、板桩和灌浆帷幕,以及水平方向的防渗铺盖等;属于“下排”的有铅直方向的减压井和反滤式排水沟,以及水平方向的反滤式盖重等。所有这些措施既可以单独使用,也可以联合使用。

1. 黏性土截水墙

当覆盖层深度在15 m以内时,可开挖深槽直达不透水层或基岩,槽内回填黏性土成为截水墙。心墙坝、斜墙坝常将防渗体向下延伸至不透水层而成截水墙,均质坝也可将坝体部分延伸至不透水层而成截水墙,如图2-23所示。

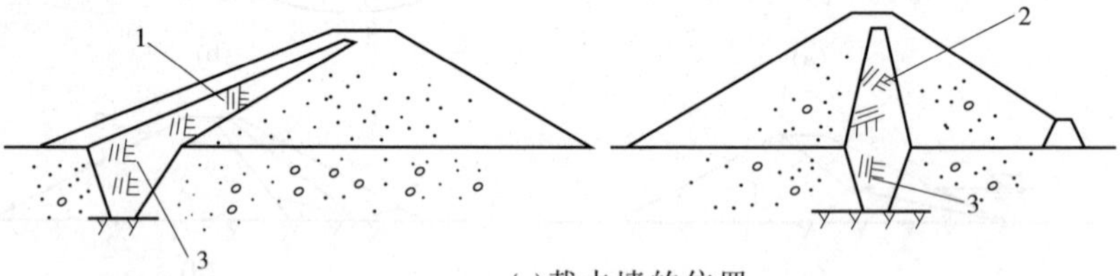

(a)截水墙的位置

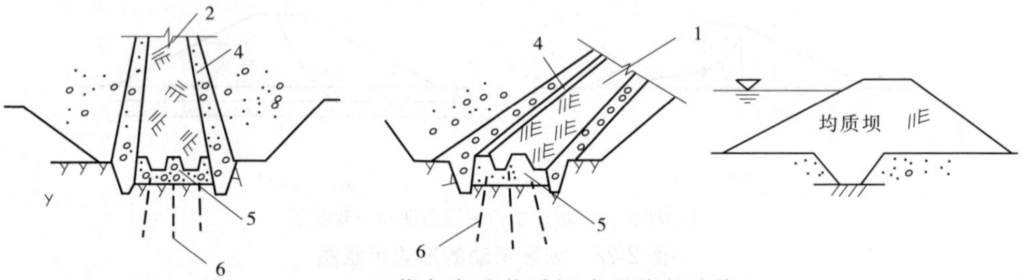

(b)截水墙(含均质坝)与基岩的连接

1—黏土斜墙;2—黏土心墙;3—截水墙;4—过滤层;5—垫座;6—固结灌浆

图2-23 黏性土截水墙示意图

2. 混凝土防渗墙

用钻机或其他设备在土层中造成圆孔或槽孔,在孔中浇筑混凝土,最后连成一片,成为整体的混凝土防渗墙。混凝土防渗墙结构可靠,施工速度快,防渗效果好,能适应多种不同的土层条件。

圆孔形混凝土防渗墙的施工顺序是:先用钻机钻第一期孔,如图2-24(a)所示的1、3、5、7、9孔,直径为60~80 mm;混凝土浇筑约1周后,再钻第二期孔,如图2-24(a)中的2、4、6、8、10孔;将第一期的混凝土切掉10~15 cm,第二期孔混凝土浇筑后,即形成一道整体的混凝土防渗墙。

板槽形混凝土防渗墙的施工方法是:将一个槽孔分成几个主孔和副孔,先钻主孔,再劈钻副孔,主副孔形成狭长形沟槽后再浇筑混凝土,如图2-24(b)所示。

混凝土防渗墙施工过程中,应保持钻孔稳定,不致坍塌,常用膨润土或优质黏土制成的泥浆进行固壁,这种泥浆还能起到悬浮和携带岩屑以及冷却和润滑钻头的作用。

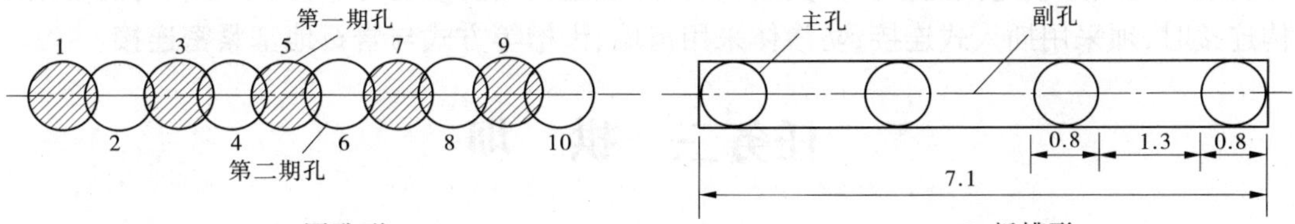

(a)圆孔形　　(b)板槽形

图 2-24　混凝土防渗墙平面图　(单位:m)

3. 灌浆帷幕

当砂卵石层很厚时,用上述方法都困难或不经济时,可采用灌浆帷幕进行防渗。

灌浆帷幕是将具有流动性和胶凝性的浆液,按一定的配比要求,以适当的压力灌入地基孔隙、裂缝中作充填、胶结的防渗或加固处理,在地基灌浆范围内形成的帷幕。灌浆帷幕厚度较大,一般需几排钻孔,边排孔稍密,中排孔稍稀。灌浆时,先灌边排孔,后灌中排孔,浆液由稀到浓,灌浆压力自下而上逐渐减小。帷幕须伸入砂卵石层下的不透水层内至少 1 m。

砂卵石地基是由颗粒材料组成,对灌浆效果影响比较大,孔壁容易坍塌,在灌浆中应注意地基的可灌性,可灌性是指砂卵石地基接受灌浆材料灌入程度的一种特性。影响可灌性的主要因素有地基的颗粒级配、灌浆材料的细度、灌浆压力和施工工艺等。

砂卵石地基常用的灌浆方法有打管灌浆法、套管灌浆法、循环灌浆法及埋花管灌浆法等。

4. 铺盖

当地基透水层较深,受施工设备等条件的限制,采用垂直防渗有困难或不经济时可选用铺盖防渗。将黏性土料平铺在地基表层,并向上游延伸 4 ~6 倍水头的长度。防渗铺盖构造简单,造价较低,通过延长渗径来降低渗透坡降,但它不能完全截断渗流,如图 2-25 所示。

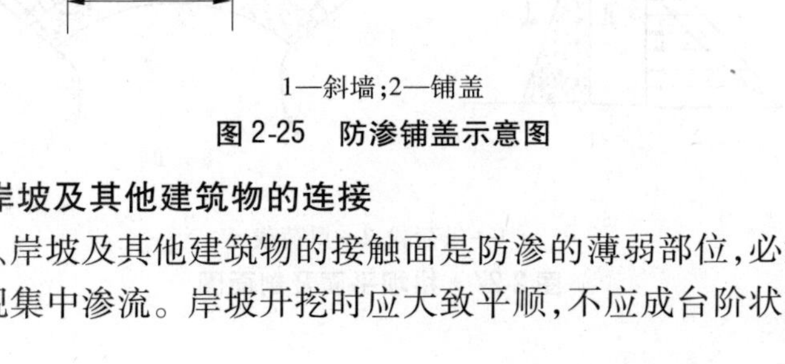

1—斜墙;2—铺盖

图 2-25　防渗铺盖示意图

(三)与坝基、岸坡及其他建筑物的连接

土石坝与坝基、岸坡及其他建筑物的接触面是防渗的薄弱部位,必须妥善处理,使其结合紧密,避免出现集中渗流。岸坡开挖时应大致平顺,不应成台阶状或突然变坡;心墙和斜墙与两端岸坡连接处应扩大其断面，以加强连接处防渗的可靠性；土石坝与混凝土结构连接时，须采用插入式连接；防渗体采用齿墙、齿槽等方式与岩石地基紧密连接。

任务三　拱　坝

一、拱坝的特点

（一）受力特点

拱坝是一空间壳体结构，其坝体结构可近似看做由一系列凸向上游的水平拱圈和一系列竖向悬臂梁所组成，如图2-26所示。

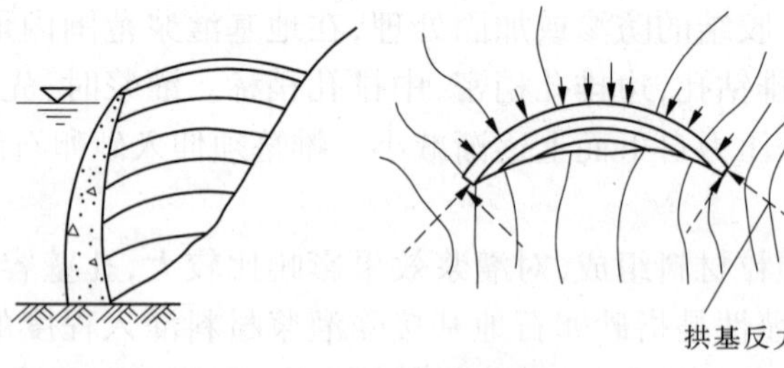

图2-26　拱坝示意图

坝体结构既有拱作用又有梁作用，因此具有双向传递荷载的特点。坝体所承受的水平荷载一部分由拱的作用传至两岸岩体，另一部分通过竖直梁的作用传到坝底基岩，如图2-27所示。拱坝所坐落的两岸岩体部分称做拱座或坝肩；位于水平拱圈拱顶处的悬臂梁称做拱冠梁，一般位于河谷的最深处。

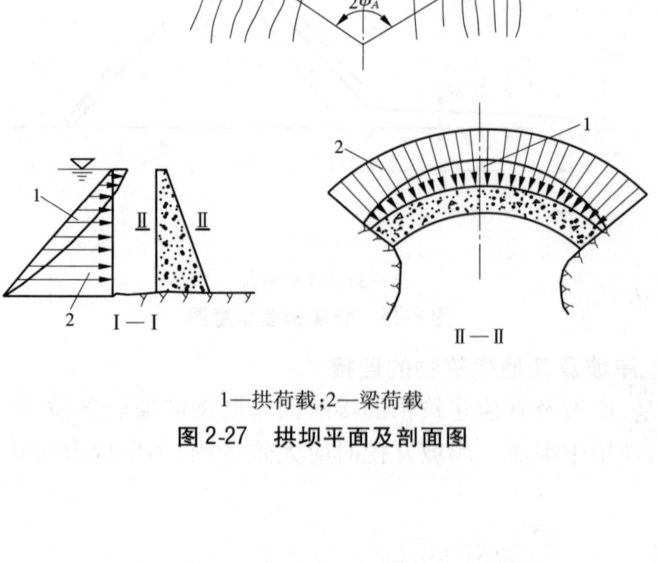

1—拱荷载；2—梁荷载

图2-27　拱坝平面及剖面图

拱坝受力与重力坝等坝体的受力情况截然不同。从坝体本身来讲,拱坝主要依靠材料的各种强度,特别是抗压强度来保证大坝的安全;重力坝则部分依靠材料强度,但最终依靠坝体的有效重量来维持自身的安全稳定。拱坝的安全性不仅取决于坝体抗压强度,还取决于两岸岩体的支撑作用。当坝肩岩体足够大,比较坚实完整和稳定可靠时,拱坝主要受力特点为坝身受压,可以充分发挥混凝土强度优点,坝基岩体也安全。当上述坝基岩体条件不理想,由于坝基岩体的软弱或不连续面不同程度甚至大面积地屈服,会恶化大坝的应力工作状态,使基础岩体或坝体受力情况都变得更为复杂,从而影响到大坝的安全。拱坝受力特点,应综合考虑拱坝坝身、坝基和坝肩的受力。

(二)经济性

拱坝由于其坝体受力特点有利于充分发挥混凝土材料的抗压强度,一般比重力坝混凝土用量少,造价更便宜。一般情况下,拱坝所需的坝体混凝土量为同规模重力坝的1/3~2/3。按我国目前情况,双曲拱坝造价一般是同规模重力坝造价的55%~65%,重力拱坝造价一般是重力坝造价的65%~75%。

总之,在一般的河谷河段,如地质条件许可,拱坝是一种经济的坝型。如设计合理,在更宽一点的河谷,拱坝在经济上也还是有利的。

(三)安全性

拱坝属于高次超静定结构,当外荷载增大或坝的某一部位发生局部开裂时,坝体拱和梁的作用因受变位的相互制约而自行调整,坝体应力出现重分配,原来应力较低的部位将承受增大的应力。另外,拱坝将相当一部分荷载传递至基础岩体的较深部位,较深部位岩体一般坚实完整,稳定可靠。因此,拱坝由于坝身及基础工作条件较好,不易发生整体破坏。

拱坝坝体轻韧,弹性较好,模型试验和工程实践证明,拱坝具有良好的抗震性能。例如美国的巴柯依玛拱坝,1971年遭受强烈的地震,震害严重,但"大震未倒"。

二、拱坝的类型

(一)按坝体体形分类

按坝体体形可分为单曲拱坝和双曲拱坝。单曲拱坝在水平断面上有曲率,而悬臂梁断面上不弯曲或曲率很小,如图2-28(a)所示。单曲拱坝适用于近似矩形的河谷或岸坡较陡的U形河谷。双曲拱坝在水平断面和悬臂梁断面都有曲率,拱冠梁断面向下游弯曲,如图2-28(b)所示。双曲拱坝适用于V形河谷。

(二)按水平拱圈型式分

按水平拱圈型式分可分为圆弧拱坝、多心拱坝、变曲率拱坝(椭圆拱坝和抛物线拱坝等)。圆弧拱坝拱端推力方向与岸坡边线的夹角往往较小,不利于坝肩岩体的抗滑稳定,如图2-29(a)所示。多心拱坝由几段圆弧组成,且两侧圆弧段半径较大,可改善坝肩岩体的抗滑稳定条件,如图2-29(b)、(c)所示。变曲率拱坝(抛物线拱坝、椭圆拱坝等)的拱圈中间段曲率较大,向两侧曲率逐渐减小,如图2-29(d)、(e)、(f)所示。

三、拱坝的布置

拱坝布置是指拱坝体型选择及其坝体布置。布置设计的总要求是在满足坝体应力和

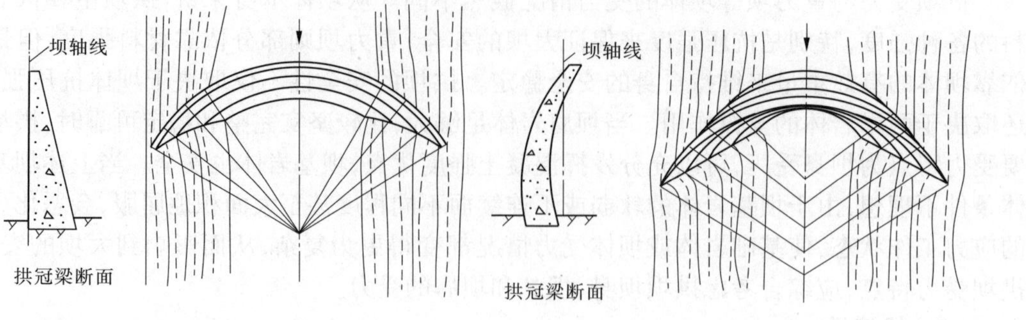

图 2-28　单、双曲拱坝示意图

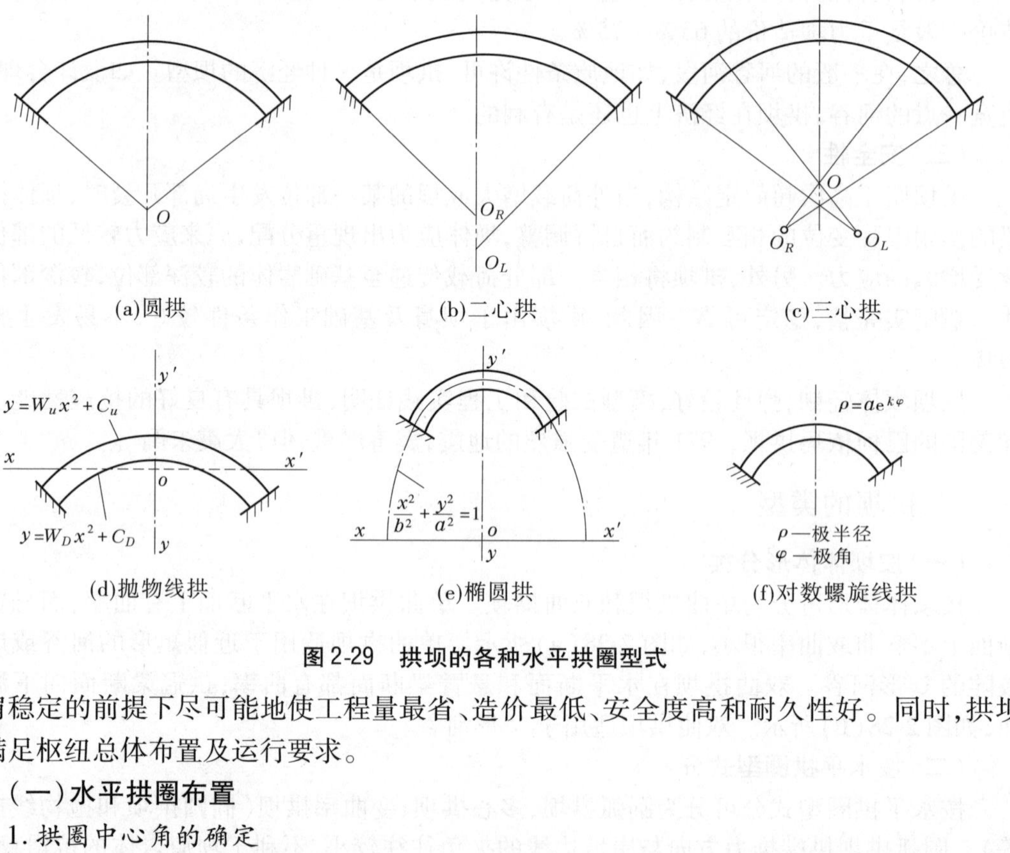

图 2-29　拱坝的各种水平拱圈型式

坝肩稳定的前提下尽可能地使工程量最省、造价最低、安全度高和耐久性好。同时，拱坝应满足枢纽总体布置及运行要求。

（一）水平拱圈布置

1. 拱圈中心角的确定

一般来说，拱圈中心角愈大、曲率愈大、拱圈半径愈小，在上游水压力的作用下拱圈内的轴向力愈小，可减小断面，但拱圈会加长。当拱圈中心角加大时，拱座处轴向力方向与岸坡边线的夹角会变小，例如中心角为 134°时，上述夹角约为 20°，对坝肩岩体稳定不利；而且拱座处还有剪力，拱座所受合力方向与岸坡边线的夹角会更小。根据以往拱坝设计经验，拱坝顶部拱圈最大中心角宜根据不同的水平拱型式，以采用 80° ~110°为宜。这样拱座轴向力方向与岸坡边线夹角为 35° ~50°。一般要求拱端内弧的切线与岸坡利用岩面等高线的夹角不得小于30°。

2. 水平拱圈的形态

合理的水平拱圈应当是压力线接近拱轴线，使拱截面内的压应力分布趋于均匀。在河谷狭窄而对称的坝址，水压荷载的大部分靠拱的作用传到两岸，采用圆弧拱圈从水压荷载在拱梁系统的分配情况看，拱所分担的水压荷载并不是沿拱圈均匀分布，而是从拱冠向拱端逐渐减小。因此，最合理的拱圈型式应是变曲率、变厚度、扁平的。

由三段圆弧组成的三心圆拱，一般两侧弧段的半径比中间的大，这样有利于减小中间弧段截面弯矩，使应力分布趋于均匀；拱端曲率半径加大，改善拱端推力方向，有利于提高拱座稳定，并使坝体弧长缩短，节省坝体方量，降低工程造价。我国的白山拱坝、紧水滩拱坝以及李家峡拱坝都是采用的三心圆拱。

水平拱圈的形态除了有单心圆弧拱圈、三心圆拱拱圈外，实际工程中还有椭圆拱、抛物线拱、对数螺旋线拱等形态。我国的二滩、东风水电站等就是采用的抛物线拱，山西省的陈村砌石拱坝采用的是对数螺旋线拱。

（二）拱坝平面布置型式

拱坝平面布置型式一般有：等半径拱坝，等中心角拱坝，变半径、变中心角拱坝，双曲拱坝。

1. 等半径拱坝

水平拱圈从上到下采用相同的外半径，拱坝上游坝面为铅直圆筒面，拱圈厚度随水深逐渐加厚，下游面为倾斜面，各层拱圈内外弧的圆心均位于同一条铅直线上，即为等半径拱坝（见图2-30），又称为定圆心等外径拱坝。它适用于U形或较宽的梯形河谷，各层拱圈均能采用较大的中心角，有利于拱作用的发挥和减小坝体厚度，同时还具有结构简单，设计和施工方便，直立的上游面便于进水口或泄水孔控制设备的布置等优点。中小型拱坝，特别是砌石拱坝采用的较多。

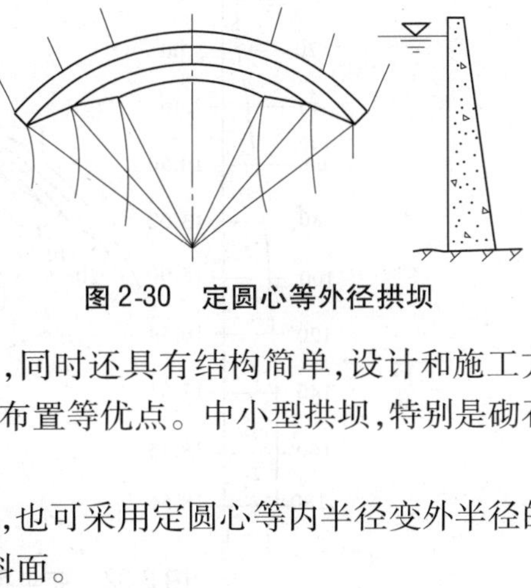

图2-30 定圆心等外径拱坝

当需坝顶溢流时，为使泄水跌落点离坝趾较远，也可采用定圆心等内半径变外半径的布置型式，使坝的下游面为铅直圆筒，上游面为倾斜面。

2. 等中心角拱坝

对于V形河谷如采用等半径拱坝，下部拱的中心角会减小很多，厚度势必加大，经济性差。为了使在V形河谷中各层拱圈的中心角接近最优中心角，并布置成相等的中心角，此时拱圈半径从上到下将逐渐减小，就成为等中心角拱坝（见图2-31）。

这种坝型的缺点是，为了维持圆心角为常数，拱坝的上下游均形成扭曲面，并且出现倒悬，在靠近两岸部分均倒向上游。

3. 变半径、变中心角拱坝

在拱坝的工程实践中，为了适应河谷条件并力求下部拱的中心角不至于太小，一般采用广泛的是变半径、变中心角拱坝（见图2-32）。这种坝型在布置上更灵活，并在不同程度上消除了等半径拱坝、等中心角拱坝的缺点，改善了坝体应力状态，是一种较好的坝型。

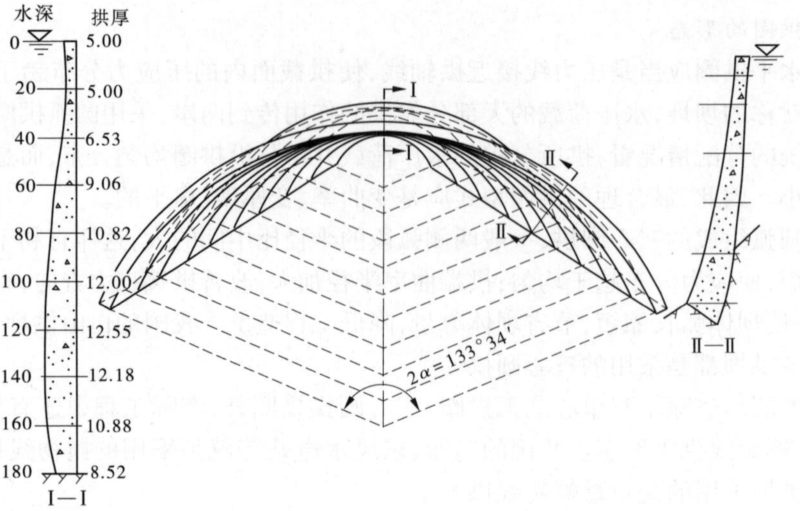

图 2-31　等中心角拱坝　（单位：m）

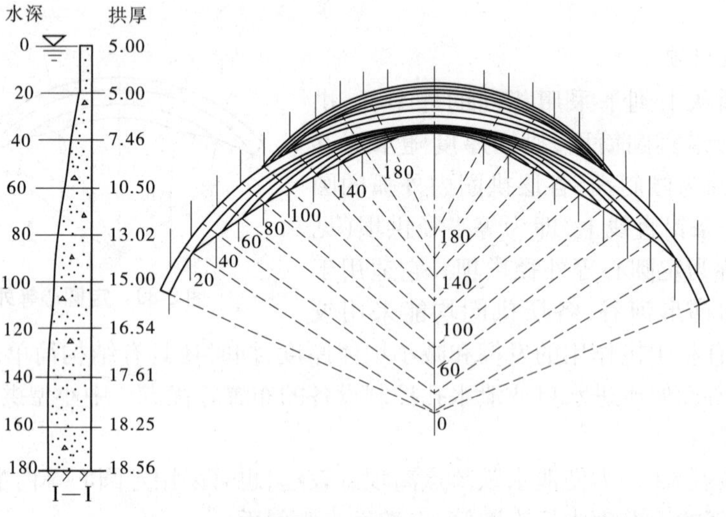

图 2-32　变半径、变中心角拱坝　（单位：m）

4. 双曲拱坝

近代拱坝设计的趋势是尽可能建造双曲拱坝（见图 2-33）。前述的变半径、变中心角拱坝在整体形状上已具有双向曲率的结构。双曲拱坝的主要优点是：梁系呈弯曲的形状，兼有垂直拱的作用，垂直拱在水平拱的支撑下，将更多的水荷载传至拱座；垂直拱在水荷载作用下上游面受压，下游面受拉，而在自重作用下则与此相反，因而应力状态可得到改善，材料强度得到更充分的发挥。双曲拱坝容易使各层拱圈中心角趋于理想，更适用于 V 形或梯形河谷。双曲拱坝在国内也有所发展，如四川的二滩双曲拱坝、湖南的东江双曲拱坝等。

根据坝址河谷形状选择拱坝体型时，应符合下列规定：V 形河谷，可选用双曲拱坝；U

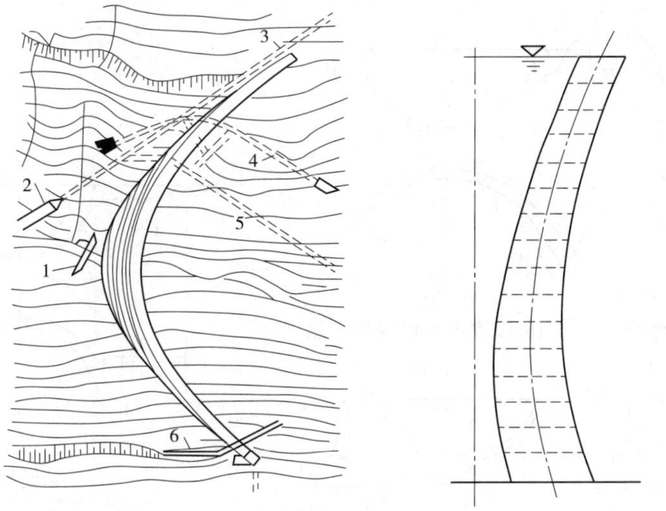

1—围堰;2—施工导流隧洞进口;3—发电隧洞;4—泄水隧洞;5—施工泄水隧洞;6—溢洪道

图 2-33　双曲拱坝

形河谷,可选用单曲拱坝;介于 V 形与 U 形之间的梯形河谷,可选用单曲拱坝或者双曲拱坝。当坝址河谷形状不规则或河床有局部深槽时,宜设计成有垫座的拱坝。

当地质、地形条件不利时,选择拱坝体型应符合下列要求:可采用两端拱圈呈扁平状、拱端推力偏向山体深部的变曲率拱坝;可采用拱端逐渐加厚的变厚度拱或设垫座的拱坝;当坝址两岸上部基岩较差或地形较开阔时,可设置重力墩或推力墩与拱坝连接。

(三)拱坝的布置原则

拱坝的布置原则为:

(1)基岩轮廓线连续光滑。开挖后的基岩面应无突出的齿坎;岩性均匀连续变化;开挖后的河谷地形基本对称和连续变化。如天然河谷不满足要求时,可采用如图 2-34 所示的工程措施进行适当处理。

(2)坝体轮廓线连续光滑。拱坝坝体轮廓应力求简单,光滑平顺,避免有任何突变。圆心连线、中心角和内外半径沿高程的变化也是光滑连续或基本连续。

由于上、下层拱圈半径及中心角的变化,使坝体上游面不能保持直立,上层坝面突出于下层坝面,这种现象称为拱坝的坝面倒悬,用倒悬度来表示。在 V 形河谷中修建变中心角变半径的双曲拱坝,很容易形成坝面倒悬。这种倒悬不仅增加了坝体施工难度,而且坝体封拱前,由于自重作用很可能在坝面产生拉应力,甚至开裂。因此,对于坝体的倒悬,应根据实际情况进行适当处理,其处理方式一般有如下几种。

(1)使靠近岸边段的坝体上游面维持铅直,则河床中间坝段将俯向下游,如图 2-35(a)所示。这样既改善了坝体应力,利于坝体稳定,也有利于坝顶溢流。

(2)使河床中间的上游坝面维持铅直,而岸边坝段向上游倒悬,如图 2-35(b)所示。这种处理方式由于倒悬集中在岸边坝段,在施工期坝体下游面可能出现较大的拉应力或出现裂缝,甚至影响坝身稳定。

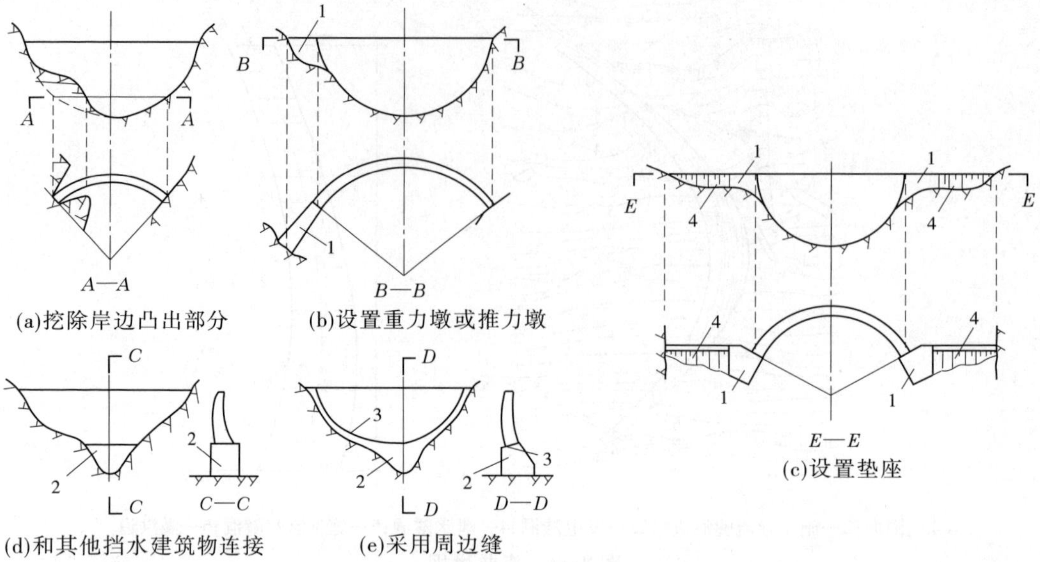

1—重力墩；2—垫座；3—周边缝；4—其他挡水建筑物

图 2-34　复杂断面河谷的处理

（3）协调前两种处理方案，使河床段坝体稍俯向下游，岸坡段坝体向上游倒悬，如图 2-35（c）所示。这样将倒悬分散到各个悬臂梁剖面上，减少了局部坝面的倒悬度，既解决了倒悬问题，又改善了坝体应力，提高了坝体稳定性。因此，设计宜采用该处理方式。

（4）对于向上游倒悬的岸坡坝体，为了其下游面不产生过大的拉应力，必要时在上游坝脚处加设支墩，或在开挖时留下部分基坑岩壁作为支撑，如图 2-35（d）所示。

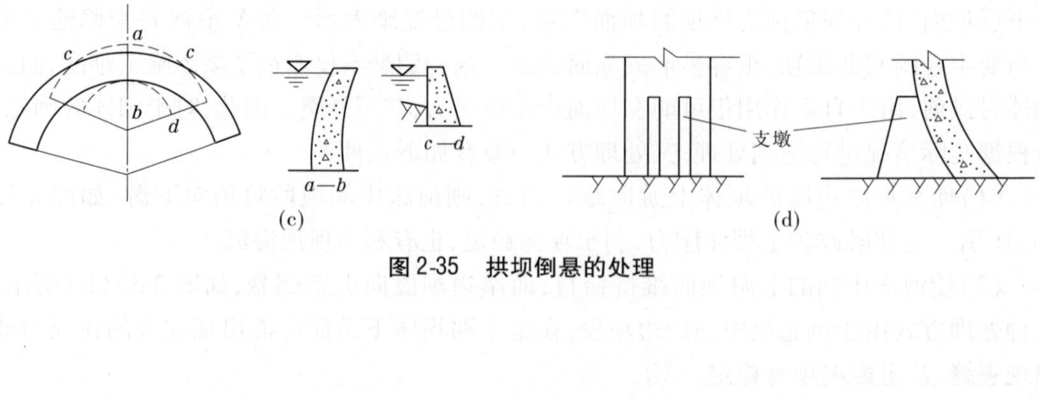

图 2-35　拱坝倒悬的处理

四、拱坝的坝肩及基础处理

(一)拱坝坝肩失稳破坏形式

拱坝所承受的荷载大部分是通过拱的作用传到坝肩的,因此坝肩稳定是拱坝安全的根本保证。国内外工程实践表明,除个别工程因坝肩失稳引起失事外,因拱坝本身破坏的工程失事极少。所以,许多国家在拱坝设计规范中都明确规定必须审查拱坝坝肩岩体的抗滑稳定性。

拱坝坝肩岩体失稳主要有两种形式:一是坝肩岩体存在明显的滑裂面,断层、节理、裂隙和软弱夹层等,如图2-36所示,岩体在荷载作用下发生滑动破坏;二是坝肩岩体不具备滑裂面,但坝的下游岩体中存在着较大的软弱带或断层,软弱带断层在拱端压力作用下,产生过大的变形,给工程带来危害,称变形稳定问题,应当尽量避免,必要时,要采取适当的加固措施。

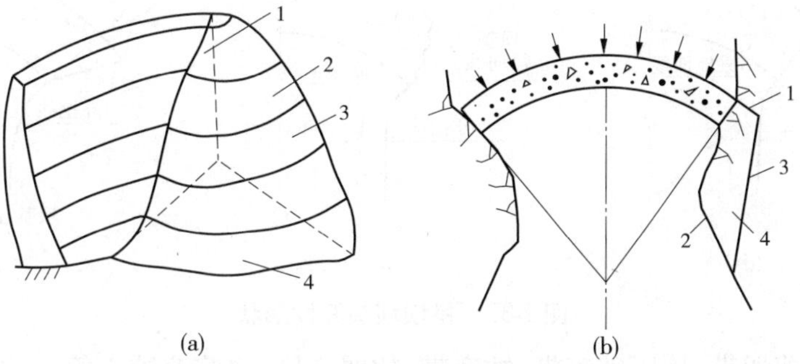

1—上游开裂面;2—临空面;3—侧裂面;4—底裂面

图2-36　坝肩滑裂面示意图

(二)拱坝基础开挖

基础开挖是拱坝基础处理最主要的内容之一,必须因地制宜、深入细致地做好拱坝建基面的确定,以及具体开挖设计和基础验收等工作。

1. 拱坝建基面及坝基开挖的要求

在确定建基面和开挖深度时,要挖除松动、破碎、风化严重的岩体;建基面的选定要保证坝肩岩体有足够的整体性和抗滑稳定性;建基面附近的岩体要有足够的强度和刚度;开挖深度的确定要考虑坝肩"30°传力要求"和坝肩的"肩宽"要求;建基面的确定,有时还需考虑拱坝的结构需要;开挖深度要与基础处理相匹配;整个拱坝坝基开挖面应尽量平顺,避免突变,恶化坝体应力。

2. 坝基的开挖形状

两岸拱座一般要求开挖成径向,如图2-37(a)所示,以有利于坝体坝肩的应力和稳定条件。但如果拱坝厚度大,上游边坡开挖过高,工程量过大,或因其他工程、地形与地质因素,不能全断面挖成径向时,拱坝坝头也可开挖成如图2-37(b)~(f)所示的情况。

(三)拱坝基础处理

拱坝总是力求选择在断层及其他软弱破碎带少、地质条件良好的地区,但在建基面上

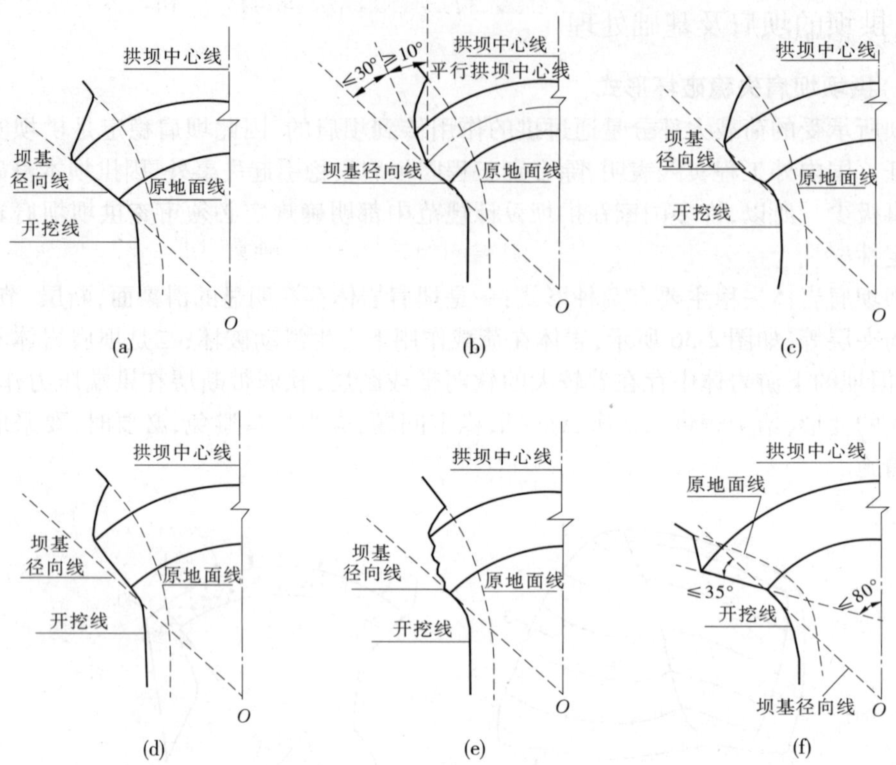

图2-37　拱坝坝头开挖形状

常会遇到断层、剪切带、挤压破碎带、蚀变带、软弱夹层、岩溶溶蚀带等。这些地质缺陷，承载能力和抗变形能力极差，而且渗透性强，抗渗稳定性差，必须认真处理。常用的处理方法有固结灌浆、防渗帷幕灌浆、混凝土塞以及钢筋混凝土传力结构等。

1. 固结灌浆

当基岩在较大范围内节理裂隙发育或较破碎而挖除不经济时，可对坝基进行低压浅层灌水泥浆加固。固结灌浆可提高基岩的整体性和强度，降低地基的透水性。工程试验表明，节理裂隙较发育的基岩经固结灌浆后，弹性模量可提高2倍以上。

固结灌浆的深度应根据地质及坝的高度确定，宜采用5～8 m，局部地区及坝基应力较大的高坝基础，必要时可以适当加深，帷幕上游区根据帷幕深度确定，宜采用5～15 m。实践中，固结灌浆的深度，各坝所采用者有相当差距，一般百米以下的拱坝，深度大体是5～15 m，百米以上的拱坝可以是10～25 m。

固结灌浆质量的好坏与灌浆压力有关，在有可能的情况下应该采用较高的灌压。但是，灌浆压力必须根据地质条件、浆液浓度、混凝土盖重等因素综合确定，不应掀动岩石，恶化原有地质条件。

2. 防渗帷幕灌浆

拱坝防渗帷幕灌浆的作用如下：

(1)减小两岸坝肩和河床坝基的渗透力，特别是前者的渗透力，提高坝肩和坝基的稳定性。

(2)防止基岩内发生机械或化学管涌,特别是在断层、软弱夹层和岩溶多的地基中。

(3)降低坝肩地下水位,使坝肩岩体尽量处于相对干燥状态,防止软化,这对砂岩、黏土岩等软岩地区的拱坝比较重要。

(4)减少水量损失,这对岩溶地区的拱坝比较重要。

防渗帷幕灌浆的设计与重力坝相同。其水平或垂直向的设置范围,与坝区地质情况和工程情况密切相关。如果在较浅处有不透水层,可将防渗帷幕接至该层,这样形成的帷幕是封闭式帷幕。如果没有不透水层,只有相对不透水层,帷幕可与之相接,其效果与前述情况相差无几,基本上仍属封闭状态,或可称为准封闭式帷幕。如果不透水或相对不透水层很深,从技术经济上看防渗帷幕不可能与之相接,则防渗帷幕不必非设计成封闭型,可采用"悬挂式"。

任务四　支墩坝与面板坝

一、支墩坝

支墩坝是由一系列顺水流方向的支墩和支撑在墩子上游的盖板所组成。盖板形成挡水面,将水压力传递给支墩,支墩沿坝轴线排列,支撑在岩基上。支墩坝按其结构型式可分为平板坝、连拱坝和大头坝,如图2-38所示。

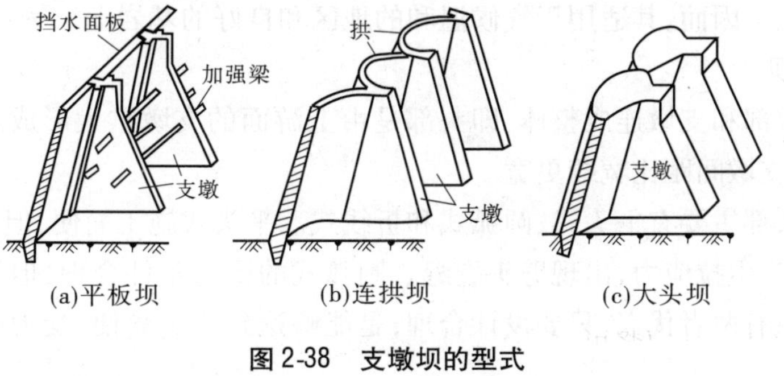

图2-38　支墩坝的型式

(一)支墩坝的特点

与其他实体混凝土坝相比,支墩坝有以下一些特点:

(1)节省混凝土用量。支墩坝利用倾向上游的挡水面板,增加了水重,提高了坝体的抗滑稳定性;支墩坝的支墩较薄,墩间留有空隙,便于坝基排水,作用于坝底面的扬压力小,混凝土用量小。与实体重力坝相比,大头坝可节约混凝土20%~40%,平板坝和连拱坝可节省混凝土30%~60%。

(2)能充分利用材料的强度。支墩可随受力情况调整厚度,可以充分利用混凝土材料的受压强度。

(3)侧向稳定性差。支墩本身单薄又相互独立,侧向稳定性差,当作用力超过纵向稳定临界值时,支墩可能因丧失纵向稳定而破坏;在受到平行于坝轴线方向的地震力时,其抗侧向倾覆的能力较差。

(4)部分型式的支墩坝对地质和气候条件要求高。连拱坝和连续式平板坝都是超静定结构，其内力受地基变形和气温变化的影响大，其适用于基岩好、气候温和的地区。

(5)施工条件不同。因支墩间存在空隙，减少了地基的开挖量，便于布置底孔和施工导流，同时施工散热面增加，坝体温度控制措施简易。但施工时模板用量大、立模复杂，施工难度加大。

(二)平板坝

平板坝是支墩坝中结构最简单的型式，其上游挡水面板为钢筋混凝土平板，并常以简支的形式与支墩连接。由于简支板的跨中弯矩大，一般适用于40 m以下的中低坝。支墩形式有单支墩和双支墩两种，工程中多采用单支墩，中心距一般为5～10 m，顶厚0.3～0.6 m，向下逐渐加厚。靠近上游坝面的倾角为40°～60°。支墩之间常采用加强梁，以增加单支墩的侧向稳定性。为了提高支墩的刚度，也有做空腹式双支墩。

平板坝适用于气候温和地区的中、低水头枢纽，如福建古田二级水电站平板坝，坝高43.5 m。

(三)连拱坝

连拱坝是由支撑在支墩上连续的拱形挡水面板(拱筒)承担水压力的一种轻型坝体。连拱利用了拱承载能力高、受力条件较好的特点，拱筒可以做的较薄。支墩有单支墩和双支墩两种。拱筒和支墩之间刚性连接，形成超静定结构，温度变化和地基的变形对坝体的应力影响比较大。因而，其适用于气候温和的地区和良好的基岩上。

(四)大头坝

大头坝的头部和支墩连成整体，即头部是由上游面的支墩扩大形成。大头坝接近于宽缝重力坝，其支墩间距比宽缝更宽。

大头坝的头部主要有平头式、圆弧式和折线式。平头式施工简便，但头部应力条件较差，容易在坝面产生拉应力，出现劈头裂缝。圆弧式的受力条件合理，但施工模板比较复杂。折线式则兼有两者优点，只要设计合理，是能够达到施工简便、受力条件合理的目的的。

大头坝的支墩根据其组合共有四种型式：

(1)开敞式单支墩。结构简单，施工方便，便于观察检修，但是侧向刚度较低，保温条件差。

(2)封闭式单支墩。侧向刚度较高，墩间空腔被封闭，保温条件好，便于坝顶溢流，采用最广泛。

(3)开敞式双支墩。侧向刚度高，但施工较复杂，多用于高坝。

(4)封闭式双支墩。侧向刚度最高，但施工最复杂。

二、面板堆石坝

混凝土面板堆石坝是用堆石和砂砾石分层碾压填筑而成的坝体，并用混凝土面板作防渗体。主要用砂砾石填筑坝体的也可称为混凝土面板砂砾石坝。堆石体是坝的主体，对坝体的强度和稳定条件起决定性作用。

(一)面板堆石坝的主要特点

(1)就地取材,在经济上有较大的优越性。

(2)施工度汛问题比土坝容易解决,可部分利用坝面溢流度汛,但应做好表面保护措施。

(3)对地形、地质和自然条件适应性较混凝土坝强,可建在地质条件略差的坝址上,且施工不受雨天影响,对温度变化的敏感度比混凝土坝低得多。

(4)方便机械化施工,有利于加快施工工期和减少沉降,随着重型振动碾等大型施工机械的应用,克服了过去堆石坝抛填法沉降量大的缺点。

(二)面板堆石坝的剖面

面板堆石坝一般为梯形剖面,其坝顶宽度和坝顶高程的确定和土坝类似,其中坝顶宽度除了应参考土坝的要求外,还应兼顾面板堆石坝的施工要求,以便于浇筑面板时有足够的工作面和进行滑模设备的操作,一般不小于5 m。

面板堆石坝一般在上游侧设置钢筋混凝土防浪墙,以利于节省堆石填筑方量。防浪墙底部应与面板做好止水连接。

面板堆石坝的坝坡与堆石料的性质、坝高及地基条件有关。对于采用抗剪强度高的堆石料,上、下游坝坡在静力条件下均可采用堆石料的天然休止角对应的坡度,鉴于经过大型振动碾压的堆石体内摩擦角多大于45°,因此一般采用1:(1.3~1.4)。对于地质条件较差或堆石料抗剪强度较低以及地震区的面板堆石坝,其坝坡应适当放缓。

(三)面板堆石坝的构造

面板堆石坝主要是由堆石体和混凝土面板防渗体等组成。

坝体应根据料源及对坝料强度、渗透性、压缩性、施工方便和经济合理等要求进行分区,如图2-39所示。堆石体是面板下游的填筑体,是面板堆石坝的主体部分,从上游向下游分为垫层区(2A区)、过渡区(3A区)、主堆石区(3B区)、次堆石区(3C区);在周边缝下游侧设置特殊垫层区;对于100 m以上的高坝,宜在面板上游底部设置上游铺盖区及盖重区。

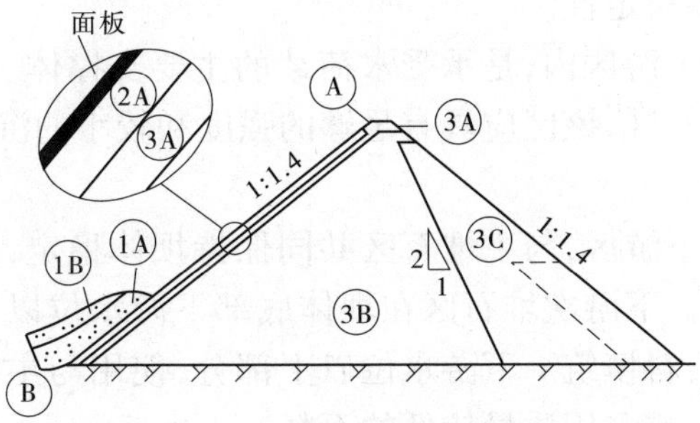

图2-39 堆石坝分区示意图

钢筋混凝土面板位于坝体上游面起防渗作用,并要求能适应坝体的相对变形,它由面板和趾板组成。面板是防渗的主体,对质量有较高的要求,应具有设计要求的强度、不透水性和耐久性。一般面板底部厚度采用最大工作水头的1%，顶部最小厚度不宜小于0.3 m。面板应设置伸缩缝和施工缝，以适应坝体变形、施工要求和温度变化的影响。趾板（见图2-40）是连接地基防渗体与面板的混凝土板，是面板的底座，用来保证面板与河床及岸坡之间的不透水连接，同时也作为坝基帷幕灌浆的盖板和滑模施工的起始工作面。

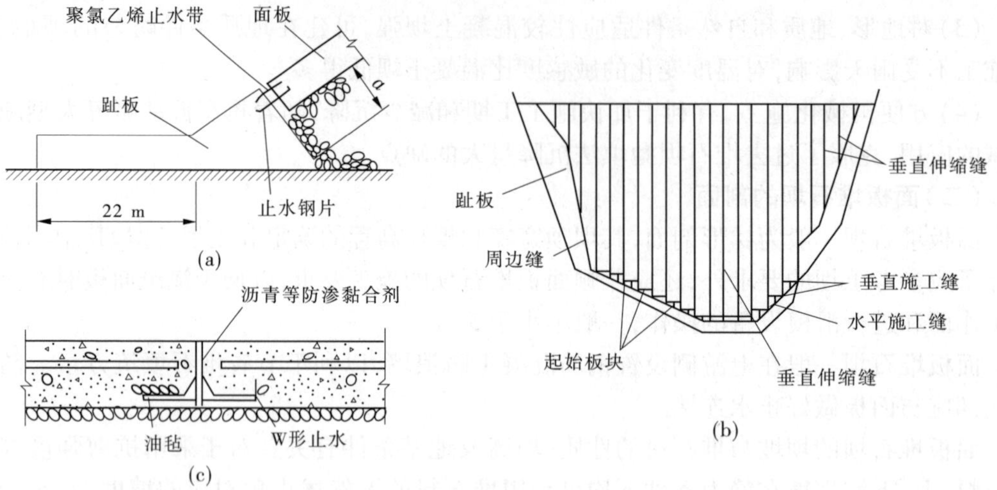

图2-40　面板与趾板连接图

垫层区是面板的直接支撑体，向堆石体均匀传递水压力，并起到辅助渗流控制作用。垫层区应选用质地新鲜、坚硬且耐久性较好的石料，经压实后应具有内部渗透稳定性、低压缩性、抗剪强度高，并具有良好的施工质量。特殊垫层区是位于周边缝下游侧垫层区内，对周边缝及其附近面板上铺设的堵缝材料及水库泥沙起反滤作用。

过渡区位于垫层区和主堆石区之间，保护垫层并起到过渡作用。石料的粒径级配和密实度应介于垫层与主堆石区之间，由于垫层很薄，过渡区实际上是与垫层共同承担面板传力。此外，当面板开裂和止水失效而漏水，过渡区应具有防止垫层内细颗粒流失的反滤作用，并保持自身的抗渗稳定性。

主堆石区位于坝体上游区内，是承受水荷载的主要支撑体。它将面板承受的水压力传递到地基和下游次堆石区，该区应具有足够的强度和较小的沉降量，还应具有一定的透水性和耐久性。

次堆石区位于坝体下游区，与主堆石区共同保持坝体稳定，其变形对面板影响不大，对填筑要求可适当放宽。下游次堆石区在坝体底部下游水位以下部分，应采用能自由滤水、抗风化能力较强的石料填筑。下游水位以上部分，使用与主堆石区相同的材料，但可以采用较低的压实标准，或采用质量较低的石料。

项目自测题

1. 重力坝的工作原理和重力坝的工作特点是什么？

2. 重力坝的优缺点有哪些?
3. 重力坝坝体分缝有何作用? 分缝有哪几种类型?
4. 什么叫固结灌浆、帷幕灌浆? 各有什么作用?
5. 简述土石坝的特点。
6. 土石坝常见的渗透变形有哪些?
7. 防止渗透变形的措施有哪些?
8. 土石坝为什么要设置反滤层? 简述反滤层的结构。
9. 土石坝坝体排水常见类型有哪些? 各有何特点?
10. 土石坝防渗体有那几种形式? 各有何特点?
11. 拱坝有哪些特点?
12. 拱坝对坝址地形条件和地质条件的要求是什么?
13. 支墩坝的特点有哪些?
14. 简述面板堆石坝的构造。

项目三 泄水建筑物

【学习目标】 掌握泄水建筑物的类型，消能防冲的型式、原理及优缺点，正槽溢洪道的组成以及水工隧洞的分类；熟悉溢流坝的特点与坝身泄水孔的作用与布置，水工隧洞的组成；了解其他型式的溢洪道及水工隧洞的特点与布置。

任务一 泄水建筑物的分类与作用

一般来说，任何一个水库的库容都有一定的限度，不能将全部的洪水都拦蓄在水库内，超过水库调蓄能力的洪水必须泄放到下游，限制库水位不超过规定的高程，以确保大坝及其他挡水建筑物的安全。在水利工程枢纽中，用来宣泄水流的水工建筑物称为泄水建筑物。

一、泄水建筑物的分类

（一）按功能分类

（1）泄洪建筑物。泄洪建筑物用来宣泄设计的水库所不能容纳的洪水，如溢流坝、溢洪道和泄水隧洞等。

（2）泄水孔（或放水孔）。泄水孔用来泄放一定流量的水量供给下游的需要；检修枢纽建筑物时放空水库；配合泄洪建筑物泄放洪水，同时还可冲淤。

（二）按泄水方式分类

（1）坝顶溢流式。将溢流孔设于坝顶，泄洪时水流以自由堰流的方式过坝，如图3-1所示。

（2）大孔口溢流式。降低堰顶高程，上部采用胸墙挡水，如图3-2所示。

（3）坝身泄水孔。将泄水进口布置在设计水位以下一定深度的部位。

（4）明流泄水道。如岸边溢洪道、导流明渠等。

（5）泄水隧洞。

（三）按枢纽布置分类

（1）河床式。泄水建筑物可以布置在河床中央。河床式泄水建筑物与挡水建筑物合为一体，通过坝身泄水。它同时兼有挡水建筑物的作用，适用于混凝土坝、砌石坝等坝型，如重力坝、拱坝。河床式泄水建筑物有溢流坝、坝身泄水孔等。

（2）河岸式。泄水建筑物可以布置在坝外的两岸或适宜部位。河岸式泄水建筑物在布置上较灵活，如泄水隧洞、河岸溢洪道等。河岸式泄水建筑物适用于土石坝、轻型坝等坝型，如薄拱坝、平板坝。在河床狭窄以至于不能满足枢纽布置要求的重力坝和拱坝等枢纽工程中，也可以部分或全部采用河岸式泄水建筑物。

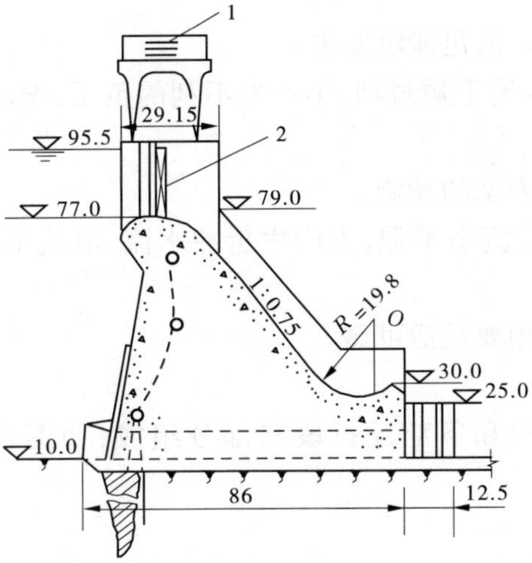

1—门机;2—工作闸门

图 3-1 坝顶溢流式 (单位:m)

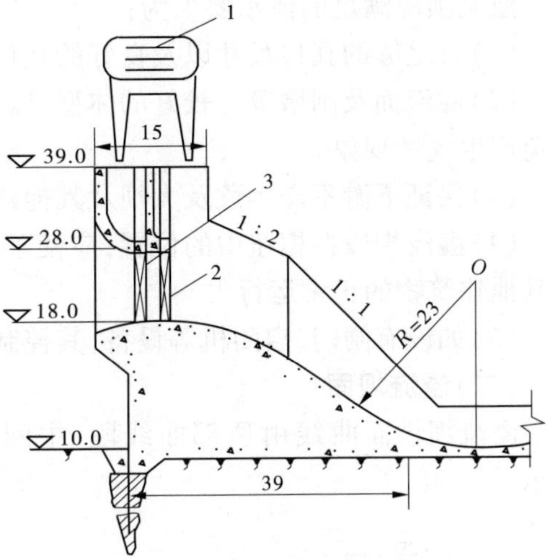

1—门机;2—工作闸门;3—检修闸门

图 3-2 大孔口溢流式 (单位:m)

二、泄水建筑物的作用

泄水建筑物具有以下作用:①泄放洪水;②预泄库水,以利调洪;③放空水库(大坝检修、人防);④排泄泥沙;⑤向下游放水,供发电、航运、灌溉、供水等之用;⑥施工导流。在工程实践中,常常尽可能把泄水建筑物的不同任务结合起来,使其一物多用。例如,泄水孔常在施工期作为导流使用,运行期可放水供应下游,检修期用其放空水库,洪水期辅助泄洪并冲淤。

任务二 溢流坝与坝身泄水孔

一、概述

重力坝的坝身泄水方式有两种:一种是从坝顶溢流,也称表孔溢流,其建筑物称为溢流重力坝,简称溢流坝,溢流坝的孔口型式有坝顶溢流式和大孔口溢流式两种(见图 3-1 和图 3-2);另一种是在水面以下的坝身某个位置开孔泄水,称为孔口泄流,其建筑物称为深式泄水孔。

二、溢流坝

(一)溢流坝的特点

溢流坝既是挡水建筑物,又是泄水建筑物。所以,设计溢流坝时,除应满足抗滑稳定和强度要求以外,还需根据洪水特性、枢纽布置、工程造价、水库运用方式及下游河道安全泄量等问题,经技术经济比较,研究确定溢流坝的位置选择、泄水方式的组合、泄量分配以及堰顶和泄水孔口高程与位置等,同时要考虑下游的消能问题。

溢流坝应满足的泄水要求为：

(1)有足够的孔口尺寸以及良好的孔口体型以满足泄洪要求。

(2)溢流面及闸墩等有较好的体型，以便使水流平顺过坝，不产生不利的负压、振动，避免产生气蚀现象。

(3)保证下游不产生危及大坝及其他建筑物安全的冲刷。

(4)溢流坝段在枢纽中的位置，应使下游水流流态平顺，不产生折冲水流，泄流不影响其他建筑物的正常运行。

(5)如设有闸门、启闭机等设备，其控制和运用要灵活可靠。

(二)溢流坝面

溢流坝坝面曲线由顶部曲线段、中间直线段和下部反弧段三部分组成，如图3-3所示。

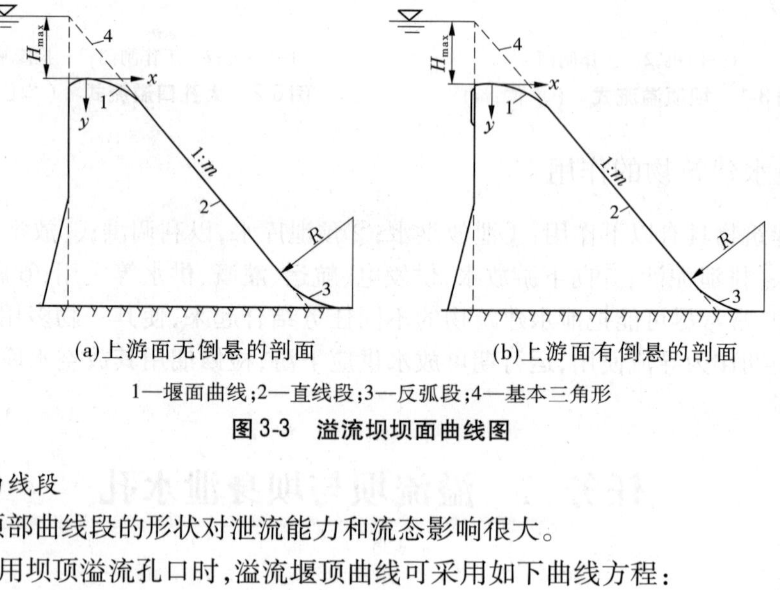

(a)上游面无倒悬的剖面　(b)上游面有倒悬的剖面

1—堰面曲线；2—直线段；3—反弧段；4—基本三角形

图3-3　溢流坝坝面曲线图

1. 顶部曲线段

溢流坝顶部曲线段的形状对泄流能力和流态影响很大。

(1)当采用坝顶溢流孔口时，溢流堰顶曲线可采用如下曲线方程：

$$x^n = kH_d^{n-1}y \tag{3-1}$$

式中　H_d——溢流堰面曲线定型设计水头；

k、n——与上游倾斜坡度有关的参数；

x、y——以溢流堰顶点为坐标原点的坐标，x 以向下游为正，y 以向下为正。

目前，国内常用的溢流堰面曲线是WES曲线。它是根据薄壁堰泄流时的水舌下部水流曲线拟合而成，取 $n = 1.85$，$k = 2.0$。当溢流堰堰上工作水头与堰面曲线定型设计水头相等时，WES曲线为一种非真空曲线。

(2)当采用大孔口溢流式时，在水头较大时堰顶处为非自由出流，堰面曲线应按孔口射流曲线设计。

$$y = \frac{x^2}{4\varphi^2 H_d} \tag{3-2}$$

式中　H_d——堰面曲线的设计水头；

φ——孔口收缩断面上的流速系数。

2. 中间直线段

中间直线段分别与上部溢流曲线和下部反弧曲线相切。为保持与下游坝面齐平，中间连接直线段的斜率与非溢流坝下游坝面一致。低坝常常不需要中间直线段，可以使溢流曲线直接与弧线相切连接。

3. 下部反弧段

溢流坝下部反弧段的作用是将顺坝面下泄的高速水流转向，与下游消能设施有效衔接，多采用简单的圆弧曲线。反弧半径 $R=(6\sim12)h$（h 为闸门全开上游最高水位泄水时反弧处最低点的水深）。一般来说，反弧处的流速越高，反弧半径就要取较大值。

4. 溢流坝面

溢流坝面是在非溢流坝面的基础上修改而成，既有利于枢纽布置，又容易满足坝体的抗滑稳定和应力要求。溢流坝的下游直线段应与非溢流坝齐平，如果溢流水头较大，堰面曲线较平缓，或基本三角形较瘦时，可采用向上游突出的倒悬堰顶以满足溢流曲线要求[见图3-3(b)]。

（三）溢流坝的孔口尺寸

溢流坝的孔口尺寸包括孔口净宽 b、孔口数量 n 以及溢流坝堰顶高程。一般先根据选定的泄水型式（坝顶溢流、大孔口溢流、深式泄水孔或其组合型式），拟定若干个堰顶高程和孔口尺寸方案；再根据洪水标准及预报情况，分别进行调洪演算，求出各方案的防洪库容、设计和校核洪水位及相应的下泄流量，并估算出淹没损失和枢纽造价。从淹没损失、下泄流量、单宽泄流量以及造价等方面进行技术经济比较，选出最为经济合理的方案。

在拟定孔口尺寸时，还要考虑闸门和启闭机械。孔口宽度越大，闸门尺寸越大，启门力越大，闸门和启闭机的构造就越复杂，工作桥的跨度也相应加大。此外，为了便于闸门的设计和制造，应尽量采用闸门设计规范推荐的宽高比。若孔口宽度过小，孔数和闸墩数将增多，溢流坝总长度也相应加大。为了控制下游河床的水流流态，应对称开启闸门，因此孔口数目最好采用奇数。

下泄水流单宽流量的选择与枢纽布置、堰顶（或孔口）高程、孔口尺寸、闸门型式、下游消能防冲等有关，关系到枢纽的造价与安全。工程上常采用的单宽流量为：对于软弱岩石或裂隙发育的岩石，$q=20\sim50\ m^3/(s\cdot m)$；对于较好的岩石，$q=50\sim80\ m^3/(s\cdot m)$；对于坚硬的岩石，$q=100\sim130\ m^3/(s\cdot m)$。近年来，随着坝下消能措施的不断改善，单宽流量有逐渐加大的趋势。

（四）溢流坝构造

溢流坝上部结构有闸门、闸墩、工作桥、启闭机等。

1. 闸门

小型工程可以不设工作闸门，这时溢流坝堰顶高程与正常蓄水位齐平。大型工程的溢流坝均设有工作闸门。溢流坝的闸门有工作闸门和检修闸门。工作闸门用于平时挡水，以维持水库在正常蓄水位以下运行。溢流坝工作闸门多为露顶式，工作闸门在下泄洪水时进行操作，调节下泄流量。闸门在启闭过程中承受动水压力，要求有较大的闸门启闭力。常用的工作闸门有平面闸门和弧形闸门，平面闸门结构简单，弧形闸门启闭灵活。

检修闸门是在工作闸门、建筑物及机械设备需要进行检修时起临时挡水作用，如油漆工作闸门、更换止水橡胶等。检修闸门布置在工作闸门的上游，与工作闸门之间的间距为1～3 m，便于检修人员工作。检修闸门常采用多层叠梁门，可以根据水位变化放置叠梁门的个数。多个闸孔可共用一个检修闸门，检修闸门闲置时放置在门库内。对于溢流堰顶，常常露出水面的溢流坝可以不设检修闸门，利用枯水期堰顶外露时检修。

2. 启闭机

工作闸门的启闭机有活动式和固定式。活动式启闭机多用于平面闸门，如门机。固定式启闭机既可用于弧形闸门，又可用于平面闸门。固定式启闭机有螺杆式、卷扬式、液压式等。卷扬式启闭机用钢丝绳起吊，闸门靠自重下落。液压式启闭机可启可闭，运行灵活，易于控制闸门在空间的停止位置。

检修闸门多采用活动启闭机，如门机、汽车吊等。

3. 闸墩和边墙

闸墩的作用是分隔闸孔，承受闸门传来的水压力，作为坝顶桥梁的支撑。

闸墩的厚度与闸门形式有关。平面闸门需要在闸墩上设置闸门槽支撑闸门，因此平板闸门的闸墩厚度比弧形闸门稍厚，一般为2.5～4.0 m。弧形闸门用牛腿支撑闸门，闸墩厚度相对稍薄。闸墩长度由闸门和启闭机型式、上部结构布置决定。弧形闸门有较长的支臂，需要有相应的闸墩。

闸墩体型要使下泄水流平顺，局部水头损失小。上游面一般为半圆形，下游面为半圆形、流线形和平面形，或者将闸墩尾部加宽，形成宽尾墩，如图3-4所示。

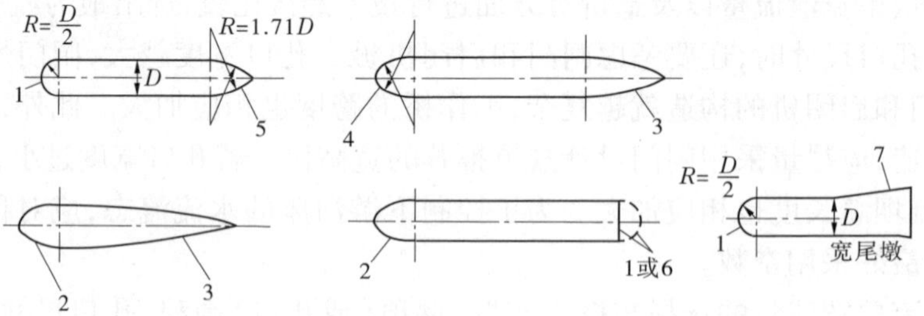

1—半圆曲线；2—椭圆曲线；3—抛物曲线；4—三圆弧曲线；5—圆弧曲线；6—方形；7—折线

图3-4 闸墩平面形状

溢流坝两侧的闸墩称为边墩，边墩兼有分隔溢流坝与非溢流坝的作用。为了防止溢流坝泄水时水流外溢影响非溢流坝等其他建筑物的工作，边墩向下延伸形成边墙。边墙必须沿整个溢流面一直向下延伸到溢流坝末端。采用底流消能的重力坝，边墙与消力池的边墙相连接。边墙高度由溢流水面决定，此时要考虑水面波动及水面掺气的影响。

4. 胸墙

将溢流堰顶降低可以增加水库预泄、调蓄能力。堰顶降低后，闸门的挡水面增大，为了减小闸门的高度，降低工程造价，在上部设一胸墙，形成大孔口溢流坝。大孔口溢流坝在低水位时为自由溢流，在高水位时呈孔口泄流。

三、坝身泄水孔

(一)坝身泄水孔的作用

坝身泄水孔的进口全部淹没在水下。坝身泄水孔除了用于泄洪外,还可用于:

(1)预泄。在洪水到来之前预先下泄,增加部分库容,增大水库的调蓄能力。

(2)排沙。在多泥沙的河流上,用设置于较低位置的泄水孔向下游排放泥沙。

(3)放空。在水库库区渗漏增大、挡水建筑物出现故障等时,需将水库放空。

(4)导流。永久性泄水建筑物由于孔口位置低,往往可以作为施工导流通道。

(5)放水。向下游放水,供发电、航运、灌溉、供水之用。

(二)坝身泄水孔的布置

深孔的布置应根据其用途、枢纽布置的要求、地形、地质条件和运用、施工条件等因素进行布置。

(1)泄洪底孔。布置于主河槽部位,以便于下泄水流与下游河道的衔接。通常设在非溢流坝段。进口高程在满足泄洪的前提下尽量高,以减小闸门上的水压力。

(2)灌溉底孔。布置于灌区一侧的坝段上,以便于与渠道衔接。进口高程根据坝后渠首高程确定。

(3)排沙底孔。布置于靠近电站、船闸、灌溉进水口等需要排沙的部位,并不得影响这些建筑物的运行。

(4)发电站进水口。布置于厂房坝段,进口高程根据水能设计和泥沙条件而定,一般设在死水位以下一倍孔口高度处,并高于泥沙高程 1 m 以上。

(5)放空水库、施工导流底孔。进口高程均布置较低。

(三)坝身泄水孔的类型

坝身泄水孔根据其孔内水流流态可分为有压泄水孔和无压泄水孔。

(1)有压泄水孔。有压泄水孔泄水时,整个孔内充满水流,洞内承受水压力。有压泄水孔内的水流平顺,工作闸门一般布置在坝体下游出口处,可以部分开启以调节下泄流量;为了保证在泄流过程中洞内始终为有压状态,在孔的出口断面收缩,收缩比约 80%,如图 3-5 所示。有压泄水孔在闸门关闭时,孔内承受与上游水位同样大小的内水压力,对坝体应力和防渗不利。压力较高的有压力泄水孔,需要对孔壁用钢板衬砌。

(2)无压泄水孔。无压泄水孔从坝上游面到工作闸门之间有一段不长的压力段。在工作闸门下游将孔洞抬高,泄水时,孔内存在自由水面,如图 3-6 所示。无压泄水孔的内水压力不大,明流段不需钢板衬砌,施工简便,干扰少。但是,需要较大的过水断面尺寸,对坝体削弱大。

坝身泄水孔由进口段、管身、出口段以及闸门、渐变段、平压管、通气孔等组成。

四、溢流坝的消能防冲

由于溢流坝下泄的水流具有较大的动能,如不采取妥善的处理措施,势必导致下游河床被严重冲刷,甚至造成岸坡坍塌和大坝失事。所以,消能措施的合理选择和设计,对枢纽布置、大坝安全及工程量都有重要的意义。

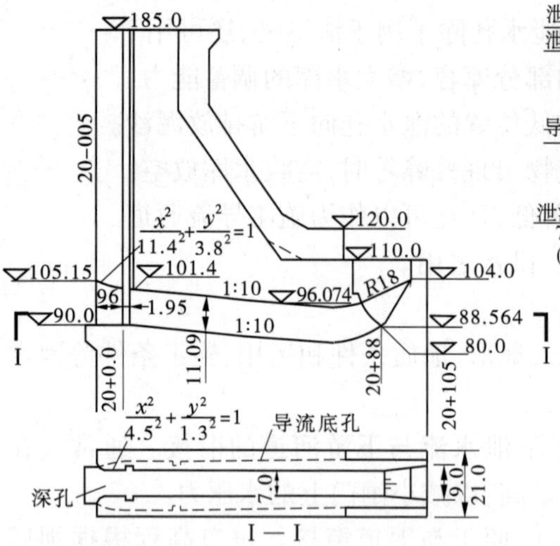

图 3-5　三峡工程有压深式泄水孔　（单位：m）

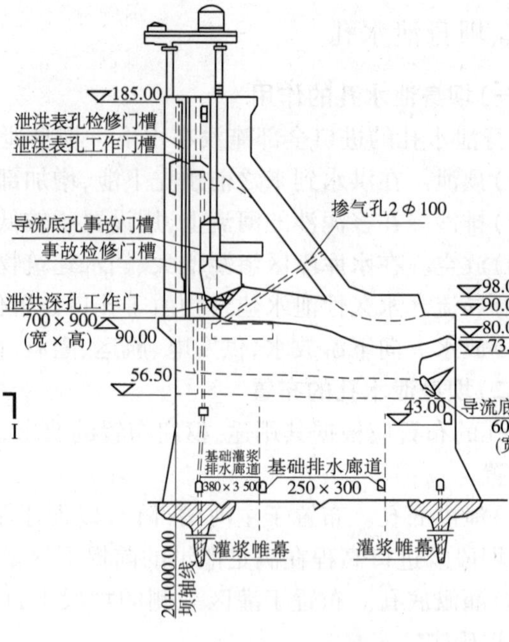

高程单位：m，其他尺寸单位：cm

图 3-6　三峡工程无压深式泄水孔

消能型式的选择，要根据枢纽布置、地形、地质、水文、施工和运用等条件确定。

常用的消能型式有底流消能、挑流消能、面流消能及消力戽消能等四种。其中，挑流消能应用最广，底流消能次之，而面流消能与消力戽消能应用较少。

（一）底流消能

底流消能是在下游修建消力池，通过水跃，将泄水建筑物泄出的急流转变为缓流，以消除多余动能的消能方式。消能主要靠水跃产生的表面旋滚与底部主流间的强烈紊动、剪切和掺混作用，如图 3-7 所示。

适用条件：能适应高、中、低各级水头和不同的地质条件，在软基上的闸坝工程中采用十分广泛。当高坝下游基岩软弱或挑流雾化对建筑物和设施的运行有较大影响时，也考虑用底流消能。

优点：雾化范围小，流态稳定，消能率高达 60% ~70%，消能效果好。在地质条件较差或中、低水头水电站中依然得到广泛应用。

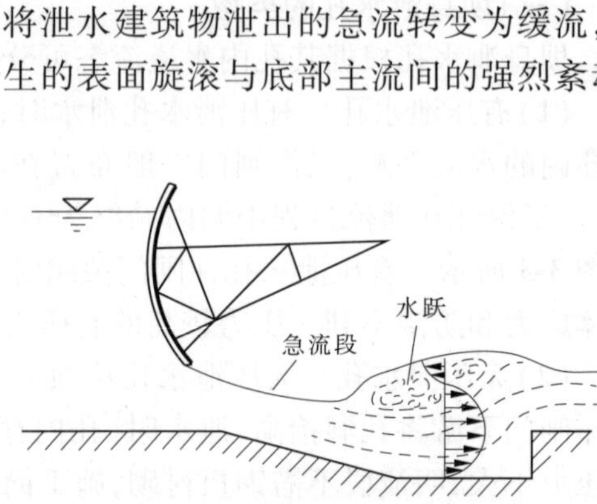

图 3-7　底流消能示意图

缺点：底流消能工是一种耗费较大的消能设施，工程量较大，造价较高。高水头运行时，护坦前部水流流速较大，对消力池底板的冲刷严重，易出现气蚀。

根据尾水深度小于、等于或大于水跃跃后水深，下泄水流将出现远离式、临界式和淹没式水跃三种衔接流态。临界式水跃的水流能量损失最大，其消能效果最好，但是由于临界式水跃不稳定，很容易转变为远离式水跃。远离式水跃对水利工程最为不利，因其急流段长，所需加固的河段较长，不经济，所以不采用。一般选取淹没系数为 1.05 ~ 1.10 的淹没式水跃衔接形式为最好。当泄水建筑物下游水流的自然衔接形式为远离式水跃衔接或是临界式水跃衔接时，需在下游设置消能工迫使下游发生淹没式水跃衔接形式。

（二）挑流消能

挑流消能是利用泄水建筑物出口处的挑流鼻坎，将下泄急流挑射至空中，然后跌落在离建筑物较远的河床，与下游水流衔接的消能方式。能量的耗散分为三部分：急流沿固体边界的摩擦消能，射流在空中与空气的摩擦、掺气、扩散消能，射流落入下游尾水中淹没紊动扩散消能，如图 3-8 所示。

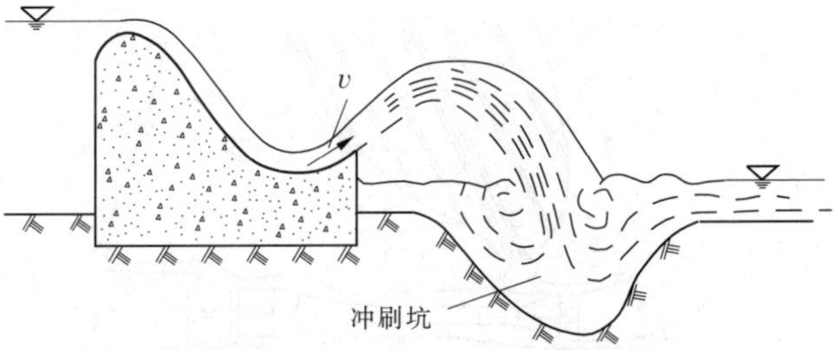

图 3-8　挑流消能示意图

适用条件：挑流消能应用较广，适于基岩比较坚固的中、高水头的各类泄水建筑物。

优点：结构简单，挑流鼻坎的体型变化具有很大的灵活性，适应下泄单宽流量和尾水变幅的范围较大，可以利用不同的坎型改变射流形状与分散度，调整水舌入水点和入水单位面积的流量，改善消能效果，减少下游防冲措施，节省工程投资。

缺点：①对下游河床冲刷较为严重；②下游产生强烈的回流，会造成岸坡的严重冲刷；③冲坑下游堆积物较多，可能使下游河床变形，将抬高尾水，影响电站出力及通航；④挑流引起雾化，处理不当可能影响枢纽特别是电站的正常运行。

挑流鼻坎的型式有扩散坎、连续坎、差动坎、斜挑坎、扭曲坎、高低坎、窄缝坎和分流墩等。

任务三　河岸溢洪道

一、概述

在土石坝水利枢纽中，不宜采用坝身泄水，因此需要在合适的位置设置河岸式泄水建筑物。对于某些轻型坝或是枢纽布置有困难时，也适合于设置河岸式泄水建筑物。河岸溢洪道是最常用的一种。

河岸溢洪道按泄洪标准和运用情况，可分为正常溢洪道（包括主、副溢洪道）和非常溢洪道。正常溢洪道的泄洪能力应能满足宣泄设计洪水的要求，超过此标准的洪水由正常溢洪道和非常溢洪道共同承担。正常溢洪道在布置运用上有时也可分为主溢洪道和副溢洪道，但这种布置是有条件的，应根据地形、地质条件、枢纽布置、坝型、洪水特性及对下游的影响等因素研究确定。主溢洪道宣泄常遇洪水，常遇洪水标准可在 20 年一遇至设计洪水之间选择。非常溢洪道在稀遇洪水时才启用，因此运行机会很少，可采用较简易的结构,以获得全面、综合的经济效益。

河岸溢洪道按结构型式可分为正槽溢洪道、侧槽溢洪道、竖井式溢洪道和虹吸式溢洪道。

二、正槽溢洪道

(一)工作特点及布置

正槽溢洪道的泄槽与溢流堰轴线正交。过堰水流与泄槽轴线方向一致,正向进入泄槽。因此,水流条件好,泄流能力和超泄能力强,工作安全可靠。正槽溢洪道的结构简单,施工、管理方便,是应用最为广泛的一种,如图3-9所示。

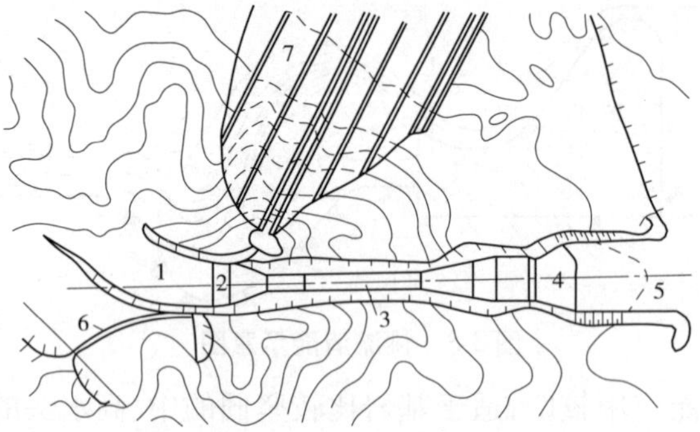

1—引水渠;2—溢流堰;3—泄槽;4—消能段;5—尾水渠;6—非常溢洪道;7—土坝

图3-9 正槽溢洪道布置图

溢洪道的位置选择相对比较灵活。影响正槽溢洪道布置的因素主要有地形条件、地质条件、枢纽布置方案、施工条件。

溢洪道依山顺势开挖建造,当库区一岸有高度适宜的马鞍形垭口时,将溢洪道控制段布置在垭口处可以减少开挖。河岸坡度要适宜,最好一坡到底,线路要尽量短而直。溢洪道应尽可能坐落在坚固的岩基上,以减少衬砌,降低造价。泄槽力求避免布置在断层、破碎带、深风化层、节理裂隙和滑坡体等地质构造带上。溢洪道控制段的位置应该与大坝靠近,便于通信、交通。溢洪道的进水口与土坝要有一定距离,防止加速进入溢洪道的横向水流冲刷坝脚,必要时设导水墙。溢洪道要与其他建筑物(如电站、船闸等)的布置协调一致,防止下泄水流对其产生影响。对出渣路线及堆料场所要合理布置,避免互相干扰,减少运距。

(二)组成

正槽溢洪道由五部分组成:进水渠、控制段、泄槽、消能段和尾水渠。其中,中间三部分是必需的,其余两部分根据需要设置。

1. 进水渠

进水渠的作用是使水流平顺地由水库进入溢洪道,改善溢流堰和泄槽内的流态。图3-10为天生桥一级水电站溢洪道,其进水渠沿山开挖,使溢洪道泄槽短而直,且水流易归河。类似的情况还有水布垭水电站。

进水渠要减少水头损失,以免影响溢洪道的泄流能力。长度要尽可能的短,当控制段紧靠水库时,进水渠只是一个喇叭口。较长的渠道要使渠内水流流速小,只能扩大开挖过

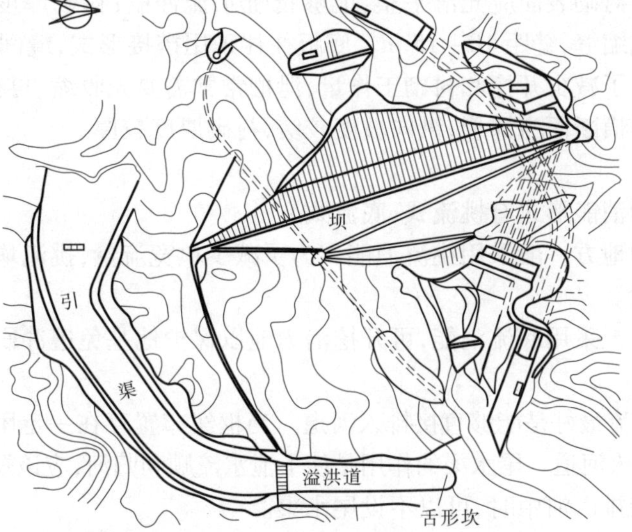

图 3-10 天生桥一级水电站溢洪道布置图

水断面。要使其经济合理,选择控制堰流位置是解决这个问题的关键。进水渠内可以不衬砌,但要选择适当边坡以维持稳定,底坡多为平坡或逆坡。

2. 控制段

控制段的作用是控制溢洪道的泄流量,由溢流堰、闸门以及闸墩、工作桥等组成。大型水库的溢洪道都用闸门控制水位,有些小型工程的溢流堰上不设闸门,运行管理简便,但水库运用不经济。

溢洪道控制段在结构上就是岩基上的闸室,常用的溢流堰型式有实用堰和宽顶堰。

实用堰堰面曲线可采用 WES 曲线。溢洪道的溢流堰堰高较低,在水力学上属于低堰,泄流能力比高坝小。实用堰的流量系数大,施工复杂,基底应力大而不均匀,适用于岩石基础。

宽顶堰结构与平底板水闸类似,其结构型式简单,施工方便。但是,流量系数小,相同流量时较实用堰需要较宽的溢流前缘。

在较软弱的地基上,也可以采用驼峰堰。驼峰堰的堰面曲线由三圆弧组成,其基底压力较均匀,流量系数较大。

溢洪道的进口控制段也可以是坝体,这种情况见于混凝土拱坝枢纽中。如东风水电站左岸溢洪道、龙羊峡右岸溢洪道等。

3. 泄槽

泄槽的作用是顺利地将下泄水流泄往下游。

泄槽的水力特征是急流,底坡大于水流的临界底坡,亦称为陡槽。

泄槽应尽量布置在基岩上,线路短而直,力求避免弯曲和变坡。

溢洪道的落差主要集中在泄槽段。越过溢流堰的水流在下泄过程中不断加速,水流流速高,很容易产生冲击波、掺气、气蚀、振动等工程问题。岩基上泄槽的横断面多为矩形或接近于矩形，边壁一般多用混凝土衬砌，其作用是保护地基不受冲刷、防止风化、减少过水表面的糙率等。衬砌表面应光滑平整，能够抵抗水流冲刷；衬砌厚度为 30 ~ 50 cm；衬砌沿纵横向设置收缩缝，缝距 10 ~ 15 m。底板往往采用搭接形式，缝间设止水，防止高速水流钻入底板。为了减少开挖和衬砌工作量，泄槽常常需要先收缩、再扩散。

土基上的泄槽横断面为梯形，纵向坡度较缓，衬砌厚度较厚。

4. 消能段

溢洪道末端的消能形式有挑流式、底流式。

在岩石坚硬的地方一般采用挑流消能。为了减少单宽流量，挑流坎末端扩散水流，以减小下游冲坑深度。

在较软弱地基上采用底流消能，可开挖消力池以保护地基免遭冲刷。

5. 尾水渠

泄槽下泄的水流最好是能够直接排入河道。当枢纽布置存在一定困难时，需要用尾水渠将下泄的水流引入河道。尾水渠的作用是使下泄水流顺利归河，应该短、直、水流平顺。

下泄水流直接排入河中时，可以不设尾水渠。

三、其他型式的溢洪道

（一）侧槽溢洪道

侧槽溢洪道的泄槽与溢流堰轴线平行。水流通过溢流堰后进入侧槽，然后转约 90° 的弯进入泄槽泄向下游，如图 3-11 所示。侧槽溢洪道一般由溢流堰、侧槽、泄水道和出口消能段等部分组成。

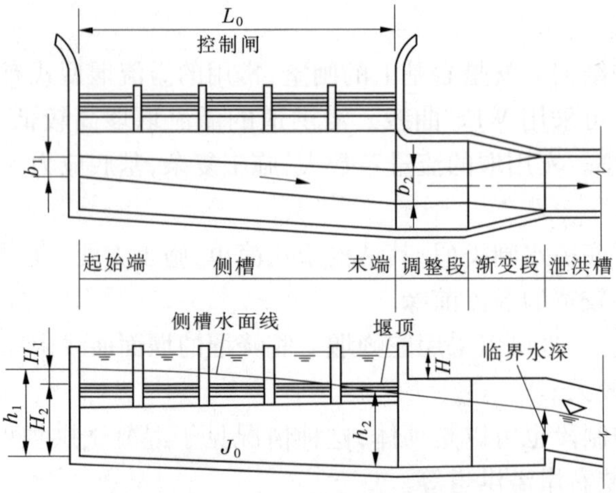

图 3-11　侧槽溢洪道示意图

侧槽沿程均有流量注入。水流翻过堰体向下冲向槽底，再紧贴对面壁面向上翻腾，同时沿侧槽向下游流动，侧槽内形成不完全横轴旋流。侧槽水流紊乱，要求建筑在坚硬的岩石基础上，进行较强的衬砌，以保安全。

侧槽适合于坝址山头较高，岸坡较陡，岩石坚固而泄流量较小的情况。侧槽与地形等高线平行，易于加长溢流堰长度。泄槽与地形等高线以较小的角度斜交，减缓泄槽坡度。

（二）竖井式溢洪道

竖井式溢洪道由进口溢流喇叭口段、渐变段、竖井、弯道段以及水平泄洪洞和出口消能段等组成。喇叭口横剖面体型为实用堰，如图 3-12 所示。竖井式溢洪道适用于岩石坚硬的情况，常由导流隧洞改建。

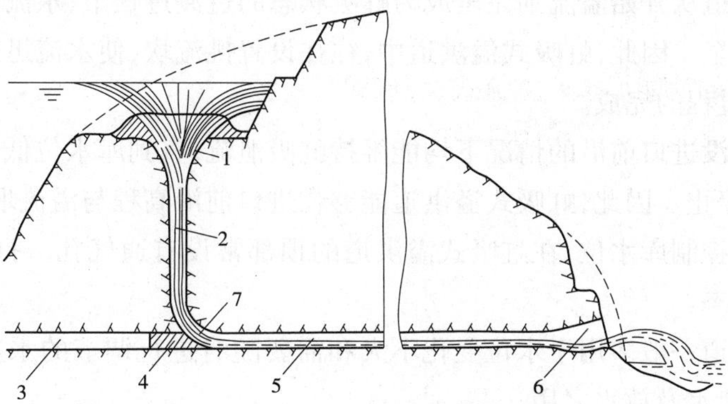

1—溢流喇叭口；2—竖井；3—导流隧洞；4—混凝土塞；
5—水平泄洪隧洞；6—出口段；7—弯道段

图 3-12 竖井溢洪道布置图

当岸坡陡峭、地质条件良好、有适宜的地形布置环形溢流喇叭口时，可以采用竖井式溢洪道。这样可以避免大量的土石方开挖，造价可能较其他型式的溢洪道低。当水位上升，喇叭口溢流堰顶淹没后，堰流即转变为孔流，所以超泄能力较小。当宣泄小流量水流时，井内水流的连续性遭到破坏，水流很不稳定，容易产生振动和气蚀。因此，我国目前较少采用。

四川岷江支流草坡河沙牌水电站，由导流洞改建成竖井式溢洪道，总落差 88 m，最大泄流量 240 m^3/s。采用竖井涡室旋流式消能，总消能率达 73%。

（三）虹吸式溢洪道

虹吸式溢洪道是一种封闭式溢洪道，封闭式进口的前沿低于溢流堰顶，如图 3-13 所示。

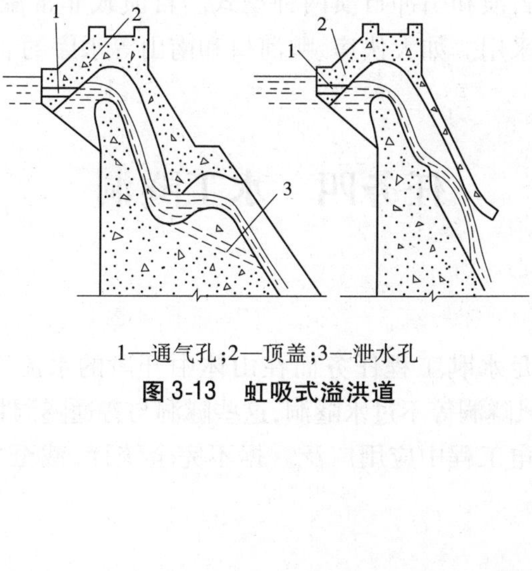

1—通气孔；2—顶盖；3—泄水孔

图 3-13 虹吸式溢洪道

库水位淹没进口前沿且低于溢流堰顶,溢洪道不会发生泄水。当库水位上升到略超过溢流堰顶时,堰顶开始溢流,下泄水流逐渐带走空气,使通道内部分形成真空,泄流量增加。当水流全部充满整个水道后,完全成为虹吸泄流,利用虹吸作用泄水,属于孔流流态。虹吸溢洪在稳定泄流的情况下,水位落差加大,流量也明显增加。

虹吸式溢洪道从开始溢流到完全成为虹吸状态的过渡过程中,水流流态不稳定,且不利于建筑物的安全。因此,虹吸式溢洪道中,往往设置挑流坎,使水流迅速封堵管道,形成真空,加速过渡过程的完成。

库水位在淹没进口前沿的情况下均能维持虹吸泄流,直到库水位低于进口前沿,空气进入水道,虹吸停止。因此,虹吸式溢洪道能够在进口前沿高程与溢流堰顶之间自动控制水位。为了能够控制库水位,在虹吸式溢洪道的顶部常设有通气孔。打开通气孔就能够随时中止虹吸状态。

虹吸式溢洪道一般多用于水位变化不大和需要随时进行调节的水库以及发电、灌溉的渠道上,作为泄水及放水之用。

四、非常溢洪道

泄水建筑物的洪水设计标准根据设计规范确定。当校核洪水与设计洪水的泄流量相差较大时,应当考虑设置非常溢洪道。非常溢洪道用于宣泄超过设计情况的洪水,按其结构型式可分为开敞式和自溃式。

开敞式非常溢洪道宜布置在库岸有通往天然河道的垭口或平缓的岸坡上。通常与正常溢洪道分开布置,以达到降低总造价的目的,有时也可结合布置在一起。非常溢洪道的堰顶要比正常溢洪道稍高,一般不设闸门。由于非常溢洪道的运用概率很低,结构可以做得简单些,有的只做溢流堰和泄槽;在较好的岩体中开挖泄槽,可不做混凝土衬砌;在宣泄超过设计洪水的标准时,可允许消能防冲设施发生局部破坏。

自溃式非常溢洪道是在非常溢洪道的底板上加设自溃堤。堤体可因地制宜用非黏性砂料、砂砾或碎石填筑,平时即可挡水,当水位超过一定高程时,又能迅速将其冲溃行洪。按溃决方式可分为漫顶自溃和引冲自溃两种型式。自溃式非常溢洪道因其结构简单、造价低和施工方便而常被采用。如大伙房、鸭河口和南山等水库的非常溢洪道,就是采用的这种型式。

任务四　水工隧洞

一、类型

水工隧洞是为了满足水利工程任务而在山体中开凿的水流通道。在水利水电工程中,也建有交通隧洞、通风隧洞等不过水隧洞,这些隧洞与普通隧洞相同,不属于水工隧洞。

水工隧洞在水利水电工程中应用广泛。据不完全统计,截至2014年底,国内外洞长在10 km以上的引水隧洞已超过100条。我国已建造各类水工隧洞,总长度接近1 000 km。

二滩水电站布置在右岸的两条泄洪洞,孔口高13.5 m,宽13 m,分别长866.53 m和1 197.33 m,最大单孔泄流量为3 800 m^3/s。

(一)按其功用分类

水工隧洞按其功用可分为:

(1)泄水隧洞。主要用于下泄洪水。

(2)引水和输水隧洞。用于电站、灌溉、工业及生活用水的引取和输送。

(3)排沙隧洞。又叫冲沙隧洞,排除淤积在水库中的泥沙,延长水库的寿命;避免泥沙淤积渠道或磨损水轮机。排沙隧洞的进口高程比渠道或电站进口高程低。排沙隧洞在洪水期利用泄水冲沙。

(4)导流隧洞。施工导流期间临时过水,也可与永久泄洪隧洞相结合。

(5)放空隧洞。用于放空水库。放空隧洞的进口高程低于死水位,并且要有一定的埋置深度。

(6)发电尾水隧洞。多用于地下厂房水电站。云南澜沧江大朝山水电站右岸地下厂房,2条尾水隧洞长1 250~1 350 m,内径15 m。

(7)通航隧洞。因造价太高,除规模较小者外,国内外很少采用。

在水利水电枢纽中,水工隧洞的造价较高,工程量大,往往布置困难。如果能够一洞多用,有利于减少工程投资。比如将施工期的导流隧洞后期改建为泄洪隧洞,将发电隧洞和泄洪隧洞的大部分合用一洞,将排沙隧洞与放空隧洞合用一洞等。

(二)按洞内水流流态分类

按隧洞内的水流流态,水工隧洞分为有压隧洞和无压隧洞。

有压隧洞在过水时洞内充满水流,洞顶承受一定的水压力。有压隧洞没有自由水面,水流流态较好。但是,洞内水压力高,需要坚硬的岩石来抵抗水压力,否则不经济。有压隧洞适用于地质条件好的情况。无压隧洞的洞内有自由水面,洞顶不承受水压力。无压隧洞的衬砌承受的水压力较小,但过流时水流流态较复杂。

有压隧洞和无压隧洞在工程布置、水力计算、受力条件及运行条件等方面差别较大,工程中采用何种形式应当经过经济比较后确定。水工隧洞在设计和使用中要避免时而有压、时而无压的明满流交替情况发生,这时水流拍打洞顶,掺气不充分,容易产生振动、气蚀等,对泄流不利。

发电引水隧洞一般是有压隧洞,通航隧洞只能是无压隧洞,泄水隧洞可以是有压隧洞,也可以是无压隧洞。

(三)泄水隧洞按其布置形式分类

泄水隧洞按其布置形式分为表孔无压洞、深孔无压洞、深孔有压洞、深孔有压—无压洞等。

1.表孔无压洞

进水口位于水库表面,整个隧洞在泄水过流时均为无压状态。表孔无压洞的作用和工作状态与开敞式溢洪道相同,工作闸门布置在进口段。泄水时,洞内需要的空气可以直接从洞口进入。

采用这种形式的有广东流溪河水电站(见图3-14)、湖北西北口水电站。

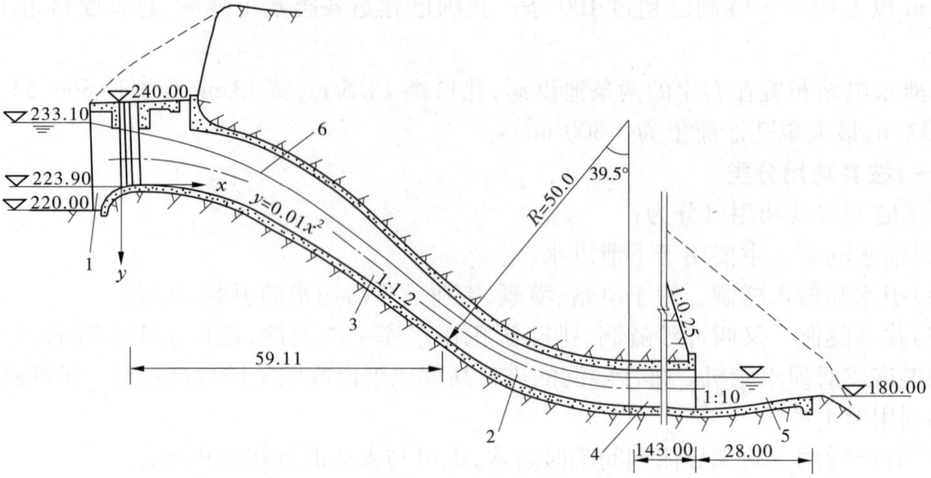

1—开敞式进水口；2—反弧段；3—斜井段；4—斜坡段；5—消能段；6—洞内水面线

图3-14　流溪河表孔无压泄水隧洞剖面图　（单位：m）

2. 深孔无压洞

隧洞的进口淹没于水下一定深度处，洞口高程较低，除了泄洪外，还可以完成放空、冲沙等任务。深孔无压洞在泄水时，隧洞的上游进口有一段不长的有压段，洞内大部分为无压明流状态，如图3-15所示为刘家峡深孔无压泄洪隧洞剖面图。

深孔无压洞的工作闸门与检修闸门均在进口，布置紧凑，但结构相对较复杂。工作闸门安装在隧洞进口处，可以局部开启，改变泄流量。闸门关闭时，洞内无水，使用时需要向洞内充分通气。无压洞的水面流态难以控制，特别是有弯道时更需要精心设计，否则容易发生气蚀、振动等工程问题。

3. 深孔有压洞

深孔有压洞过流时全洞充满水流，洞内流态平顺。有压隧洞的工作闸门一般位于隧洞出口处，启闭方便灵活，充气充分，能够局部开启，调节控制下泄流量，如图3-16所示。但有压洞在不泄水时洞内充满水流，承受上游全水头，对隧洞衬砌不利，要求围岩坚硬完整。为了保证安全，隧洞长期不工作时应关闭上游进口闸门，放空隧洞。深孔有压洞如果将工作闸门设于进口处，只能全开全闭，无法调节泄流量。而且在开启的过程中，洞内流态从无压过渡到有压，容易产生拍打洞壁等问题。

4. 深孔有压—无压洞

泄水隧洞的工作闸门可以放置在隧洞中间任何位置。当工作闸门放置在隧洞中部时，闸门的上游段为有压隧洞，下游段为无压隧洞。这种布置形式常用于以下情况之一：①隧洞的进出口岩石条件较差，不宜布置闸门，在隧洞中部选择一处岩石条件好的位置布置闸门，可以改善受力条件，降低门井工程量；②隧洞洞线弯曲，工作闸门布置在弯曲段下游，改善全洞水流流态。

小浪底导流隧洞采用“龙抬头式”改建成泄洪洞，工作闸门布置在隧洞中部。闸门上游设置三道孔板式消能工，改善弯曲段压力分布，降低洞内流速，避免高速含沙水流的磨损，如图3-17所示。

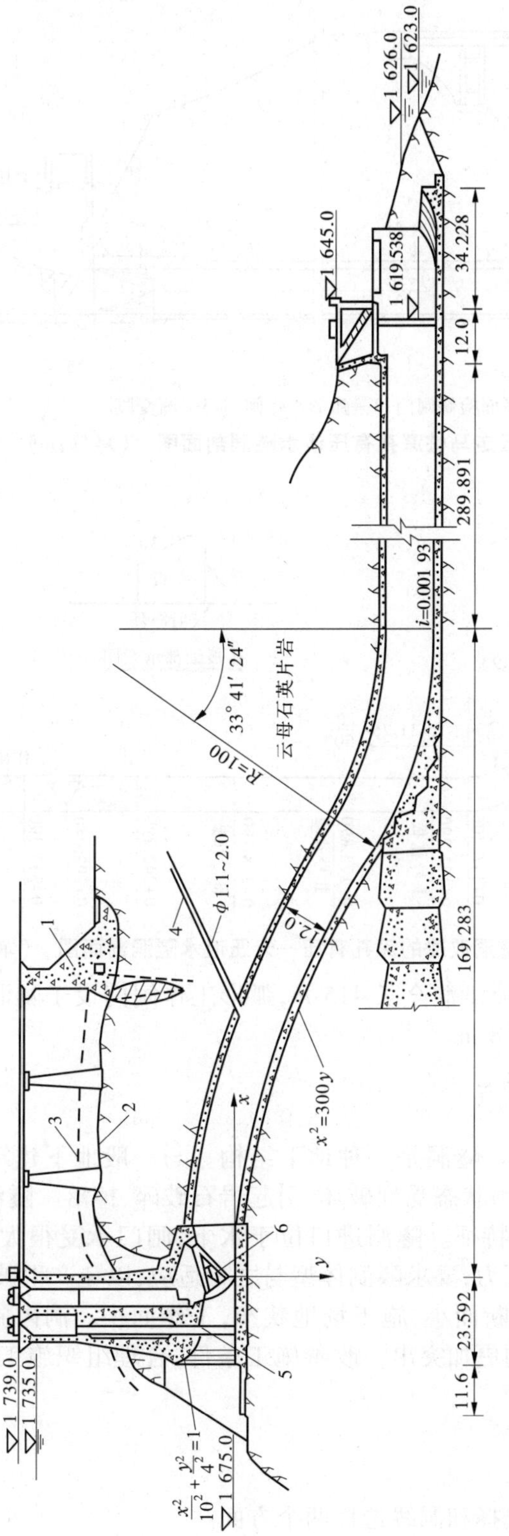

1—混凝土坝;2—岩面线;3—原地面线;4—通风洞;5—检修门槽;6—弧形闸门

图 3-15　刘家峡深孔无压泄洪隧洞剖面图　（单位:m）

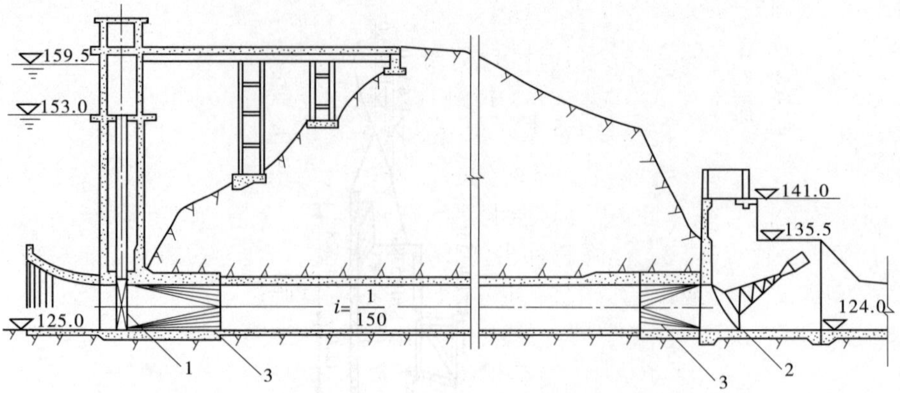

1—平面检修闸门；2—弧形工作闸门；3—渐变段

图3-16　密云走马桩深孔有压泄水隧洞剖面图　（单位：m）

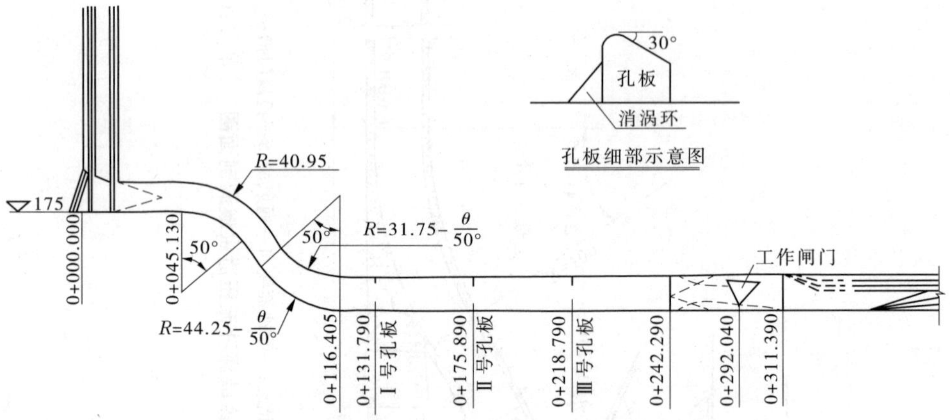

图3-17　小浪底导流隧洞改建的深孔有压—无压泄水隧洞剖面图　（单位：m）

湖北古洞口水电站，左岸泄洪洞全长415 m，弧形工作闸门设于隧洞中部，上游有压段有一弯曲段，长184 m，洞径8 m。

二、泄水隧洞的工作特点

（1）具有地下建筑物特征。隧洞是一种地下结构。与一般地下建筑物一样，水工隧洞开挖后，周围岩体的应力平衡状态受到破坏，引起岩石破碎、掉落。隧洞必须衬砌。

（2）具有深式过水建筑物特征。隧洞进口位于水下，闸门承受很大的水压力。洞身泄水时，要承受高流速、高水压力，要求隧洞体型与之相适应，以免产生破坏。

（3）施工场地狭窄。隧洞断面小，施工场地狭窄，工作面小。洞内施工程序多，相互干扰大，特别是洞线较长，问题更加突出。改善施工条件，合理组织施工，防止意外事故，是水工隧洞施工中的重要课题。

三、隧洞布置

隧洞布置主要包括洞型选择和洞线选择两个方面。

隧洞洞线选择是设计中的重要一环，洞线选择要考虑到不同洞型的特点。隧洞在山体中开挖,受地形影响小,布置相对较灵活。一般而言,隧洞的洞线要短而直,应尽可能布置在坚硬的岩体上,避免断层等不利的岩石结构。完好坚硬的岩石能够大大降低隧洞的衬砌工程量,洞身的埋深一般要求大于3倍洞径,隧洞进出口处的围岩要好,防止滑动。有压洞和无压洞的洞型选择和洞线选择应从以下几个方面考虑:

(1)在工程布置方面。无压洞进口两侧必须开挖得顺直对称,否则进口后容易产生涡流,影响洞内流态,造成水流封顶;有压洞则对进流条件无严格要求。无压隧洞平面弯道可能使水流产生较大的横向比降和冲击波,应尽量避免;纵向变坡也对流态有较大的影响,必须取适当的抛物线或反弧线型,有时需用水工模型试验进行验证。有压洞的洞线布置则比较灵活,弯道的弯曲半径一般要求大于5倍洞径;纵向变坡的曲率半径一般也只要求不小于2倍洞径即可。总之,就降低工程布置的难度来说,有压洞远优于无压洞。

(2)在水流条件方面。无压洞一般流速较高,流态较复杂,存在着高速水流掺气、气蚀、闸门振动等问题,洞内要求较大的净空,对体型及平整度都要求严格控制;有压洞流速相对较小,流态稳定,所要求的隧洞断面却常比无压洞为小(一般可小30%左右)。就水流条件来说,有压洞也优于无压洞。

(3)在结构条件方面。无压洞当围岩较好时可不必全断面衬砌,有压洞则常须全断面衬砌;无压洞不需要一定的埋藏深度,有压洞则要求一定的埋藏深度;有压洞承担外荷载(围岩压力、外水压力等)的能力强。在结构条件方面,无压洞与有压洞是互有利弊。

(4)在闸门设置及运行方面。无压洞的工作和检修闸门都设在进口,管理操作比较方便。但发生事故时维修处理较困难;有压洞的闸门分设两处,优缺点与之相反,当孔口大、水头高时,闸门承受的水压力很大,增加了工程量和结构的复杂性。在此方面,无压洞稍为有利。

(5)在工程量及施工难易方面。除水头很大或围岩很差的情况外,有压洞的开挖、混凝土和钢筋用量均较无压洞为少;但在施工难易方面,无论是开挖、立模、浇筑各工序,无压洞均较优于有压洞(当采用全截面掘进时,情况有所不同)。

一般来说,在洞线布置条件较好(进流条件好,洞线无弯道或少弯道等)、水头不高、流速较小时,可采用无压隧洞的型式。反之,则宜采用有压隧洞的型式。当然,最根本的是依据隧洞的任务、要求及具体情况选择洞型。

四、进口建筑物

水工隧洞由进口建筑物、洞身和出口建筑物组成。

进口建筑物位于隧洞的最前端,位置和高程应符合其任务要求。泄水隧洞的进口应尽量靠近拦河坝,便于运行管理,进口高程在满足任务的基础上应尽量抬高,以减小闸门受力。发电引水隧洞则根据布置力求缩短洞线,进口高程位于死水位以下,且有一定埋深。冲沙隧洞应尽量靠近发电引水隧洞进口,其进口高程比发电引水隧洞进口低,以满足冲沙的要求。

(一)进口建筑物的型式

1.坝式

进口建筑物是坝的一部分,多用于混凝土坝。如乌江渡水电站右岸泄洪洞,天生桥二级水电站引水隧洞，刘家峡右岸地下厂房引水隧洞。

2. 塔式

在山坡前的水库中，修建独立位于隧洞之外的钢筋混凝土塔。塔的型式有封闭式和开放式。封闭式的塔身横断面可以是矩形、圆形或其他形状。大中型水电站的泄水隧洞多采用矩形，发电和供水隧洞常采用圆形。塔顶设置操纵室和启闭机。

塔式进水口适用于隧洞进口处岸坡低缓、岩石条件较差、覆盖层较厚的情况。这种进水口在闸门关闭后可以对整个隧洞进行检修，可以分层引取不同深度的库水。但是，进水塔远离岸边，需要较长的工作桥；塔身结构承受风浪、地震影响大。

二滩水电站，六个塔式进水口在平面上布置成直线形，设于坝上游左岸，塔高 85 m，宽 27 m，后接直径 9 m 的压力管道，如图 3-18 所示。

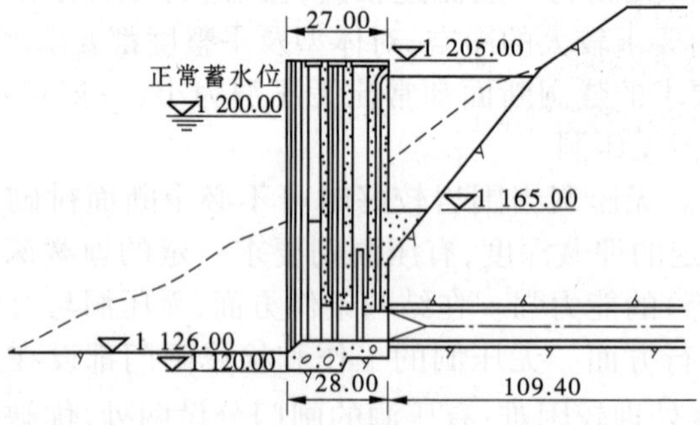

图 3-18　二滩水电站塔式进水口　（单位：m）

3. 竖井式

在隧洞进口附近的岩体中开凿竖井。竖井的结构简单；竖井全部置于岩体中，受风浪、地震影响小，受力条件好；但是，竖井开挖较困难，竖井前的隧洞检修困难。适用于地质条件较好的情况。

国内采用竖井式进水口的有浙江湖南镇水电站等，如图 3-19 所示。

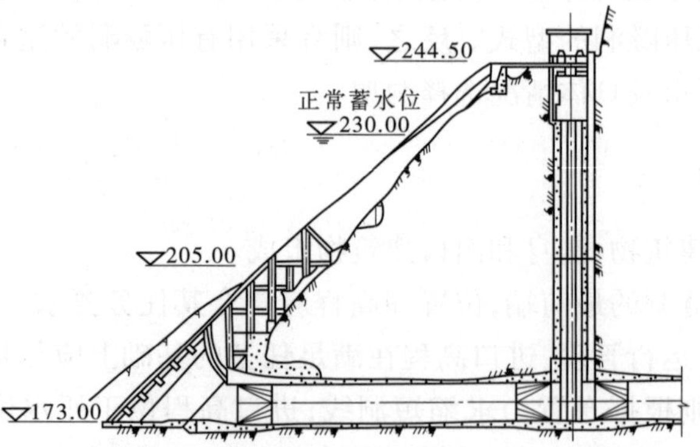

图 3-19　湖南镇水电站竖井式进水口　（单位：m）

4. 岸塔式

进水塔依靠在开挖后的洞上，其下部紧靠岸坡，稳定性较好，甚至可以对岸坡起一定的支撑作用。岸塔式进水口施工安装方便，工作桥较短，适用于岸坡较陡、岩石较坚固稳定的情况。

国内采用岸塔式进水口的有吉林松花江白山水电站、甘肃白龙江碧口水电站(见图 3-20)、云南黄泥河鲁布革水电站等。

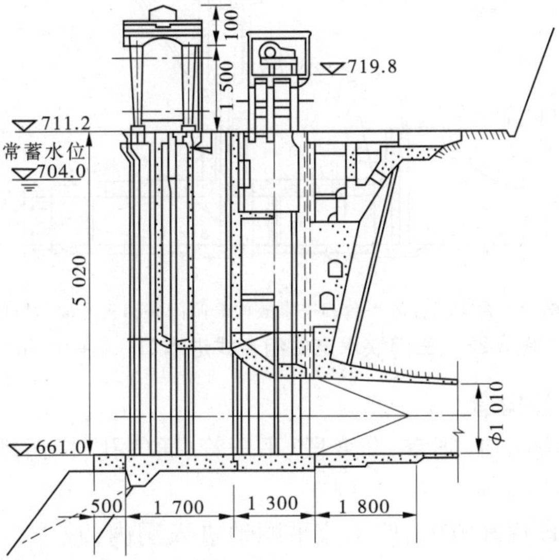

图 3-20　碧口水电站岸塔式进水口　(单位:尺寸 cm;高程 m)

5. 斜坡式

在较为完整坚硬的山坡上进行开挖,闸门轨道直接安装布设在斜坡衬砌上,上部有闸门操作平台和启闭机。斜坡式进水口结构简单,施工方便,稳定性好,造价省;但闸门面积要加大,关门时常需要加压重以保证闸门下降。斜坡式进口建筑物适合于岸坡岩体条件好的中小型工程中发电引水隧洞,或泄流量不大的泄洪隧洞。

采用这种型式的有安徽响洪甸水电站(见图 3-21)、安徽梅山水库等。

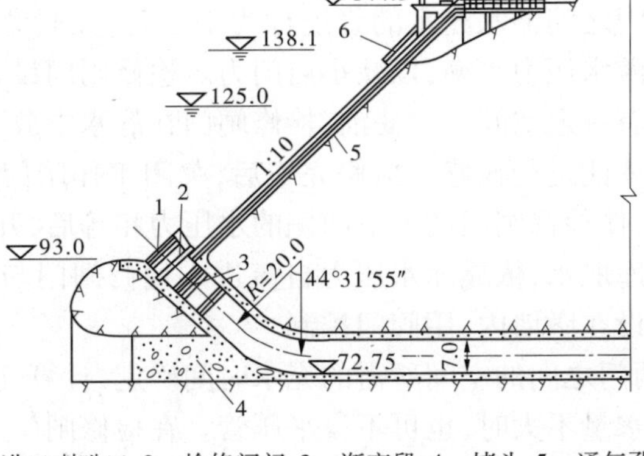

1—进口喇叭口;2—检修闸门;3—渐变段;4—堵头;5—通气孔;6—贮门罩

图 3-21　响洪甸水电站斜坡式进水口　(单位:m)

6. 组合式

根据地形、地质条件和施工条件,将某两种型式组合在一起。如三门峡水电站一号排沙洞,下部为井,上部为塔,如图 3-22 所示。

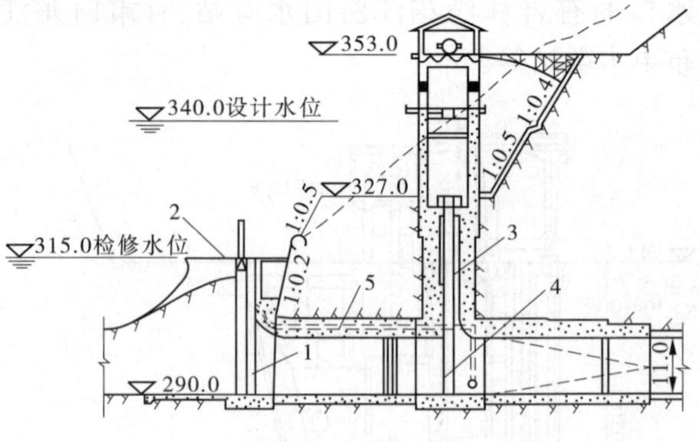

1—叠梁门槽;2—叠梁门存放平台;3—事故检修闸门井;4—平面检修门;5—平压管

图3-22　三门峡水电站组合式进水口　(单位:m)

(二)进口建筑物的构造

进口建筑物包括喇叭口、闸室、渐变段、平压管、通气孔、拦污栅等。

1. 渐变段

隧洞进口形状应该逐渐收缩,使水流平顺地进入洞内,减少水头损失,通常采用喇叭口形式。喇叭口的顶部、左右两侧多为1/4椭圆断面,底面为平面。

闸门与隧洞洞身之间需要有一段渐变段,以满足矩形闸门与洞身体型的平顺连接。

2. 闸门

泄水隧洞一般设有工作闸门和检修闸门。工作闸门的主要型式有平面闸门和弧形闸门。发电引水隧洞有的还设有事故闸门。

隧洞的闸门位于深水下,承受较大的水压力,一般做成高度大于宽度的所谓深窄式闸门。

小浪底孔板泄洪洞平面检修闸门为4.5 m×15.5 m(宽×高),设计工作水头85 m;中部弧形工作闸门为4.8 m×5.4 m(宽×高),设计工作水头140 m,总水压力62 550 kN。

3. 平压管

向检修闸门与工作闸门之间输水充水的管道称为平压管,又叫旁通管。平压管的功用是:使检修闸门的上、下游水压力平衡,以减小启门力。检修闸门设置在隧洞上游,在检修闸门和工作闸门之间具有一定空间。检修前,检修闸门在静水中放下并封堵洞口,然后将两个闸门之间的水放掉才能进行检修。检修完毕后,关闭工作闸门,这时,需要通过平压管向两个闸门之间充水,使检修闸门的上下两侧的水压力相等后,开启检修闸门。

平压管一般从上游水库取水,依靠库水压力自流进入检修闸门与工作闸门之间的空腔。水工隧洞的平压管埋设在墩墙内,用阀门控制。

平压管的直径,根据两门之间的空间所需的充水时间确定,计算充水量时尚需计入第二道闸门的漏水量。当充水量不大时,也可不设平压管。在检修闸门上设置充水阀,充水时先提起门上的充水阀,待充满后再提升闸门。水电站水轮机前的蝴蝶阀要求动水关闭、静水开启,因此也设有平压管和阀门。其平压管内径一般为输水管道过水断面积的1%~2%。

少数水电站采用事故闸门开启一道小裂隙取代平压管向压力管道充水平压。

4. 通气孔

连通隧洞闸门下游空腔与大气的管道孔洞设施,称为通气孔,又称通气管。通气孔的

功用是:补充或排除空腔内的空气,使其保持大气压力。通气孔在不同的位置,其作用也有所不同。需要设置通气孔的有以下情况:

(1)深孔无压洞泄水时,由于高速水流水面与空气之间的摩擦作用,会带走大量的空气。这时,需要通过通气孔向洞内补充空气以保持稳定的明流状态。如果不通气或通气不充分,则洞内压力下降,洞内水流流态不稳。这时,通气孔进口高于水库最高静水位。

(2)工作闸门布置在有压泄水洞的进口段。这种布置方式在开启泄水时洞内充满水流,在关闭闸门时,洞内水流将从出口流空。通气孔用于补充闸门关闭过程时被水流带走的空气,以消除洞顶负压,防止或减少气蚀和振动,并减少作用于闸门上的下拖力和附加水压力。

(3)发电压力隧洞的检修(事故)闸门后,深式泄水洞的检修闸门与工作闸门之间,均需设置通气孔。在检修前排空洞内积水时,通气孔向门后补气;检修后充水平压时,通气孔向外排气,以利于检修闸门静水启闭。

发电引水隧洞快速闸门门后的通气孔面积,可按管道面积的3% ~5%选用;事故闸门后的通气孔面积可酌情减小。通气孔进出口的上端应高于水面,且设置网罩等防护设施;下端紧靠闸门背面,且在洞内最高位置。通气孔线路要少转弯、无突变,以减少气流阻力损失。

5. 拦污栅

引水发电隧洞的进口要设置拦污栅,拦阻漂浮物,保护水轮机免于损坏。拦污栅可以布置成垂直或倾斜的,便于清理。拦污栅片用型钢焊接而成。栅片间的距离根据水轮机型号及尺寸选定。

五、洞身

洞身穿过山体开挖,是隧洞的主体。

洞身断面形状有:①门洞形,衬砌方便,多用于无压隧洞;②圆形,受力条件好,多用于有压隧洞或岩石特别破碎的无压隧洞;③马蹄形,受力条件优于门洞形,用于岩石较差的无压隧洞。如图3-23所示。

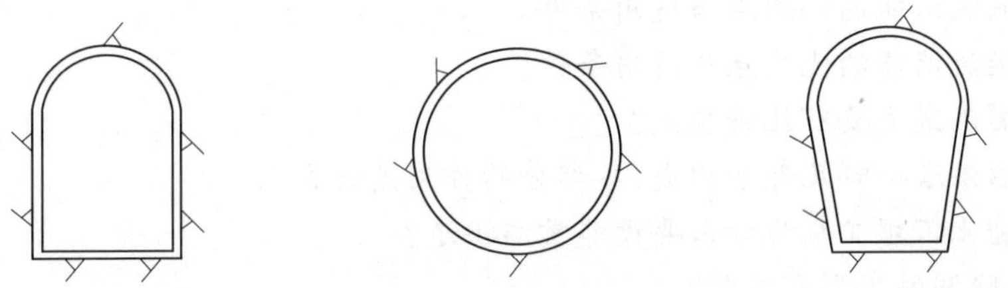

(a)门洞形断面　　(b)圆形断面　　(c)马蹄形断面

图3-23　隧洞断面形式示意图

洞身断面大小,由水力计算确定。对于无压隧洞,为了保持洞内始终为明流,在过水断面以上应有一定的净空,净空面积不小于全断面的15%,高度不少于40 cm。

隧洞开挖后一般需要衬砌(又称为支护),其作用为:保持围岩稳定;承受内外荷载;防止渗漏;保护围岩免受冲蚀破坏;减少洞壁糙率。

隧洞衬砌方式有抹面衬砌(不受力衬砌)、单层衬砌、组合式衬砌、预应力衬砌、喷锚衬砌。其中,单层衬砌应用最多。

衬砌形式和厚度根据作用在衬砌上的荷载大小决定。一般来说,荷载越大、岩石越差,衬砌厚度也越厚。作用在衬砌上的荷载有自重、围岩压力、内水压力、外水压力、灌浆压力和地震荷载、温度荷载等,以及在荷载作用下围岩对它产生的反力(地基反力、摩擦力、弹性抗力)等。

洞身衬砌通常为分块分段浇筑,沿纵向设有工作缝、温度缝或沉陷缝,缝内要设止水。衬砌完毕后要进行回填灌浆和固结灌浆。回填灌浆是在混凝土衬砌的背面或回填混凝土周边,对混凝土浇筑未能浇实留有空隙的部位的灌浆。回填灌浆可使一、二次混凝土体结合为整体,还可加固土体、回填空隙,共同抵御外力,防止渗漏。回填灌浆的目的是对隧洞混凝土衬砌或支洞堵头顶部缝隙作灌浆填充。

当隧洞洞线很长时,常常需要增加若干条竖井,增加工作面。

六、出口建筑物

无压隧洞的出口建筑物结构比较简单。深孔有压洞的出口建筑物设有闸门和启闭机,出口段做成收缩段,以保证洞内始终处于有压状态,出口断面约为洞身断面的80%。

泄水隧洞由于出口宽度小,单宽流量大,能量集中,常在出口设置扩散段,减少单宽流量。消能方式常采用底流或挑流消能。

水电站压力隧洞的末端与调压室相接,或通过压力钢管与厂房相连接。

项目自测题

1. 什么叫泄水建筑物？它有几种型式？
2. 简述溢流坝面的组成及各部分的作用。
3. 简述坝身泄水孔的作用及类型。
4. 泄水建筑物的消能措施有几种类型？消能原理是什么？
5. 简述底流消能的优缺点与适用条件。
6. 简述挑流消能的优缺点与适用条件。
7. 岸边溢洪道主要有几种型式？
8. 正槽溢洪道由哪几部分组成,各部分的作用是什么？
9. 大中型土石坝工程为什么要设非常溢洪道？
10. 水工隧洞的类型有哪些？
11. 水工隧洞的工作特点是什么？
12. 水工隧洞进口建筑物的类型有哪些？
13. 平压管与通气孔的作用是什么？
14. 水工隧洞断面形状有哪些？
15. 水工隧洞衬砌的作用是什么？类型有哪些？

项目四 取水建筑物

【学习目标】 掌握水闸的类型、组成、结构；熟悉水闸的工作特点、消能防冲设施、防渗排水设施；了解取水枢纽的类型、水闸的两岸连接建筑物、其他型式的闸坝、水泵与泵站。

为了满足灌溉、发电、工业及生活供水等用水需求，需要修建取水建筑物从河道、水库或湖泊等水源地引取符合一定要求的水流，并通过输水建筑物输送到用水地点。

工程中的取水方式有自流取水和机械抽水两种，对于自流取水又可分为无坝取水和有坝取水两种。取水建筑物位于输水建筑物的首部，又称进水建筑物或渠首。常见的取水建筑物有进水塔、坝式进水口、进水阀、水闸、水泵站、壅水坝、橡胶坝等形式。

任务一 无坝取水与有坝取水

一、无坝取水

无坝取水是一种最简单的取水方式。不设壅水坝或拦河闸，直接在河岸上选择适宜的地点布置取水口，从天然河道侧面引水。无坝取水一般适用于河流水量丰富，水位变幅小，引水比（引水流量与河流流量之比）不大，水位及河势能满足或基本满足引水要求的情况。

无坝取水的优点是工程简单，施工方便，投资省，工期短，对天然河道的影响较小。公元前250年前后，李冰父子主持修建的都江堰分洪灌溉工程就是典型的无坝取水工程。无坝取水的缺点是不能控制河道的水位和流量，受河道水位变化及泥沙运动影响大，枯水期引水保证率低。在多泥沙河流上引水时，还会引入大量的泥沙，使引水渠发生淤积现象，影响其正常工作。在岸边设闸进行侧面取水时，因水流转弯，易产生横向环流，导致取水口的上唇受到泥沙淤积，下唇受到水流冲刷。因此，在进行无坝取水的规划设计时，要正确选择取水口的位置及布置形式，以保证在各种水位下引到设计流量。

无坝取水的布置形式较多，常见较为典型的有以下三种。

（一）弯道凹岸式渠首

在天然河道的弯曲段，由于水流离心力的影响，产生横向环流。表层的水向凹岸流动，靠近河床的水向凸岸流动。这种流态导致凹岸部位的河床受到冲刷，水深加大；凸岸部位底沙淤积，形成滩地，水深较浅。因此，当河床稳定、河岸坚硬时，可将取水口建在河流弯道的凹岸，利用河流弯道环流原理，引取表层较清水流，做到取水防沙，这种布置形式称为弯道凹岸式渠首。通常由引水渠、进水闸、拦沙槛、冲沙闸等建筑物组成，如图4-1

所示。

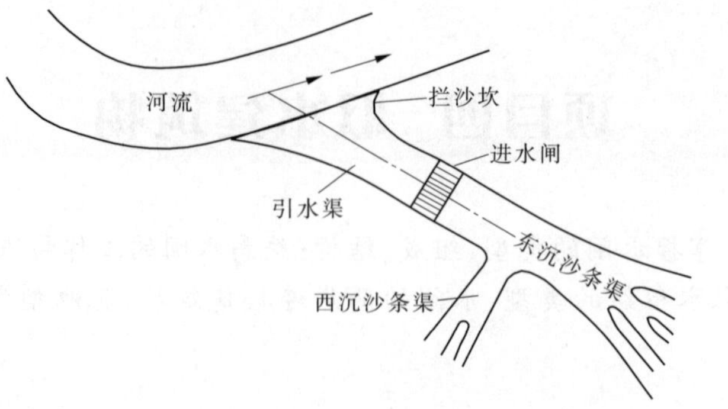

图 4-1　弯道凹岸式渠首布置示意图

（二）引水渠式渠首

当河岸不够坚固，易被水流冲刷变形时，可将进水闸设在距河岸一定距离的地方，使其不受河岸变形的影响，这种布置形式称为引水渠式渠首，如图 4-2 所示。引水渠的作用是引导水流平顺流入闸孔。进水闸起控制和调节流量的作用。拦沙槛用来加强环流作用，使底部泥沙顺利冲走，槛顶一般高出渠底 0.5～1.0 m。冲沙闸在洪水期冲泄进水闸前、引水渠内沉积的泥沙，其底板高程比进水闸低 0.5～1.0 m。

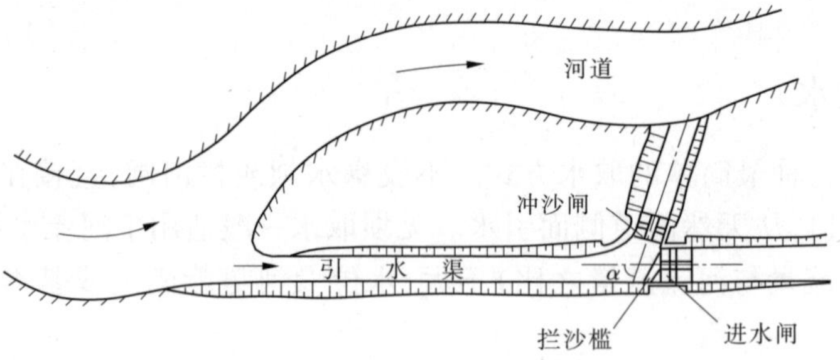

图 4-2　引水渠式渠首布置图

（三）导流堤式渠首

在山区坡降陡的河流或不稳定的河流上引水时，为了控制河道流量，保证引水防沙，常采用导流堤式渠首，如图 4-3 所示。导流堤式渠首由导流堤、进水闸及泄水冲沙闸等建筑物组成。导流堤的作用是束窄水流，抬高水位，使水流平顺地流入进水闸。泄水冲沙闸除宣泄部分多余洪水外，平时也可用来排沙。导流堤的轴线与河道水流方向的夹角一般以10°～30°为宜。进水闸与泄水排沙闸的相对位置，一般按正面引水、侧面排沙的原则布置。

二、有坝取水

当河流水量比较丰富，但水位较低，不能自流取水，或引水量较大、无坝取水不能满足要求时，则应在取水口的下游侧修建壅水坝（或拦河闸），以抬高水位，保证引取所需的流量，这种取水方式称有坝取水或有坝渠首。有坝取水工程常采用侧面引水、正面冲沙的布

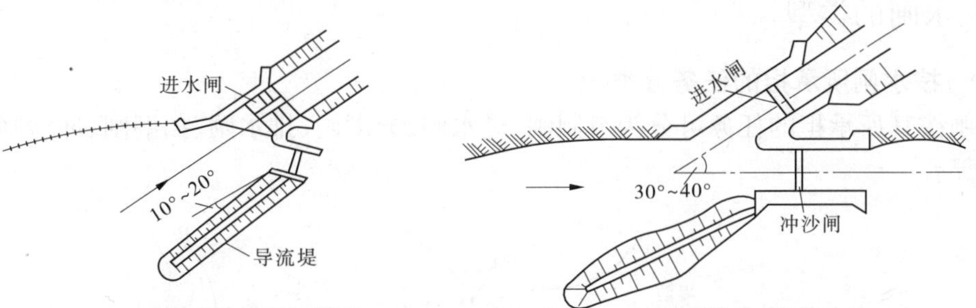

(a)正面引水,侧面排沙　　(b)正面排沙,侧面引水

图4-3　导流堤式无坝渠首工程布置图

置形式,通常由壅水坝(溢流坝)或拦河闸、进水闸、防沙冲沙措施(如冲沙闸、沉沙池、冲沙廊道等)、船闸、阀道、鱼道、电站等组成,如图4-4所示。

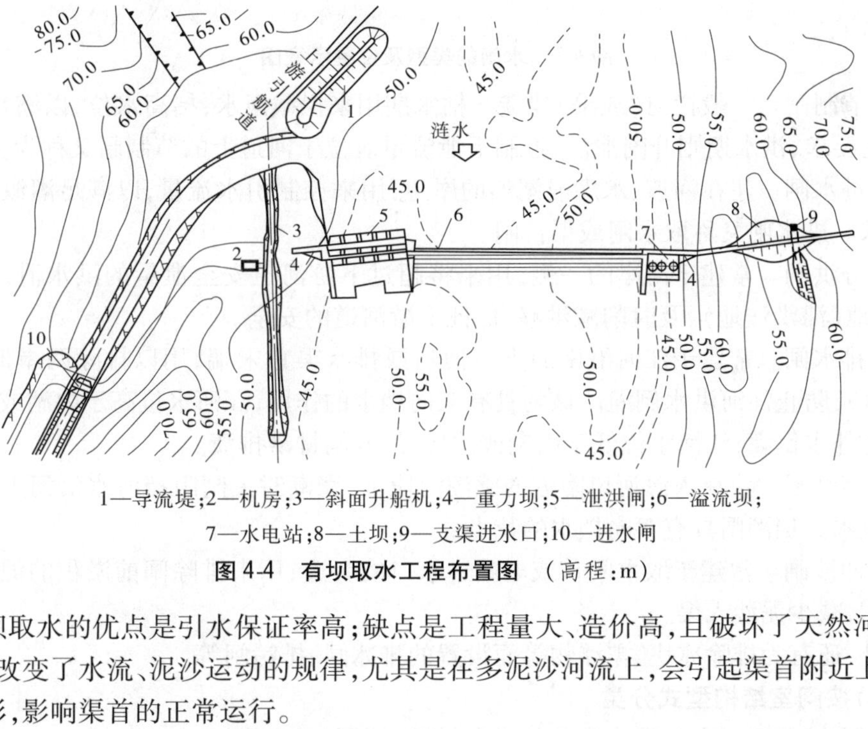

1—导流堤;2—机房;3—斜面升船机;4—重力坝;5—泄洪闸;6—溢流坝;
7—水电站;8—土坝;9—支渠进水口;10—进水闸

图4-4　有坝取水工程布置图　(高程:m)

有坝取水的优点是引水保证率高;缺点是工程量大、造价高,且破坏了天然河道的自然状态,改变了水流、泥沙运动的规律,尤其是在多泥沙河流上,会引起渠首附近上下游河道的变形,影响渠首的正常运行。

任务二　水　闸

水闸是一种具有挡水与泄水双重作用的低水头水工建筑物。它通过闸门的启闭来控制闸前水位和调节过闸流量,在防洪、灌溉、排水、航运和发电等水利工程中应用十分广泛。

一、水闸的类型

（一）按水闸所承担的任务分类

水闸按其所承担的任务可分为节制闸、进水闸、分洪闸、排水闸、挡潮闸、冲沙闸等，如图4-5所示。

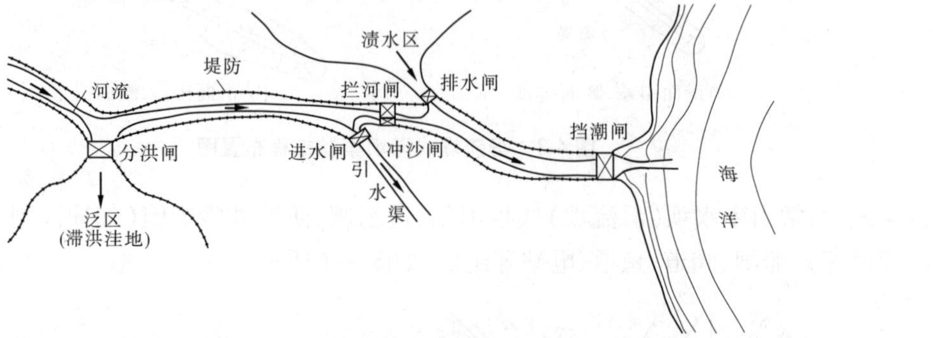

图4-5　水闸的类型及位置示意图

（1）节制闸。一般拦河（或渠）建造。枯水期用来拦截河水，抬高水位，以满足上游取水或航运要求；洪水期则开闸泄洪，控制下泄流量。位于河道上的节制闸又称为拦河闸。

（2）进水闸。建在河道、水库或湖泊的岸边，用来控制引水流量，以满足灌溉、发电或供水需求。进水闸又称取水闸或渠首闸。

（3）分洪闸。常建于河岸的一侧，用来将超过下游河道安全泄量的洪水泄入预定的湖泊、洼地（滞洪洼地），及时削减洪峰，保证下游河道的安全。

（4）排水闸。常建于江河沿岸的支流河口或排水渠首末端，用以排除两岸低洼地区的涝渍水及防止江河洪水倒灌。该闸具有双向挡水的作用，江河水位高于内湖或洼地时，关闸以防外水倒灌；江河水位低于内湖或洼地时，开闸排涝排渍。

（5）挡潮闸。建在入海河口附近的感潮河段上，涨潮时关闸阻挡海水沿河上溯，退潮时开闸泄水。挡潮闸具有双向挡水的特点。

（6）冲沙闸。常建于取水闸首或电站进水口的旁边，用来排除闸前淤积的泥沙，防止泥沙淤积，减少泥沙入渠。

此外，还有为排除冰块、漂浮物等而设置的排冰闸、排污闸等。

（二）按闸室结构型式分类

按闸室结构型式水闸可分为开敞式和封闭（涵洞）式两种。

（1）开敞式水闸。开敞式水闸是闸室上面不填土封闭的水闸。有泄洪、排水、过木等要求时，多采用无胸墙的开敞式水闸（见图4-6），常用于拦河闸、排冰闸等；当上游水位变幅大，而下泄流量又有限制时，为避免闸门过高，常采用带胸墙的开敞式水闸（见图4-7），如进水闸、排水闸、挡潮闸等。

（2）涵洞式水闸。涵洞式水闸是闸（洞）身上面填土封闭的水闸，又称封闭式水闸（见图4-8）。穿堤取水或排水的水闸多采用这种型式。洞内水流可以是有压的或者是无压的。

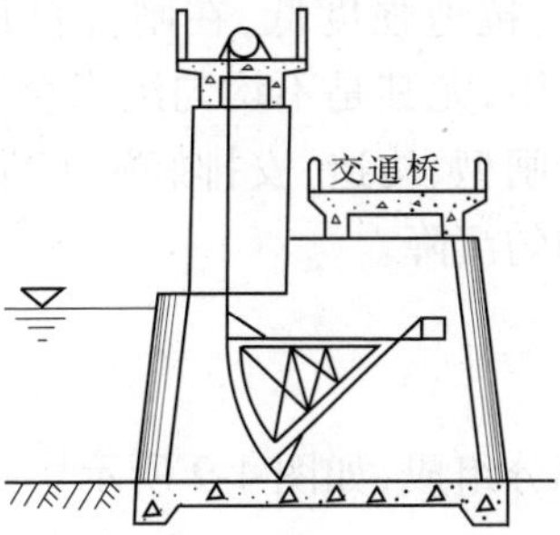

图 4-6 无胸墙的开敞式水闸

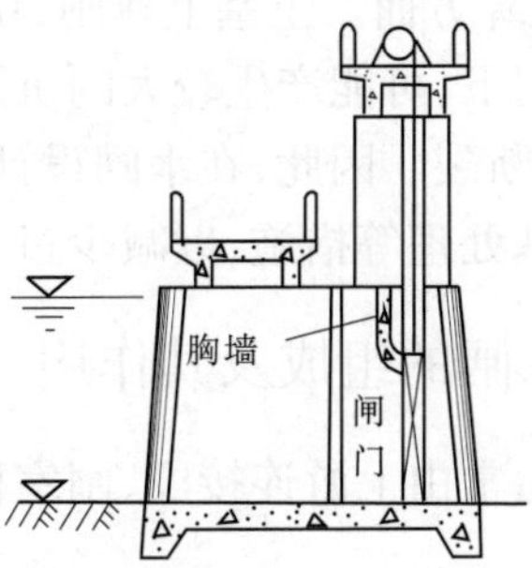

图 4-7 带胸墙的开敞式水闸

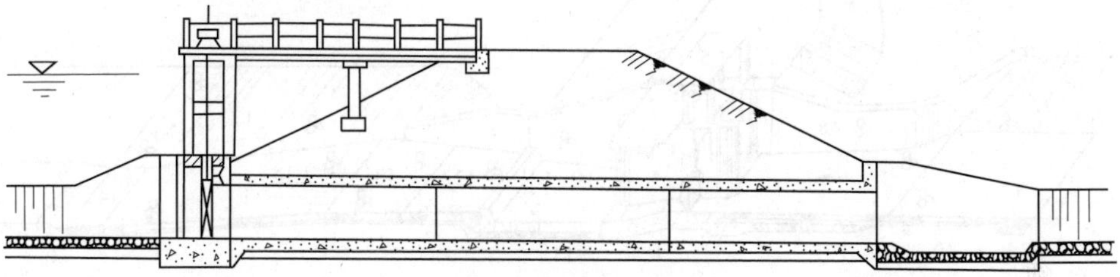

图 4-8 涵洞式水闸

(三)按过闸流量大小分类

按过闸流量大小可将水闸分为大、中、小型水闸。大型水闸,过闸流量大于 1 000 m^3/s;中型水闸,过闸流量为 1 000 ~100 m^3/s;小型水闸,过闸流量小于 100 m^3/s。

水闸的分类方法很多,除了按照其所承担的任务、闸室结构型式及过闸流量大小进行分类外,还可按施工方法分为现浇式、装配式和浮运式等。

二、水闸的工作特点

水闸既能挡水,又能泄水,且多修建在软土地基上。与其他水工建筑物相比,水闸在稳定、防渗、消能防冲及沉降等方面都有其自身的特点。

(1)防渗方面。由于上、下游水位差的作用,水将通过闸基和两岸向下游渗流。渗流会引起水量损失,对闸室和两岸连接建筑物的稳定不利,同时在渗流作用下,地基土容易产生渗透变形,严重时闸基和两岸的土壤会被淘空,危及水闸安全。因此,应采取有效的防渗排水措施。

(2)稳定方面。水闸关门挡水时,在上、下游水头差作用下产生较大的水平推力,使闸室产生沿闸基面向下游滑动的趋势,同时渗流将对水闸底部施加向上的渗透压力,减小了水闸的有效重量,从而降低了水闸的抗滑稳定性。为此,水闸必须具有足够的自重,以维持自身的稳定。

(3)消能防冲方面。水闸开闸泄水时,过闸水流往往具有较大的动能,流态也较复杂,而土质河床的抗冲能力较低,可能引起河床的冲刷。此外,水闸下游常出现波状水跃和折冲水流,会进一步加剧对河床和两岸的淘刷。因此,在设计水闸时,除应保证闸室具有足够的过水能力外,还必须采取有效的消能防冲措施,以防止河道产生有害的冲刷。

(4)沉降方面。土基上建闸，由于土基的压缩性大，抗剪强度低，在闸室自重和外部荷载的作用下，可能产生较大的沉降而影响水闸正常使用，尤其是不均匀沉降会导致水闸倾斜，甚至断裂。因此，在水闸设计时，必须合理地选择闸型、构造，安排好施工程序，采取必要的地基处理等措施，以减少过大的地基沉降和不均匀沉降。

三、水闸的组成及其作用

水闸通常由上游连接段、闸室段和下游连接段三部分组成，如图 4-9 所示。

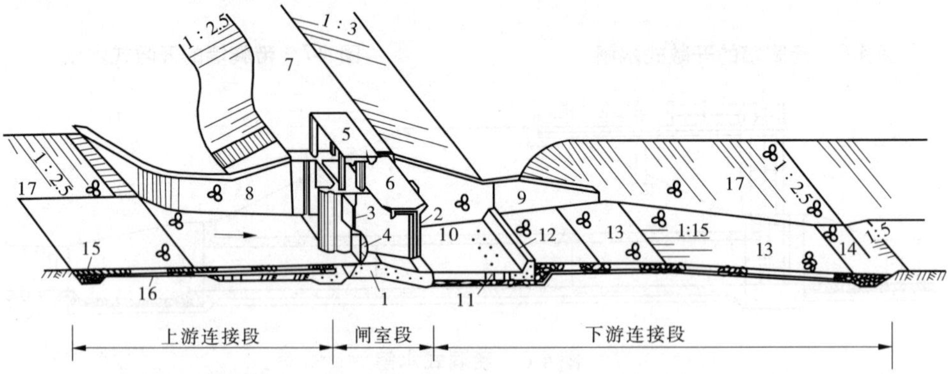

1—闸室底板；2—闸墩；3—胸墙；4—闸门；5—工作桥；6—交通桥；7—堤顶；
8—上游翼墙；9—下游翼墙；10—护坦；11—排水孔；12—消力槛；13—海漫；
14—下游防冲槽；15—上游防冲槽；16—上游护底；17—上、下游护坡

图 4-9　水闸的组成

(1)上游连接段。上游连接段处于水流行近区，其主要作用是引导水流平稳地进入闸室，避免对闸前河床及两岸产生有害冲刷，减少闸基或两岸渗流对水闸的不利影响。一般包括上游翼墙、铺盖、护底、两岸护坡及上游防冲槽等。上游翼墙的作用是引导水流平顺地进入闸孔，同时具有侧向防渗的作用。铺盖主要起防渗作用，其表面应满足抗冲要求。护坡、护底和上游防冲槽(齿墙)的作用是保护两岸土质、河床及铺盖头部不受冲刷。

(2)闸室段。闸室是水闸的主体部分，起着控制水流、连接两岸的作用，通常包括底板、闸墩、闸门、胸墙、工作桥及交通桥等。底板是闸室的基础，承受闸室全部荷载，并均匀地传给地基，此外还有防冲、防渗作用。闸门横跨闸孔安放在闸底板上，由左右两侧闸墩支撑，用以挡水和控制下泄水流。闸墩的作用是分隔闸孔并支承闸门、工作桥等上部结构。胸墙用来挡水以减小闸门高度。工作桥用于安置启闭机和工作人员操作之用。交通桥的作用是连接两岸交通。

(3)下游连接段。下游连接段具有消能、防冲、扩散水流及安全排除流经闸基和两岸的渗水的作用。一般包括护坦、海漫、下游防冲槽、下游翼墙及护坡等。下游翼墙的作用是引导水流均匀扩散，同时具有防冲及侧向防渗等作用。护坦是消力池底板，具有消能防冲作用。海漫的作用是进一步消除护坦出流的剩余动能，扩散水流，调整流速分布，防止河床受冲。下游防冲槽是海漫末端的防护设施，避免冲刷向上游扩展。

四、闸孔型式与孔口尺寸

常见的闸孔型式有宽顶堰孔口、低实用堰孔口和胸墙孔口等三种，如图 4-10 所示。

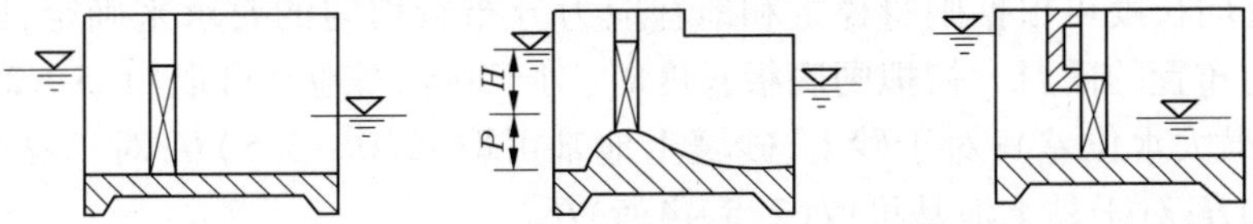

(a)宽顶堰孔口 (b)低实用堰孔口 (c)胸墙孔口

图 4-10 闸孔型式

(1)宽顶堰孔口。是最常用的闸孔型式。其优点是结构简单、施工方便，泄流能力比较稳定，有利于泄洪、冲沙、排淤、通航等；缺点是自由泄流时流量系数较小，且闸后容易产生波状水跃。

(2)低实用堰孔口。有梯形堰、WES 曲线形堰和驼峰堰等型式。其优点时是在自由泄流时流量系数较大，水流条件较好，且能减小闸门高度；缺点是泄流能力不如平底板孔口泄流时稳定，下游水位变化对泄流能力有显著影响，同时施工也较平底板孔口复杂。上游水深较大时，采用这种型式，可以减小闸门高度。

(3)胸墙孔口。当上游水位变幅较大，且高水位需控制流量时，常采用胸墙孔口。用胸墙代替部分闸门，可以减小闸门高度和启门力，从而降低工作桥高和工程造价。

孔口尺寸主要指水闸在垂直水流方向的孔口宽度，包括单孔宽度 b、闸孔数 n、闸墩厚度 d、闸室总宽度 $B=nb+(n-1)d$ 等。我国大、中型水闸的单孔净宽度 b 一般采用 8 ~ 12 m，小型水闸的闸孔宽一般为 3 ~ 5 m。当闸孔数少于 8 孔时，宜采用奇数孔，以利于对称开启闸门，改善下游水流条件。

五、闸室结构

闸室是水闸的主体部分。开敞式水闸闸室由底板、闸墩、胸墙、闸门、启闭机、工作桥和交通桥等组成。

(一)底板

闸室底板的型式与闸孔型式有关，常见的有平底板和低实用堰底板两种类型，前者用得较多。平底板按照底板与闸墩的连接方式可分为整体式和分离式两种，如图 4-11 所示。

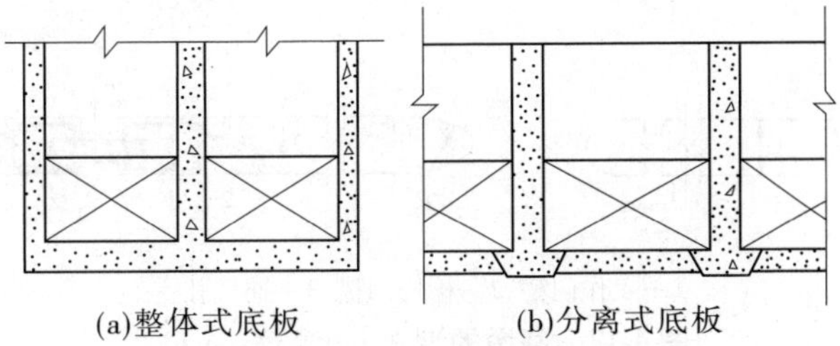

(a)整体式底板 (b)分离式底板

图 4-11 闸底板的型式

1. 整体式底板

将闸墩与底板浇筑成整体即为整体式底板。采用整体式底板的闸室结构整体性好，对地基不均匀的适应性强，对闸门启闭有利。

底板顺流向长度可根据闸身稳定和地基应力分布较均匀的要求来确定，同时应满足闸室上部结构布置的需要。初拟闸底板长度时，对于砂砾石地基可取(1.5～2.5)H(H 为水闸上、下游最大水位差)；对于砂土、砂壤土地基可取(2.0～3.5)H；对于黏壤土地基可取(2.0～4.0)H；对于黏土地基可取(2.5～4.5)H。

整体式底板常用实体结构，其厚度必须满足强度和刚度的要求，大、中型水闸一般为 1～2 m，渠系小闸为 0.3 m。底板内配置钢筋，底板混凝土强度等级应满足强度、抗渗及防冲要求，一般选用 C15 或 C20。闸孔数目较多时，为了适应温度变形和地基不均匀沉降，需要设置沉陷缝。一般 1～3 个闸孔设一道沉陷缝，形成数孔一联。缝可设在闸墩中间，这种闸墩称为缝墩；若地基条件较好，也可设在闸底板的中间。

2. 分离式底板

若将横缝设在闸室底板两侧，使底板与闸墩分离，就成为分离式底板。闸室上部结构的重量和其他荷载直接由闸墩底板传给地基，中间底板仅有防冲、防渗的要求，其厚度可按自身抗滑稳定确定。分离式底板一般适用于闸孔净宽大于 8 m 及密实的地基或岩基。一般用混凝土或浆砌石建成，必要时加少量钢筋。

闸底板高程与水闸所承担的任务、泄流或引水流量、上下游水位及河床地质条件等因素有关。一般情况下，拦河闸和冲沙闸的底板顶面可与河床齐平或略低；进水闸的底板顶面在满足引用设计流量的条件下，应尽可能高一些，以防止推移质泥沙进入渠道；分洪闸的底板顶面也应较河床稍高；排水闸则应尽量定得低些，以保证将涝渍水迅速降至计划高程，但要避免排水出口被泥沙淤塞；挡潮闸兼有排水闸作用时，其底板顶面也应尽量定低一些。

（二）闸墩

闸墩的作用是分隔闸孔，并支承闸门、工作桥等上部结构。闸墩的外形轮廓应满足过闸水流平顺、侧向收缩小、过流能力大的要求。上游墩头可采用半圆形或尖角形，下游墩尾宜采用流线形，如图 4-12 所示。

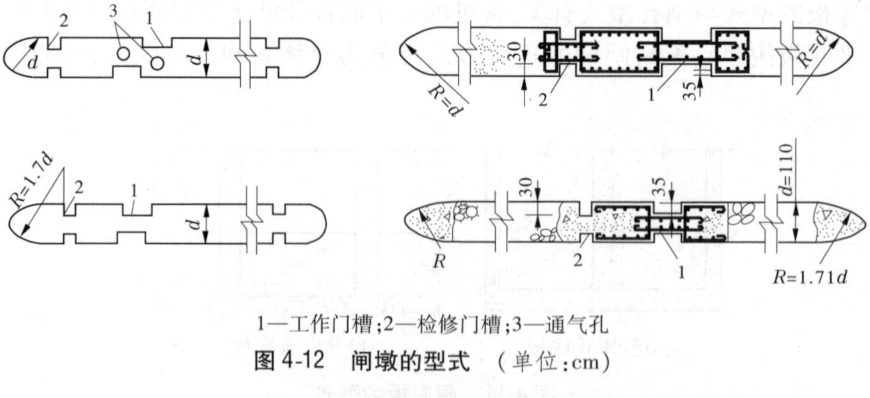

1—工作门槽；2—检修门槽；3—通气孔

图 4-12　闸墩的型式　（单位：cm）

闸墩结构型式一般宜采用实体式，材料常用混凝土、少筋混凝土或浆砌块石。

闸墩长度取决于上部结构布置和闸门的型式，一般与底板等长或稍短于底板。闸墩厚度应根据闸孔净宽、闸门型式、受力条件、构造要求和施工方法确定。根据经验，一般浆砌石闸墩厚0.8～1.5 m，混凝土闸墩厚1.0～1.6 m，少筋混凝土墩厚0.9～1.4 m，钢筋混凝土墩厚0.7～1.2 m。闸墩在门槽处厚度不宜小于0.4 m，渠系小闸可取0.2 m。

平面闸门的闸墩上设门槽，门槽尺寸应根据闸门的尺寸确定。一般检修门槽深0.15～0.25 m，宽0.15～0.30 m；工作门槽深一般不小于0.3 m，宽0.5～1.0 m。检修门槽与工作门槽之间应留1.5～2.0 m的净距，以便于工作人员检修。弧形闸门的闸墩需设置牛腿用以支承闸门。

(三)胸墙

胸墙是闸室孔口上部的挡水结构。胸墙顶部高程与闸墩顶部高程齐平，胸墙底部高程应满足孔口泄流能力的要求。胸墙结构型式可根据闸孔净宽和泄水要求选用。当闸孔净宽小于或等于6 m时可采用板式[见图4-13(a)]，闸孔净宽大于6 m时宜采用板梁式[见图4-13(b)]。当胸墙高度大于5 m，且跨度较大时，可增设中梁及竖梁构成肋形结构[见图4-13(c)]。

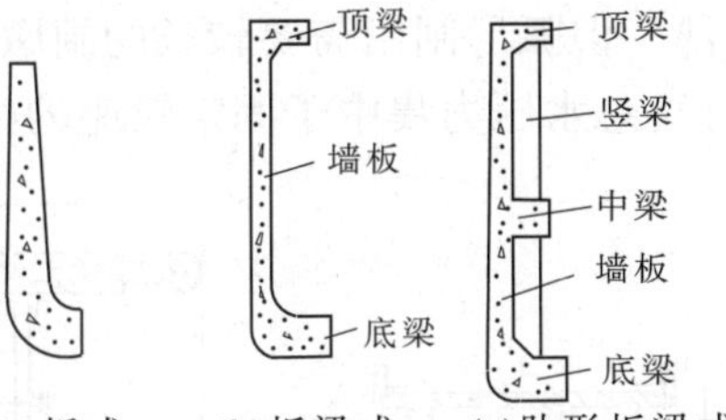

(a)板式 (b)板梁式 (c)肋形板梁式

图4-13 胸墙的型式

胸墙与闸墩的连接方式有简支和固接两种。简支胸墙与闸墩分开浇筑，可避免在闸墩附近迎水面出现裂缝，但截面尺寸较大。固接式胸墙与闸墩浇筑在一起，胸墙钢筋伸入闸墩内，形成刚性连接，截面尺寸较小，但易在胸墙支点附近的迎水面产生裂缝。整体式底板可用固接式，分离式底板多用简支式。

(四)闸门

闸门是水闸的核心部件，按其工作性质可分为工作闸门和检修闸门。工作闸门是在正常运行情况下用以封闭和开启孔口，以达到控制水位和调节流量的目的，又称主闸门，要求在动水中启闭。检修闸门位于工作闸门上游侧，是在检修工作闸门、门槽、底板等时用以临时挡水，要求在静水中启闭。

闸门的结构型式很多，最常见的有平面闸门和弧形闸门。

(1)平面闸门。平面闸门的挡水面板是平面，门体两侧支承在闸墩的门槽内，挡水时将压力传递给闸墩，启闭时闸门在铅垂方向升降，如图4-14所示。平面闸门结构简单，便于安装、制造和运输，闸墩受力条件较好，但工作桥面高，门槽对过流有影响，容易引起气蚀。平面闸门可用木、钢、钢筋混凝土或钢丝网水泥等材料制作。

(2)弧形闸门。弧形闸门的挡水面板是圆弧形的，面板后有梁系和支臂，支臂末端支撑在闸墩的铰座上(铰座固定在闸墩牛腿上)，启闭时闸门绕铰轴旋转，如图4-15所示。

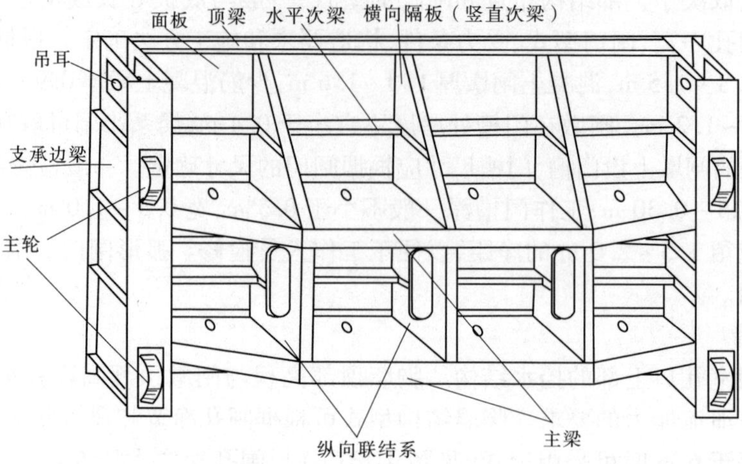

图4-14 直升式平面钢闸门

与平面闸门相比，其主要优点是启门力小，可以降低启闭机和工作桥的造价；不设闸门槽，水流流态平顺，闸墩厚度较薄。但弧形闸门需要较长的闸墩；不能提出孔口以外进行检修维护，也不能在孔口之间互换；总水压力集中于固定铰座的牛腿处，闸墩受力复杂。

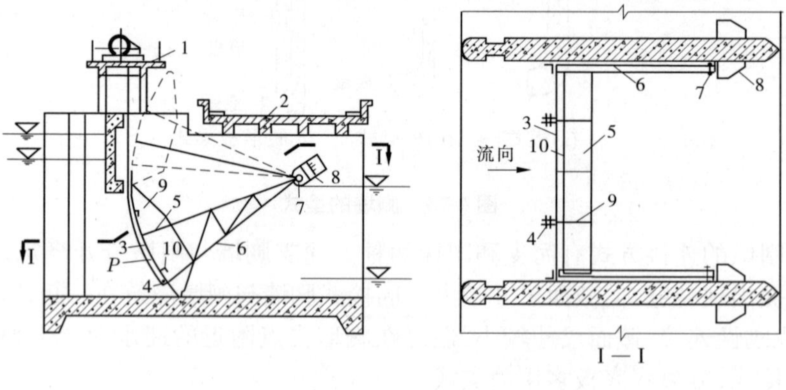

1—工作桥；2—公路桥；3—面板；4—吊耳；5—主梁；6—支臂；
7—支铰；8—牛腿；9—隔板；10—水平次梁

图4-15 弧形钢闸门

（五）启闭机

闸门启闭机分为固定式和移动式两种。常用的固定式启闭机有卷扬式、螺杆式和液压式三种，移动式一般有门架式和桥式两种。卷扬式启闭机用钢丝绳起吊，靠闸门自重下落关闭，启闭能力较大，操作灵便，启闭速度快，但造价较高。螺杆式启闭机用机械或人力转动主机，迫使螺杆连同闸门上下移动，当水压力较大，门重不足时，为使闸门关闭到底，可通过螺杆对闸门施加压力。液压式启闭机是利用液压传动启闭闸门，启闭灵活，易于控制闸门开度，是近年来使用较多的一种启闭设备。

启闭机型式可根据门型、尺寸及其运用条件等因素选定。平面闸门常用移动式门机或高排架固定式启闭机。固定式启闭机为一门一机，移动式启闭机为多个闸门共用1～2

个门机。弧形闸门常用固定的卷扬式或液压式启闭机。小型闸门常用简便、廉价的单吊点螺杆式启闭机。

（六）工作桥

工作桥是为安装启闭机和便于工作人员操作而设在闸墩上的桥。当桥面很高时，可在闸墩上部设支墩或排架支承工作桥。工作桥的高程与闸门型式有关。若采用平面闸门或固定式启闭机时，由于闸门开启后悬挂的需要，桥高约为闸门高度的 2 倍再加 1.0～1.5 m 的超高值。若采用移动式启闭机，桥高则可适当降低，但一般应大于 1.7 倍的门高。若采用弧形闸门或升卧式平面闸门，由于闸门全开后处于平卧位置，因而工作桥可以做得较低。采用液压式启闭机的闸门常常不设工作桥。

工作桥面宽度取决于启闭机的型式、容量和人员操作需要，一般为 3～5 m。工作桥的结构型式根据水闸规模而定。大中型水闸多采用钢筋混凝土预制安装的板梁结构，小型水闸一般采用板式结构。为改善工作桥的工作条件，往往在工作桥上修建启闭机房。

（七）交通桥

交通桥的位置应根据闸室稳定及两岸交通连接等条件确定，通常布置在闸室下游低水位一侧。仅供人、畜通行的交通桥，其宽度常不小于 3 m；行驶汽车等的交通桥，应按交通部制定的规范进行设计，一般公路单车道净宽 4.5 m，双车道 7～9 m。交通桥的型式可采用板式、板梁式和拱式。

六、水闸的消能防冲设施

水闸泄水时，部分势能转化为动能，具有较强的冲刷能力，而对于土基河（渠）床一般抗冲能力较低，闸下冲刷是一种相当普遍的现象。为了保证水闸的安全，防止有害冲刷，除在设计时选用适宜的单宽流量外，还应采取必要的消能防冲设施。

平原地区的水闸，由于水头低，下游水位变幅大，一般都采用底流消能。对于山区灌溉渠道上的泄水闸和退水闸，如果下游是坚硬的岩体，又具有较大的水头时，可以考虑采用挑流消能。

底流消能是利用水跃消能。其原理是在闸下游设置消力池、海漫和防冲槽等消能防冲设施，促使下泄水流在限定的范围内产生淹没式水跃，使高速水流通过内部的旋滚、摩擦、掺气和撞击等作用消耗能量，以减轻对下游河床的冲刷。底流消能工作可靠，但工程量较大，多在水头低、流量大、地质条件较差时采用。

（一）消力池

消力池是水闸的主要消能设施，其主要作用是促使出闸水流在池中发生淹没式水跃进行消能，并保护河床免遭冲刷。消力池有三种基本型式：挖深式、突槛式和综合式，如图 4-16所示。挖深式消力池是降低闸下游护坦高程而形成，是水闸经常采用的一种型式。

消力池位于闸室之后，闸室底板与消力池底板（护坦）之间一般用 1∶3～1∶4的斜坡段连接。消力池的尺寸根据过闸流量和相应的下游水深等条件通过水力计算确定。

护坦是消力池底的保护设施，它承受水流的冲击力、水流脉动压力和底部扬压力等作用，因此要有足够的重量、强度和抗冲耐磨的能力。护坦的厚度可根据抗冲和抗浮要求计

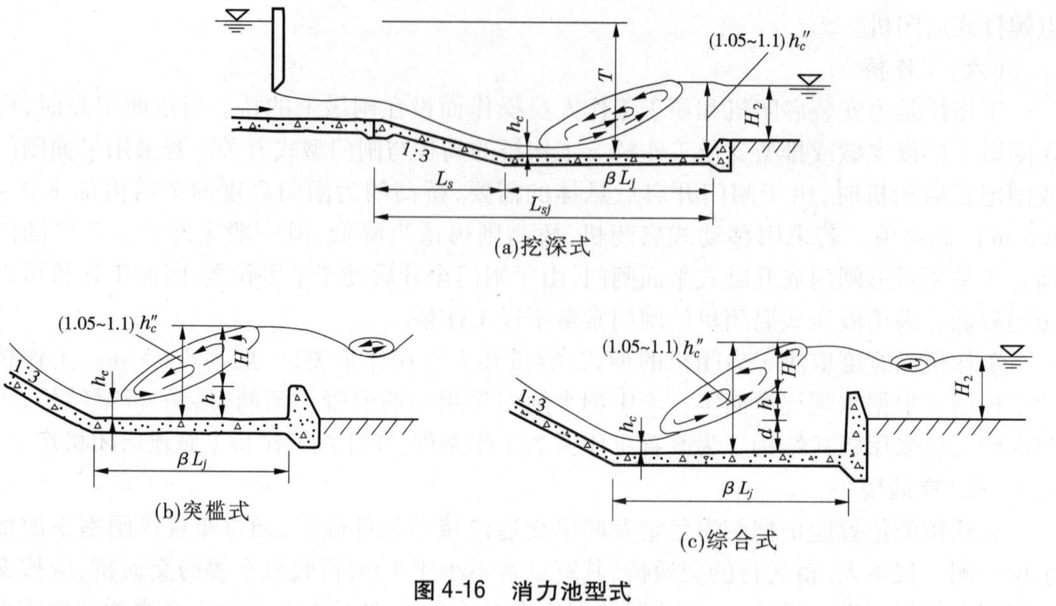

图 4-16　消力池型式

算确定，大中型水闸的护坦厚度一般为 0.5～1.0 m，小型水闸也不宜小于 0.5 m。一般用 C15 或 C20 混凝土浇筑而成，并配置直径 10～12 mm 的纵横向构造钢筋，间距 250～300 mm。大型水闸消力池的顶、底面均需配筋，中、小型的可只在顶面配筋。小型水闸的底板也可用 M7.5 水泥砂浆砌筑块石而成。

为了降低护坦底部的渗透压力，可在水平护坦的后半部设置排水孔，孔下铺设反滤层。一般采用 8～12 cm 的 PVC 管或直径为 15 cm 的无砂混凝土管，间距 1.0～2.0 m，呈梅花形布置。

护坦与闸室底板、翼墙及海漫之间，以及护坦本身沿水流方向均应用缝分开，以适应不均匀沉陷和温度变形。缝宽一般为 2.0～2.5 cm，护坦自身的缝距可取 10～20 m，靠近翼墙的消力池缝距较小一些。护坦在垂直水流方向通常不设缝，以保证其稳定性。闸基防渗范围内的缝，一般设止水设施，缝内多铺贴沥青油毛毡。

为增强护坦的抗滑稳定性，常在消力池的末端设置齿墙，墙深一般为 0.8～1.5 m，宽为 0.6～0.8 m。

（二）辅助消能工

为了提高消力池的消能效果，消力池末端一般布置高 0.5 m 左右的尾槛，用以调整流速分布，减小出池水流的底部流速，且可在槛后产生小横轴旋滚，防止在尾槛后发生冲刷，并有利于平面扩散和消减边侧下游回流，如图 4-17 所示。

尾槛有连续式实体槛和差动式齿槛两种型式。连续式实体槛壅高池中水位的作用比齿槛好，也便于施工，一般采用较多。齿槛对调整槛后水流流速分布和扩散作用均优于实体槛，但其结构型式较复杂，易气蚀破坏，一般用于低水头的中、小型工程。

除尾槛外，还可设置趾墩、消力墩等辅助消能工，以加强水流紊动扩散，减小跃后水深，缩短水跃长度，稳定水跃和达到提高水跃消能效果的目的，如图 4-17 所示。

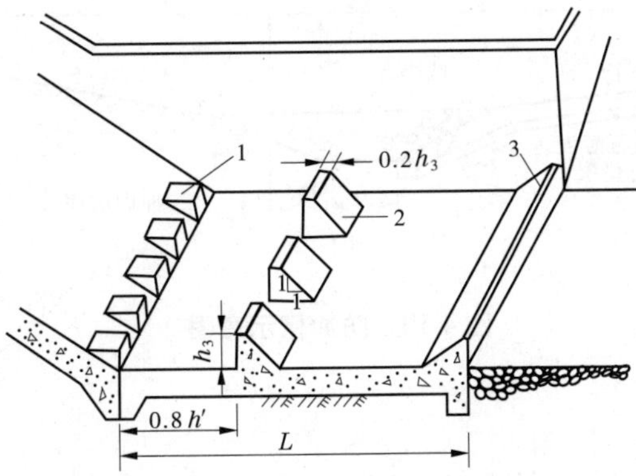

1—趾墩;2—消力墩;3—尾槛

图 4-17 消力池辅助消能工布置图

(三)海漫

水流经过消力池消能后,仍有较大的余能,底部流速较大,分布不均匀,紊动仍较剧烈,具有一定的冲刷能力,因此在消力池后仍需采取防冲加固措施。海漫即是措施之一,其作用是进一步消能,使水流均匀扩散,调整流速分布,使之逐步接近天然河道的水流形态,保护河床免遭冲刷。因此,对海漫的要求是:①表面要有一定的粗糙度,以利进一步消除余能;②具有一定的透水性,以便使渗水自由排出,降低扬压力;③具有一定的柔性,以适应下游河床的冲刷变形。海漫常用的型式有干砌石海漫、浆砌石海漫、混凝土板海漫、钢筋混凝土板海漫等。

海漫一般将起始段(长度为 5 ~ 10 m 或者海漫的前 1/3 段)做成水平的,其顶面高程可与护坦齐平或在消力池尾槛顶以下 0.5 m 左右,水平段后做成不陡于 1:10 的斜坡,以使水流均匀扩散,调整流速分布,保护河床不受冲刷。海漫的长度应根据消力池出口的单宽流量、上下游水位差、地质条件等因素计算确定,如图 4-18 所示。

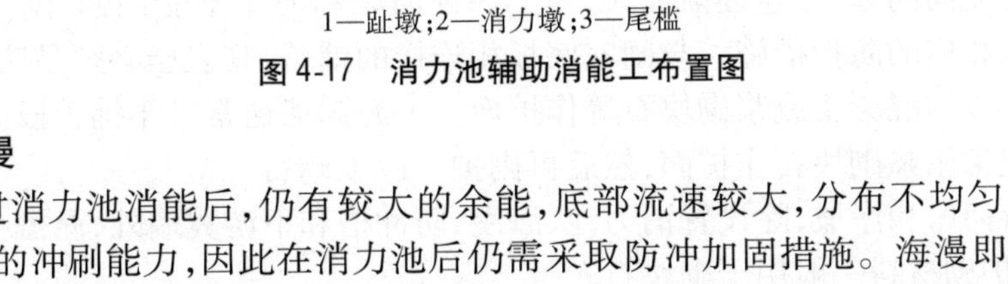

图 4-18 海漫、防冲槽布置图

(四)防冲槽

水流经过海漫后,尽管剩余能量得到了进一步消除,流速分布接近河床水流的正常状态,但在海漫末端仍有冲刷现象。为保证安全和节省工程量,常在海漫末端设置防冲槽或采取其他加固措施,如图 4-19 所示。

在海漫末端挖槽抛石,预留足够的石块,当水流冲刷河床形成冲坑时,预留在槽内的石块沿斜坡陆续滚下,铺在冲坑的上游斜坡上,防止冲刷坑向上游扩展,保护海漫安全。防冲槽大多采用宽浅式,其深度一般取 1.5 ~ 2.5 m,底宽 b 取 2 ~ 3 倍的深度,上游坡率

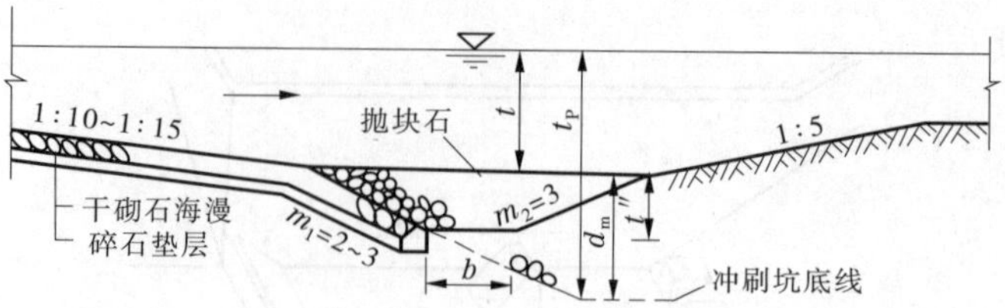

图 4-19　防冲槽示意图

$m_1=2\sim3$，下游坡率 $m_2=3$。

（五）护坡与护底

上游水流流向闸室，流速逐渐加大，为了保证河床和河岸不受冲刷，闸室上游的河床和岸坡应采取相应的防护措施。与闸室底板相连接的铺盖，其表层必须是防冲材料，如采用黏土铺盖必须加混凝土或浆砌块石等作护面。上游翼墙通常设于铺盖段。紧接铺盖段的河床和岸坡常用浆砌块石作护面，然后再砌护一段干砌石。

水闸下游河床和岸坡，除设置消力池、海漫、防冲槽和下游翼墙外，尚需在防冲槽上游两岸设护坡，护砌材料一般用干砌块石。

砌石护坡、护底的厚度一般为 0.3 ~0.5 m。若采用现浇混凝土护坡、护底，其厚度一般为 0.2 ~0.3 m，寒冷地区宜加厚至 0.3 ~0.5 m。若改用预制混凝土板铺砌，其厚度一般为 0.1 ~0.2 m。

七、水闸的防渗排水设施

水闸建成挡水后，在上下游水位差作用下，水自上游经过闸基和绕过翼墙向下游渗流。渗流会对水闸造成不利影响：①闸基渗流对闸底产生向上的渗透压力，从而减小闸室的有效重量，降低闸室的抗滑稳定性；②闸基渗流和两岸绕渗，可能引起地基和两岸土壤发生渗透破坏，甚至引起水闸的失事；③严重渗漏将引起大量的水量损失。因此，为了防止渗流对水闸的不利影响，通常在上游采取防渗措施，尽量阻滞水流渗入闸基，消耗水头；在下游采取排水措施，将渗漏到闸基的水尽快排除，降低渗透压力。

（一）防渗设施

水闸的防渗设施主要有水平防渗和竖向防渗。水平防渗设施以水平铺盖为主，竖向防渗设施有板桩、齿墙、灌浆帷幕、混凝土防渗墙等。

1. 铺盖

铺盖设在闸底板上游侧，主要用来延长渗径，以降低渗透压力和渗透坡降。铺盖应具有相对的不透水性和柔性。铺盖的长度应由闸基防渗需要确定，一般采用 4 ~6 倍的上下游最大水位差。用作铺盖的常用材料有黏土、黏壤土或混凝土、沥青混凝土、钢筋混凝土等。

（1）黏土、黏壤土铺盖。黏土、黏壤土铺盖的渗透系数比地基土壤的渗透系数小得多。铺盖的厚度 δ 应根据铺盖土料的允许水力坡降值计算确定，即 $\delta=\Delta H/[J]$。其中，ΔH 为铺盖顶、底面的水头差；$[J]$ 为材料的容许水力坡降，黏土为 4 ~8，壤土为 3 ~5。铺盖上游端厚一般为 0.6 ~0.8 m，以满足施工要求；沿下游闸室方向逐渐加厚至1.0 ~1.5 m。铺盖与闸底板的连接处为一薄弱部位，通常将底板前端做成斜面，使黏土能借自重及其上的荷载作用与底板贴紧,并在连接处铺设油毛毡等止水材料,一端用螺栓固定在斜面上,另一端埋入黏土铺盖中。为了防止铺盖在施工期遭受破坏和运行期间被水流冲刷,应在其表面先铺设0.15～0.2 m的砂垫层,然后再铺设单层或双层块石护面,如图4-20所示。

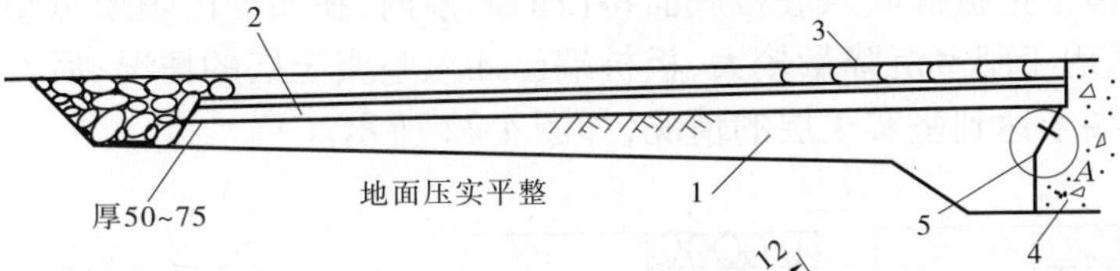

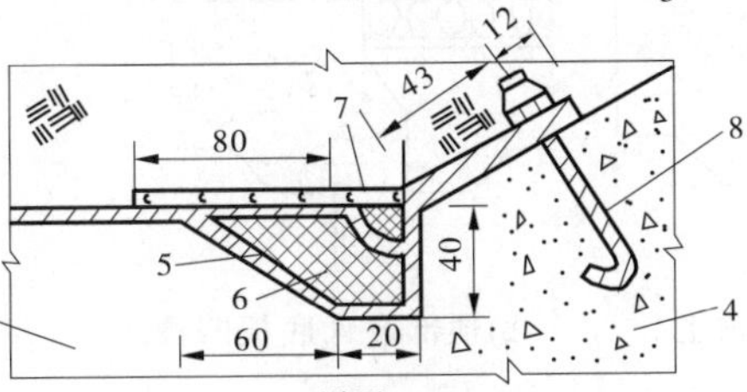

详图 A

1—黏土铺盖;2—垫层;3—浆砌块石保护层(或混凝土板);4—闸室底板;
5—沥青麻袋;6—沥青填料;7—木盖板;8—斜面上螺栓

图4-20　黏土铺盖构造　(单位:cm)

(2)混凝土、钢筋混凝土铺盖。当缺乏黏性土料,或以铺盖兼作阻滑板增加闸室稳定时,可采用混凝土或钢筋混凝土铺盖,如图4-21所示,混凝土强度等级应不低于C15。一般做成等厚形式,厚度一般为0.4～0.6 m。铺盖与底板、翼墙之间用沉降缝分开。铺盖本身亦应设温度沉降缝,缝距为15～20 m,靠近翼墙的缝距应小一些,缝中均应设止水。钢筋混凝土铺盖需配置温度和构造钢筋。对于起阻滑作用的铺盖,应按受力大小配筋。

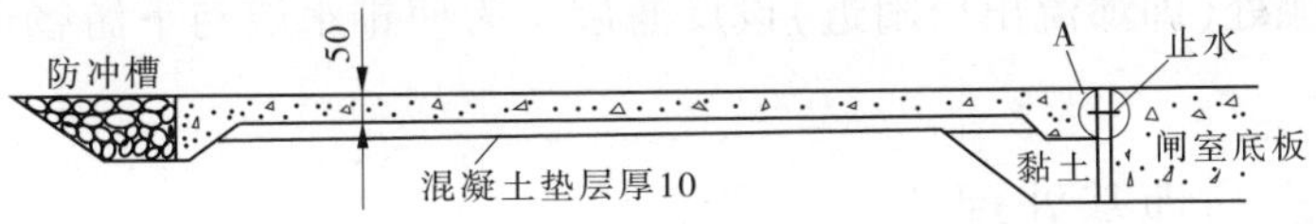

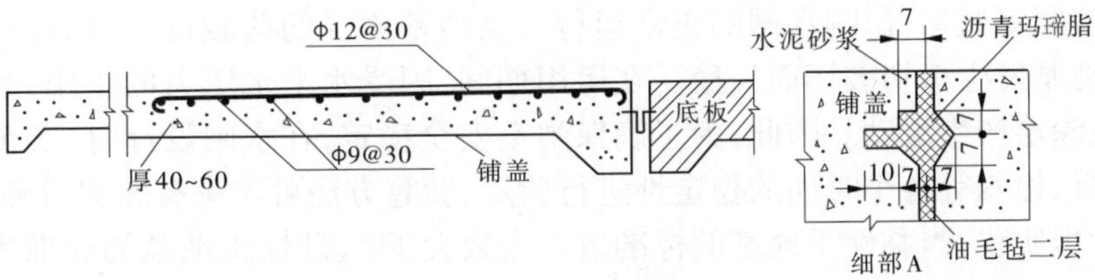

图4-21　混凝土及钢筋混凝土铺盖构造　(单位:cm)

2. 板桩

板桩的作用随其位置不同而不同。一般设在闸室底板上游端或铺盖前端,主要用以降低渗透压力。有时也设在闸底板下游端,以减小出口段坡降或出逸坡降。板桩材料有木材、钢筋混凝土和钢材三种。木板桩长一般为3～5 m,厚8～12 cm,适用于砂土地基;钢筋混凝土板桩多为现场预制,一般长4～6 m,宽50～60 cm,厚10～50 cm,适用于各种非岩石地基。透水层较浅时，板桩打入不透水层，其嵌入深度不应小于1.0 m。如透水层很深，则板桩长度视渗流分析结果和施工条件而定，一般采用水头的0.6～1.0倍。

板桩与闸室底板的连接形式有两种：一种是把板桩紧靠底板前缘，顶部嵌入黏土铺盖一定深度；另一种是把板桩嵌入底板底面特设的凹槽内，在凹槽内填塞可塑性较大的不透水材料。前者适用于闸室沉降量较大，板桩端已插入坚实土层的情况；后者则适用于闸室沉降量小，板桩端未达到坚实土层的情况，如图4-22所示。

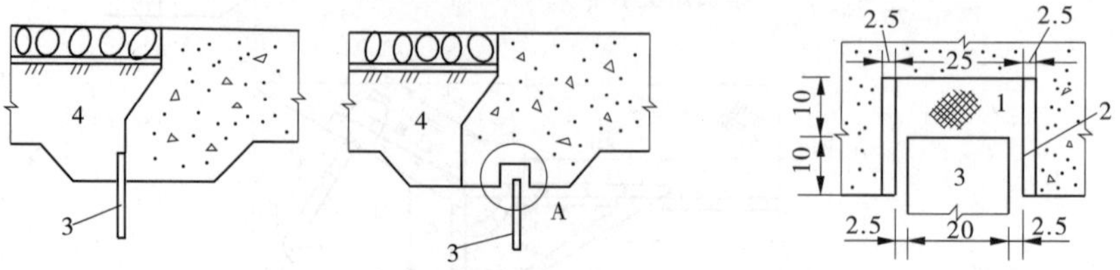

(a)顶部嵌入黏土　(b)顶部嵌入底板凹槽　(c)细部A

1—沥青；2—预制挡板；3—板桩；4—铺盖

图4-22　板桩与闸底板的连接形式（单位：cm）

3.齿墙

闸底板的上、下游端一般都设有浅齿墙，它可增加闸室的抗滑稳定性，又可增加闸底板的横向刚度，还可延长渗径，起到防渗作用。齿墙深度一般为0.5～1.5 m。

（二）排水设施

水闸排水设施的作用是将闸基中的渗水排向下游，以减小闸底板的渗透压力，增加闸室的稳定性。多采用平铺式排水层，即采用直径为1～2 cm的卵石、砾石或碎石等平铺在护坦及排水孔的下面，或伸入底板下游齿墙稍前方，厚0.2～0.3 m。为防止渗透变形，应在排水与地基接触处（即渗流出口附近）设反滤层。为使排水层与下游畅通，在消力池护坦上应设排水孔。

八、闸室稳定与地基处理

水闸多建在土基上。水闸竣工时地基所受的压力最大，沉降也较大。但过大的不均匀沉降，会使闸室倾斜，影响水闸的正常运行。当地基承受的荷载过大，超过其容许承载力时，将使地基发生剪切破坏而失稳。在运用期间，因受水平水压力的作用，水闸有可能沿地基面或深层产生滑动。因此，为了确保闸室安全稳定，在水闸设计时，必须要对水闸在施工、运行、检修等各个时期的稳定性进行验算，验算方法可参见有关文献和规范。

根据工程实践，当黏性土地基的标准贯入击数大于5、砂性土地基的标准贯入击数大于8时，闸基的承载能力和稳定性一般能满足要求，不需要进行处理可直接在天然地基上建闸。但对淤泥质土、高压缩性黏土和松砂所组成的软弱地基，则需处理。常用的软土地基处理方法有换土垫层法、桩基础法、沉井法、高压旋喷法等。

（一）换土垫层法

换土垫层法是工程上广泛采用的一种地基处理方法，适用于软弱黏性土（包括淤泥质土）。当软土层位于闸基面附近，且厚度较薄时，可全部挖除。如软土层较厚不宜全部挖除，可采用换土垫层法处理，将基础下的表层软土挖除，换以砂性土，水闸即建在新换的土基上。

砂垫层的主要作用是:①通过垫层的应力扩散作用,减小软土层所受的附加应力,提高地基的稳定性;②减小地基沉降量;③铺设在软黏土上的砂层,具有良好的排水作用,有利于软土地基加速固结。

垫层的厚度一般为1.5～3.0 m。垫层的宽度,通常选用建筑物基底压力扩散至垫层的宽度再加2～3 m。垫层材料以采用中壤土最为适宜,含砾黏土以及级配良好的中砂、粗砂也可以,由于粉砂和细砂容易"液化",不宜作为垫层材料。

(二)桩基础法

桩基础法是一种比较常用的地基处理方法,有较多的实践经验,是在地基中打桩或钻孔灌注钢筋混凝土桩,在桩顶上设承台以支承上部结构。

桩基按其受力形式不同可分为支承桩和摩擦桩两种。支承桩能穿过软土层支承在坚硬岩石或密实土层上,桩上荷载主要由岩石或密实土层承担。摩擦桩则由桩周摩擦阻力和桩底支承力共同承担上部荷载。水闸的桩基一般采用摩擦桩,以保证闸基防渗安全。桩基可以大大提高地基的承载力,故采用桩基的闸室可以采用分离式底板。

桩基按其形成方式不同可分为混凝土预制桩和钻孔灌注桩两种。混凝土预制桩是先在工厂或现场预制成桩后,再根据需要将其打入设计深度,直径一般为0.25～0.55 m。钻孔灌注桩是在地基内先钻孔架筋,然后在现场浇筑形成桩,直径一般为0.6～1.5 m。相对预制桩而言,钻孔灌注桩的施工机具简单,工期较短,承载能力较大。

(三)沉井法

沉井基础与桩基础同属深基础,也是工程上广为采用的一种地基处理方法。沉井是一筒状结构物,可以用浆砌块石、混凝土或钢筋混凝土筑成。施工时一般就地分节砌筑或浇筑制成沉井,然后在井孔内挖土(水力冲挖),这时沉井在自重下克服井外土的摩阻力和刃脚下土的阻力而下沉,当下沉至设计高程后,在井孔内用混凝土封底(也可不封底)即成沉井基础。

当地基存在承压水层,且影响地基抗渗稳定性时,不宜采用沉井基础。

(四)高压旋喷法

高压旋喷法是用钻机以射水法钻进至设计高程,然后由安装在钻杆下端的特殊喷嘴把高压水、压缩空气和水泥浆或其他化学浆液高速喷出,搅动土体,同时钻杆边旋转边提升,使土体与浆液混合,形成柱桩,达到加固地基的目的。旋喷法可用于加固黏性土地基及砂性土地基,也可用作砂卵石层的防渗帷幕,适用范围较广。

此外,还有预压加固法、挤密砂桩法等地基处理方法。近年来,随着科学技术的发展,不断提出了新的地基处理方法,如振冲砂(碎石)桩法、强夯法、真空预压法、硅化法、电渗法等。

九、水闸的两岸连接建筑物

水闸与河岸或堤坝等连接时,必须设置连接建筑物,包括边墩或岸墙和上、下游翼墙,有时还设有防渗刺墙。两岸连接建筑物的作用是:

(1)挡住两侧填土,维持土坝及两岸的稳定。

(2)当水闸泄水或引水时,上游翼墙主要用于引导水流平顺进闸,下游翼墙使出闸水流均匀扩散,减少冲刷。

(3)保持两岸或土坝边坡不受过闸水流的冲刷。

(4)控制通过闸身两侧的渗流,防止与其相连的岸坡或土坝产生渗透变形。

(5)在软弱地基上设有独立岸墙时,可以减少地基沉降对闸身应力的影响。

在水闸工程中,两岸连接建筑物在整个工程中所占比重较大,有时可达工程总造价的15%～40%,且闸孔愈少所占比重愈大。

(一)闸室与两岸的连接型式

水闸闸室与两岸(或堤、坝等)的连接型式主要与地基及闸身高度有关。当地基较好,闸身高度不大时,可用边墩直接与河岸连接,如图4-23(a)～(d)所示。

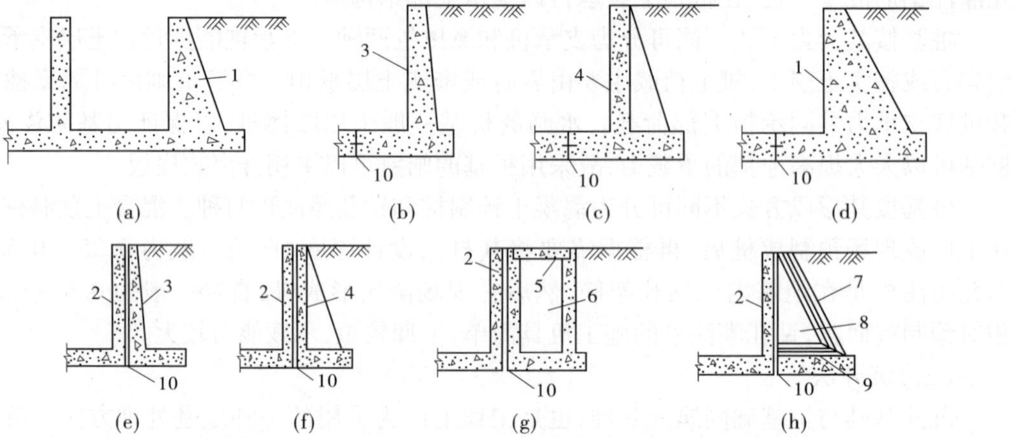

1—重力式边墩;2—边墩;3—悬臂式边墩或岸墙;4—扶壁式边墩或岸墙;
5—顶板;6—空箱式岸墙;7—连拱板;8—连拱式空箱支墩;9—连拱底板;10—沉降缝

图4-23 闸室与两岸或土坡的连接型式

在闸身较高、地基软弱的条件下,若仍采用边墩直接挡土,则由于边墩与闸身地基的荷载相差悬殊,可能产生不均匀沉降,影响闸门启闭,并在底板内产生较大的内力。此时,可在边墩外侧设置轻型岸墙,由岸墙承担全部土压力,而边墩只起支承闸门及上部结构的作用,如图4-23(e)～(h)所示。

(二)上、下游翼墙

上游翼墙的作用是引导水流平顺地进入闸孔,挡住两侧回填土,并起侧向防渗和防冲作用,应与闸室两端平顺连接,其顺水流方向的投影长度应大于或等于铺盖长度。

下游翼墙的作用是引导水流均匀扩散,与下游平顺连接,其扩散角每侧宜采用7°～12°,顺水流方向的投影长度大于或等于消力池长度。

1.*反翼墙*

翼墙自闸室向上、下游延伸一段距离,然后转弯90°插入堤岸,墙面铅直,转弯半径为2～5 m,如图4-24所示。这种布置型式的防渗效果和水流条件均较好,但工程量较大,一般适用于大中型水闸。对于渠系小型水闸,为节省工程量可采用一字形布置型式,即翼墙自闸室边墩上下游端垂直

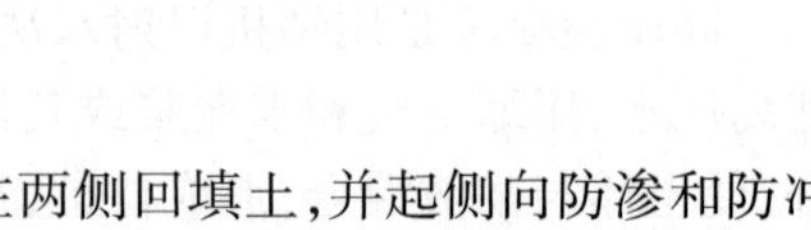

图4-24 反翼墙

插入堤岸。

2. 圆弧式翼墙

这种布置是从边墩开始，向上、下游用圆弧形的铅直翼墙与河岸连接。上游圆弧半径为 15 ~ 30 m，下游圆弧半径为 30 ~ 40 m，如图 4-25 所示。其优点是水流条件好，但模板用量大，施工复杂。适用于上下游水位差及单宽流量较大、闸室较高、地基承载力较低的大中型水闸。

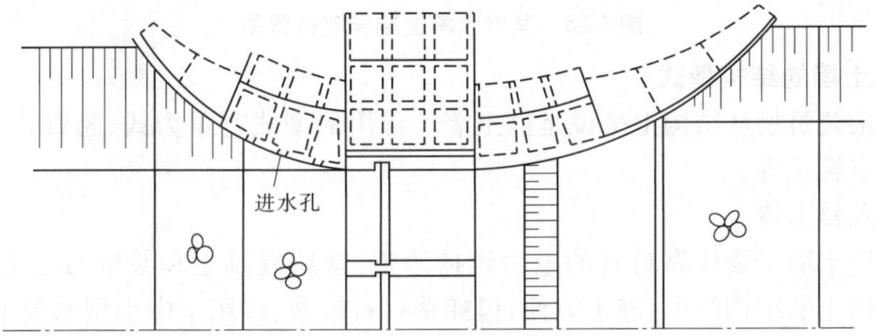

图 4-25 圆弧式翼墙

3. 扭曲面翼墙

翼墙迎水面与闸墩连接处为铅直面，向上、下游延伸而逐渐变为倾斜面，直至与其连接的河岸（或渠道）的坡度相同为止，如图 4-26 所示。翼墙在闸室端为重力式挡土墙断面形式，另一端为护坡形式。这种布置形式的水流条件好，且工程量小，但施工较为复杂，应保证墙后填土的夯实质量，否则容易断裂。这种布置形式在渠系工程中应用较广。

4. 斜降翼墙

在平面上呈八字形，随着翼墙向上、下游延伸，其高度逐渐降低，至末端与河底齐平，如图 4-27 所示。这种布置的优点是工程量省，施工简单，但防渗条件差，泄流时闸孔附近易产生立轴漩涡，冲刷河岸或坝坡，一般用于较小水头的小型水闸。

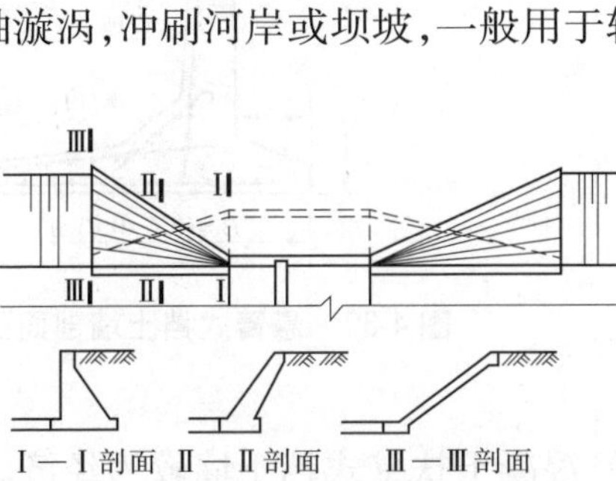

图 4-26 扭曲面翼墙

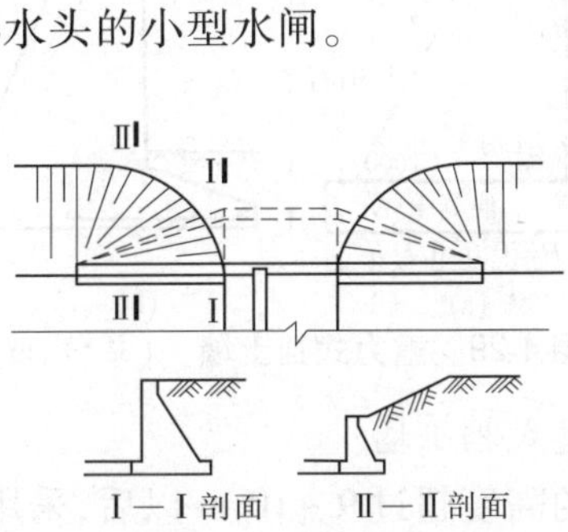

图 4-27 斜降翼墙

5. 导水墙

建于大江、大河等宽阔河道上的水闸，由于经济和运用要求等方面的原因，其闸室宽度往往远小于河道宽度。闸室一侧和两侧要与土石坝或其他建筑物相连接。这种情况下，为了保证水流能平顺进出闸室，减少横向水流的影响，可在边墩上游独立设置导墙（堤）。导水墙宜采用混凝土或浆砌石，迎水面铅直，采用曲线或直线布置，水流条件好，如图 4-28 所示。

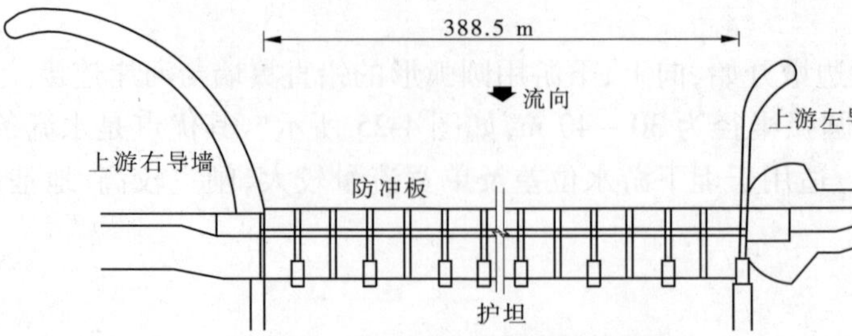

图 4-28　某泄水闸上游导墙布置图

（三）挡土墙的结构型式

两岸连接建筑物从结构上来说是挡土墙。常用的型式有重力式、悬臂式、扶壁式、空箱式及连拱空箱式等。

1. 重力式挡土墙

重力式挡土墙主要依靠自身的重力维持稳定，常用混凝土和浆砌石建造，如图 4-29 所示。这种挡土墙结构简单，施工方便，但耗费材料较多，多用于中小型水闸工程，墙高一般不宜超过 5 ~ 6 m。

2. 悬臂式挡土墙

悬臂式挡土墙是由直墙和底板组成的一种钢筋混凝土轻型挡土结构，如图 4-30 所示。这种翼墙主要是利用底板上的填土维持稳定，其适宜高度为 6 ~ 10 m，具有厚度小、自重轻等优点。用作翼墙时，断面为倒 T 形；用做岸墙时，则为 L 形。

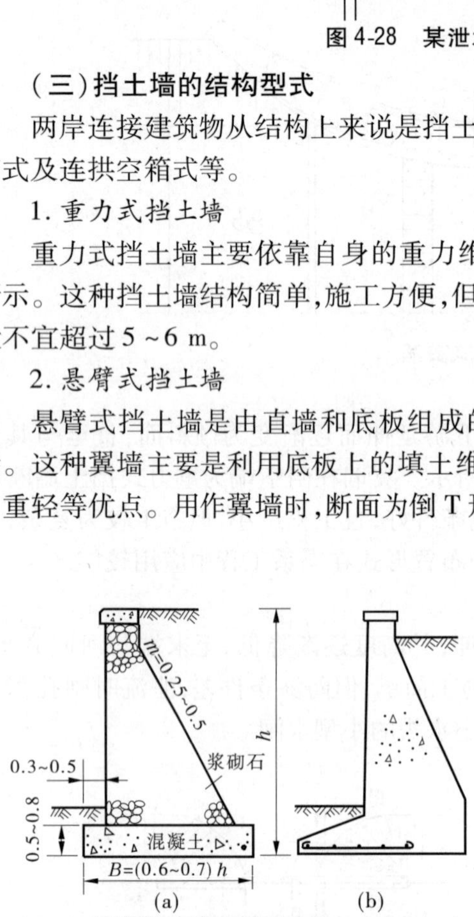

图 4-29　重力式挡土墙　（单位：m）

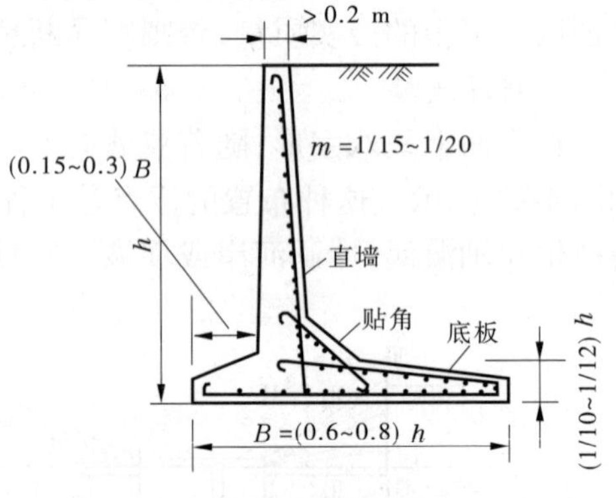

图 4-30　悬臂式挡土墙剖面图

3. 扶壁式挡土墙

当墙的高度超过 9 ~ 10 m 以后，采用钢筋混凝土扶壁式挡土墙较为经济。扶壁式挡土墙由直墙、底板及扶壁三部分组成，如图 4-31 所示。利用扶壁和直墙共同挡土，并可利用底板上的填土维持稳定，当改变底板长度时，可以调整合力作用点位置，使地基反力趋于均匀。

4. 空箱式挡土墙

空箱式挡土墙由底板、前墙、后墙、扶壁、顶板和隔板等组成，如图 4-32 所示。挡土墙是利用前后墙之间形成的空箱充水或填土作用调整地基应力，具有重力小和地基应力分

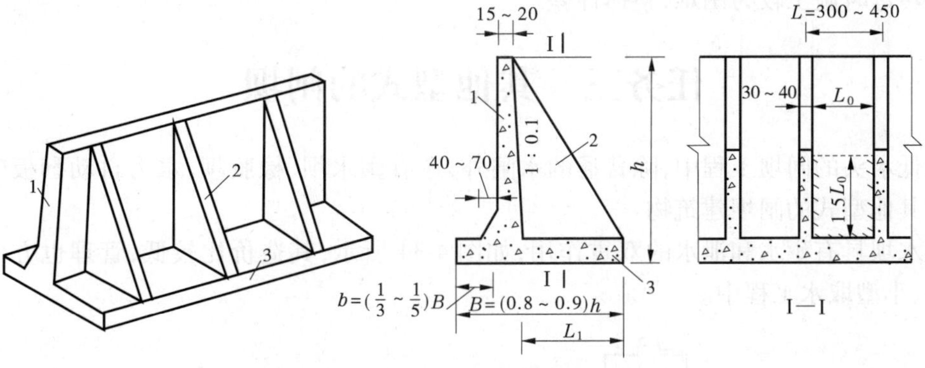

1—直墙；2—扶壁；3—底板

图 4-31　扶壁式挡土墙　（单位：cm）

布均匀的优点，但其结构复杂，需用较多的钢筋和木材，造价较高，施工麻烦。仅在某些地基松软的大中型水闸中使用。

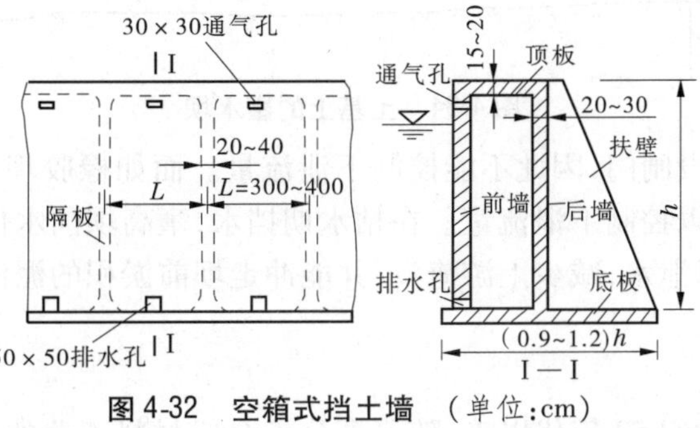

图 4-32　空箱式挡土墙　（单位：cm）

5. 连拱空箱式挡土墙

连拱空箱式挡土墙也是空箱式挡土墙的一种型式，它由底板、前墙、隔墙和拱圈组成，如图 4-33 所示。前墙和隔墙多采用浆砌石结构，底板和拱圈一般为混凝土结构。连拱空箱式挡土墙的优点是钢筋省、造价低、重力小，适用于软土地基。缺点是挡土墙在平面布

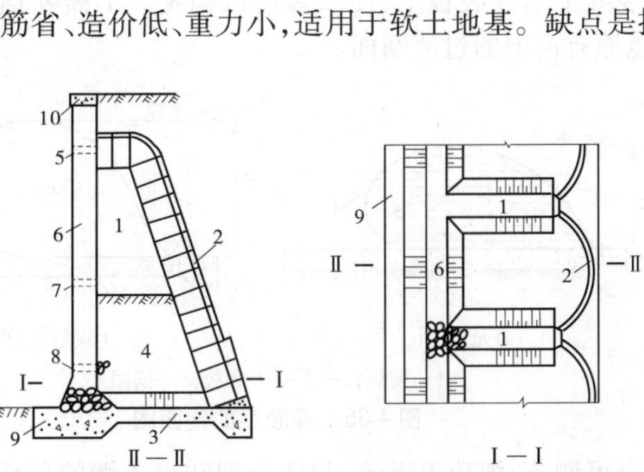

1—隔墙；2—预制混凝土拱圈；3—底板；4—填土；5—通气孔；6—前墙；
7—进水孔；8—排水孔；9—前趾；10—盖顶

图 4-33　连拱空箱式挡土墙

置上需转弯时施工较为困难，整体性差。

任务三　其他型式的闸坝

在低水头的闸坝工程中，除普通的水闸外，还有壅水坝、橡胶坝、水力自动翻板门、浮体闸等其他型式的闸坝建筑物。

壅水坝具有壅水和泄水的双重作用，如图4-34所示，其造价比较低，管理也方便，多建在中、小型取水工程中。

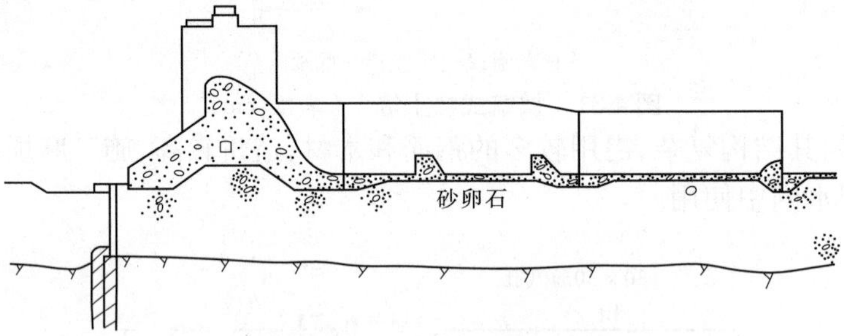

图4-34　土基上的壅水坝

壅水坝上一般不设闸门，因此不能控制下泄流量。而如橡胶坝、水力自动翻板门、浮体闸等活动式低坝可以控制下泄流量。在枯水期挡水，壅高坝前水位，使其满足取水所需水位高程；洪水期可以泄水，减少上游淹没，并能冲走坝前淤积的泥沙。

一、橡胶坝

橡胶坝是自20世纪50年代以来，随着高分子合成材料工业的发展而出现的一种新型水工建筑物，是用胶布按照设计规定的尺寸，锚固于底板上成封闭状坝袋，用水或气充胀形成的袋式挡水坝，如图4-35所示。坝袋充水（或气）后，作用在坝体上的水压力通过锚固螺栓传递到混凝土基础底板上，使坝袋得以稳定。不需要挡水时，放空坝袋内的水（或气），便可恢复原有河渠的过流断面。

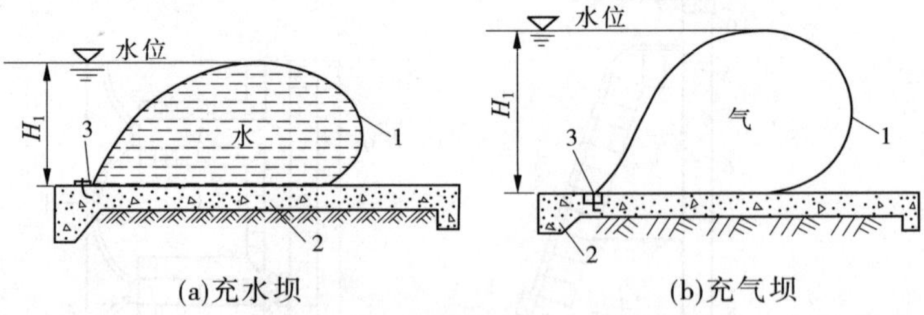

1—坝袋；2—混凝土底板；3—锚固

图4-35　橡胶坝的剖面图

橡胶坝的坝高可调节，坝顶可溢流，起活动坝和溢流堰的作用，其运用条件与水闸相似，可用于防洪、灌溉、发电、供水、航运、挡潮、地下水回灌以及城市园林美化等工程中。

(一)橡胶坝的特点

与常规闸坝相比,橡胶坝有以下特点:

(1)结构简单,节省三材,造价低。橡胶坝坝袋是以橡胶和作为受力骨架的合成纤维织物等制成的薄壁柔性结构,代替钢、木及钢筋混凝土结构。由于不需要修建中间闸墩、工作桥和安装启闭机具等钢和钢筋混凝土水上结构,并简化水下结构,因此三材用量显著减少,一般可省钢材30%~50%、水泥50%左右、木材60%以上,从而可大大节省工程投资。橡胶坝的造价与同规模的常规闸坝相比,一般可减少投资30%~70%,这是橡胶坝的突出优点。

(2)施工期短。橡胶坝的坝袋是先在工厂加工制造,然后运到现场安装,施工工艺简单。因此,施工速度快,工期一般为3~6个月。多数橡胶坝工程可做到当年施工,当年受益。

(3)抗震性能好。橡胶坝的坝体为柔性薄壳结构,富有弹性,延伸率可达600%,具有以柔克刚的性能,故能抵抗强大地震波和特大洪水的波浪冲击。

(4)不阻水,止水效果好。坝袋锚固于底板和岸墙上,基本能达到不漏水。坝袋内水泄空后,紧贴在底板上,不缩小原有河床断面,无须建中间闸墩、启闭机架等结构,故不阻水。

(5)管理方便,运行费用低。橡胶坝工程的挡水主体为充满水(或气)的坝袋,通过向坝袋内充排水(或气)来调节坝高的升降,控制系统仅为水泵(空压机)、阀门等,且制作坝袋的胶布平时几乎不需维修,简单可靠,管理方便。

(6)坚固性较差,易老化。坝袋多为5~20 mm厚的胶布制品,其耐磨和坚固性较差,易受机械损伤,所以在运输、安装和运用中要注意维护,避免尖锐物等的刺伤。制造坝袋的材料是合成高分子聚合物,在日光、大气和水的作用下,会引起高分子材料组成和结构的破坏,使其逐步失去原有的优良性能,以致强度和弹性都将逐渐降低,最后丧失其使用价值。但随着科技的进步,必能开发出使用寿命更长的橡胶坝坝袋。

(二)橡胶坝的型式

1.按充胀介质分类

橡胶坝按充胀介质可分为充水式和充气式两种。

充水橡胶坝能承受较大的溢流水深,在坝顶溢流时袋形比较稳定,过水均匀,对下游冲刷较小,坝袋拉力小,密封性要求低。但在寒冷地区,坝袋内有结冰的危险,且充排水时间较长。

充气橡胶坝在寒冷地区坝袋内没有冰冻问题,充排气时间较短。但抗溢流振动能力差,在坝顶溢流时易出现凹口现象,水流集中,对下游河道冲刷较强,且密封性要求高。

2.按结构型式分类

橡胶坝按岸墙的结构型式可分为直墙式和斜坡式。

直墙式橡胶坝的所有锚固均在底板上,橡胶坝坝袋采用堵头式,坝袋不和直墙锚固,利用堵头与直墙的挤压达到止水的目的,如图4-36所示。这种型式结构简单,适应面广,

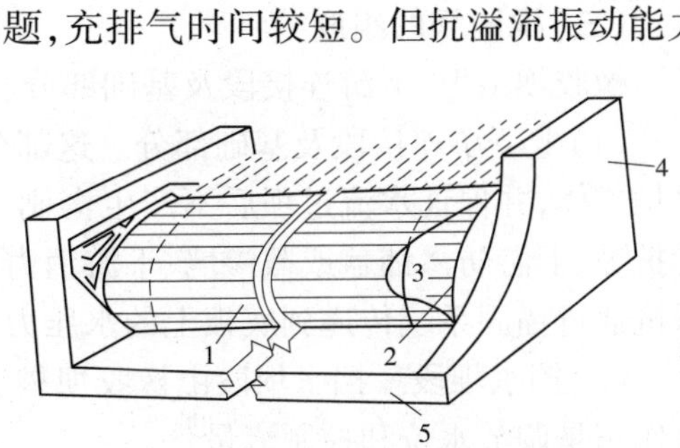

1—坝袋;2—堵头袋;3—粘接线;4—直墙;5—底板

图4-36 堵头式坝袋示意图

但充坝时在坝袋和岸墙结合部位出现坍肩现象，引起局部溢流，这就要求坝袋和岸墙结合部位尽可能光滑。

斜坡式橡胶坝的端部锚固在岸坡上，这种型式的坝袋在岸墙和底板的连接处易形成褶皱，在护坡式的河道中，与上下游的连接容易处理，如图 4-37 所示。

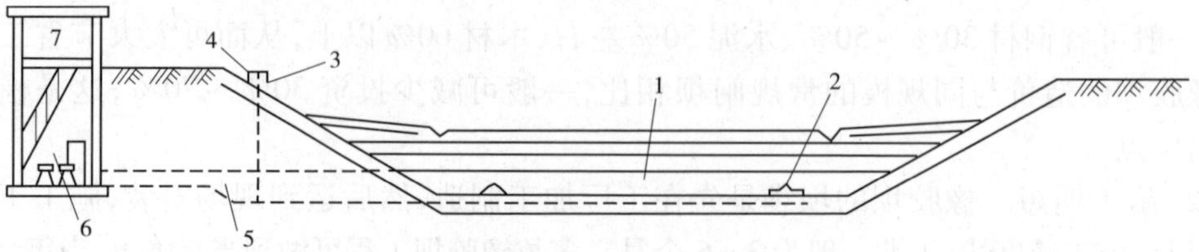

1—坝袋；2—堵头袋；3—粘接线；4—直墙；5—底板；6—泵房；7—操作室

图 4-37　斜坡式橡胶坝

3. 按锚固线的布置方式分类

橡胶坝按锚固线的布置方式可分单线锚固和双线锚固两种，如图 4-38 所示。

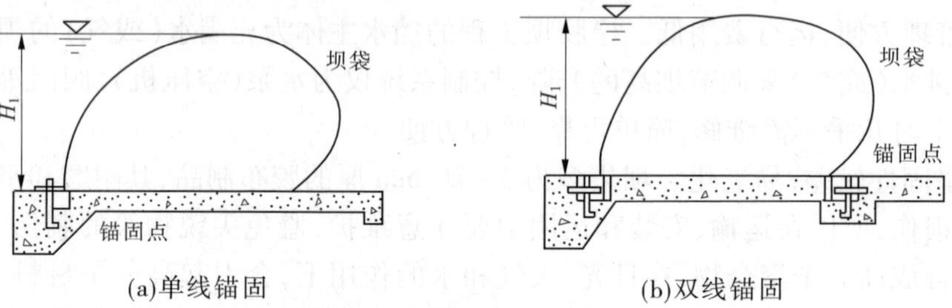

图 4-38　橡胶坝的锚固方式

单线锚固只在坝袋上游侧布置一条锚固线。这种锚固的锚线短，锚固件少，坝袋胶布用量较多，低坝和充气坝采用较多。

双线锚固是在坝袋贴地部分的上下游两侧布设锚固线。这种锚固的锚线长，锚固件多，安装工作量大，相应地处理密封的工作量也大，但由于其四周锚固，坝袋可动范围小，对坝袋防振防磨损有利。在感潮河段区，由于河水位和海水位经常变动，可采用对称双线布置。对有双向挡水任务的橡胶坝，宜采用双线锚固布置。

（三）橡胶坝的组成

橡胶坝由上、下游连接段及基础部分、挡水坝段和控制系统等组成，如图 4-39 所示。

（1）上下游连接段及基础部分。这部分的作用是将上游水流平稳而均匀地引入并通过坝袋体，并保证水流过坝后不产生淘刷。包括基础底板、边墩（墙）、上下游翼墙、上下游护坡、上游防渗铺盖或截渗墙、下游消力池、海漫等。固定橡胶坝坝袋的基础底板要能抵抗通过锚固系统传递到底板上的水压力，维持坝体的稳定。

（2）挡水坝段。挡水坝段由橡胶坝袋、底垫片、锚固系统、充排水管和坝基等组成，主要作用是调节水位和控制流量。

（3）控制及观测系统。控制系统的主要作用是控制橡胶坝的高度，由水泵（鼓风机或空压机）、机电设备、传感器、管道和阀门等组成。水泵、机电设备和阀门一般都布置在专门的水泵房内，如图4-40所示。

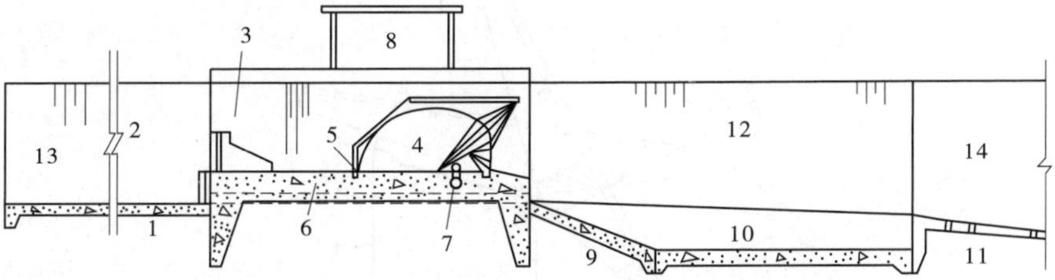

1—铺盖；2—上游翼墙；3—岸墙；4—坝袋；5—锚固；6—基础底板；7—充排管路；8—操作室；9—斜坡段；10—消力池；11—海漫；12—下游翼墙；13—上游护坡；14—下游护坡

图4-39　橡胶坝纵剖面图

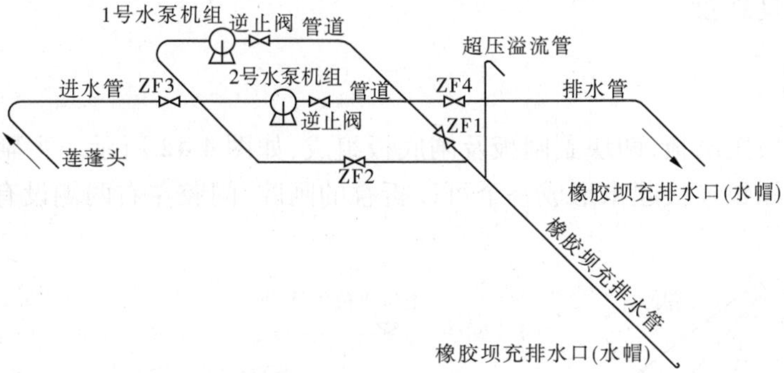

图4-40　橡胶坝充排水系统

（四）坝袋的材料

制作坝袋的主要材料是橡胶和帆布。橡胶的作用是防止漏水（或气）、防磨、保护和连接各层帆布共同受力。帆布是橡胶坝的主要承载体，对保持橡胶坝的形状、尺寸稳定性、安全和耐久性起着决定性作用。

坝袋是在帆布上浸胶、贴胶、硫化，做成单幅胶布，而后将一幅幅胶布接宽，按需要的尺寸拼成坝袋。胶布根据坝的高度不同，可以做成单层胶布（一布二胶）、双层胶布（二布三胶）和三层胶布（三布四胶），采用最多的是双层胶布。一般情况下，夹层胶厚0.3～0.5 mm，内层覆盖胶厚应大于2.0 mm，外层覆盖胶厚应大于2.5 mm。目前，在我国坝袋用的胶布采用锦纶浸胶帆布。

二、自动翻板闸门

自动翻板闸门是在水力和自重的作用下能够自行启闭的一种新型闸门，主要由闸门、转动铰、支墩和底板组成，如图4-41所示。在正常情况下，闸门挡水维持正常水位。当洪水来临时，随着闸前水位的升高，在闸门板所受水压力的作用下，闸门可以自动翻转成水平状态，使洪水迅速下泄。当洪水过后，闸前水位的降低，闸门在自重力的作用下自动恢复初始状态挡水。

自动翻板闸门结构简单，施工简易，造价低，抗震性能好，且无须专人管理。但其缺点

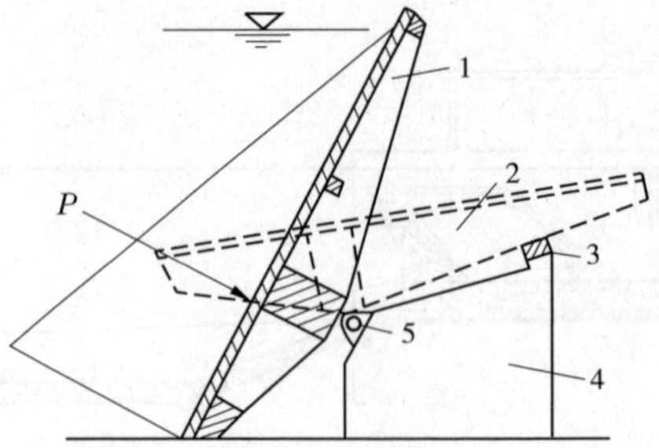

1—关门位置；2—开门位置；3—缓冲垫；4—门墩；5—支铰

图 4-41　自动翻板闸门

是只能在少数水位组合下动作，不能任意调节水位和流量；泄水时闸门叶容易发生磨损、撞击和振动等不良现象。

三、浮体闸

浮体闸由一块主闸板、两块副闸板及闸底板组成，如图 4-42 所示。主副闸板之间、闸板与闸底板之间用铰连接起来形成一个可以折叠的闸腔，闸腔左右两侧设有橡胶止水。

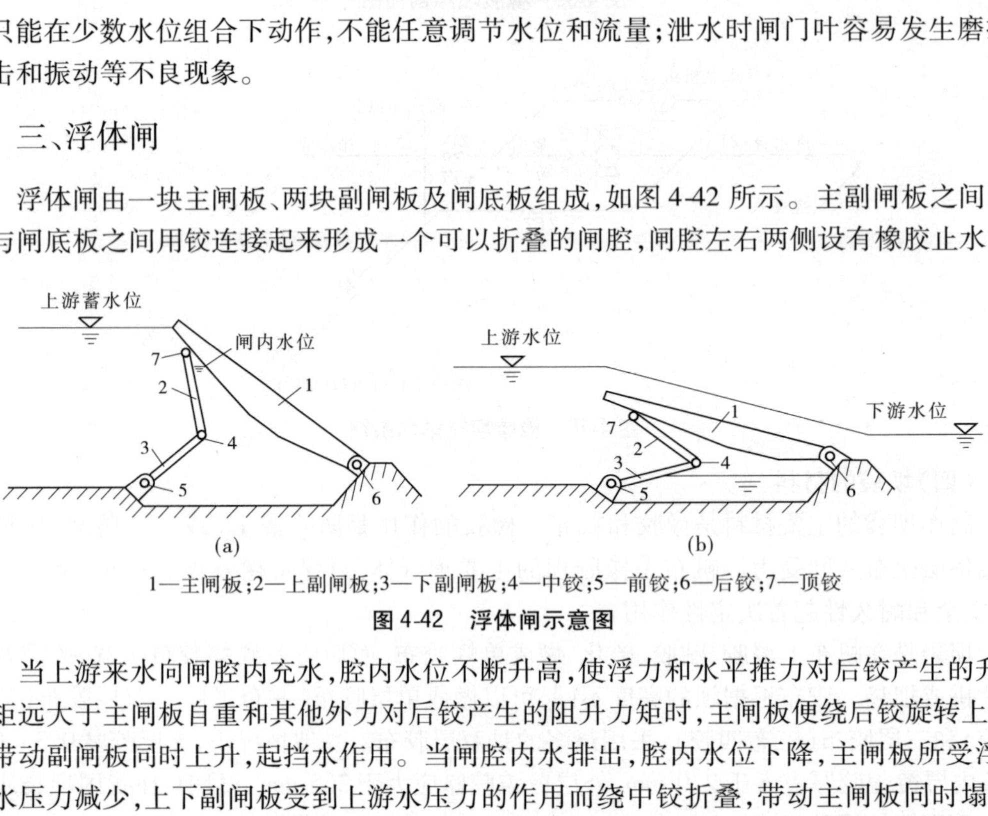

1—主闸板；2—上副闸板；3—下副闸板；4—中铰；5—前铰；6—后铰；7—顶铰

图 4-42　浮体闸示意图

当上游来水向闸腔内充水，腔内水位不断升高，使浮力和水平推力对后铰产生的升闸力矩远大于主闸板自重和其他外力对后铰产生的阻升力矩时，主闸板便绕后铰旋转上升，并带动副闸板同时上升，起挡水作用。当闸腔内水排出，腔内水位下降，主闸板所受浮力和水压力减少，上下副闸板受到上游水压力的作用而绕中铰折叠，带动主闸板同时塌落，便可泄水。当闸体卧伏在河床上时，可恢复上下游的航运和放木筏等交通。因此，可以通过腔内水位的高低，使主闸板稳定在某个位置，从而使河水有计划地经闸顶排泄，达到调节水位的目的。

任务四　水泵与泵站

一、水泵的类型及工作原理

泵是一种能量转换的机械，是把动力机的机械能转换为所抽送液体的能量（位能、压能、动能)的机械。用来抽水的泵称为水泵。

(一)水泵的类型及工作原理

水泵的品种繁多,结构各异,按工作原理可分为下列几种。

1. 叶片泵

1)离心泵

离心泵由叶轮、泵轴、泵体等零件组成。叶轮的中心对着进水口,进、出水管路分别与水泵进、出水口连接。离心泵在启动前应充水排气,当电动机通过泵轴带动叶轮高速旋转时,叶轮中的水由于受到离心力的作用,由叶轮中心甩向叶轮外缘,并汇集到泵体内,获得势能和动能的水在泵体内被导向出水口,沿出水管输送至出水池。与此同时,叶轮进口处产生真空。而作用于进水池水面的压强为大气压强,进水池中的水便在此压强差的作用下,通过进水管吸入叶轮。叶轮不停地旋转,水就源源不断地被甩出和吸入,这就是离心泵的工作原理。

离心泵的类型很多,且有不同的分类方法。按泵轴上叶轮的个数可分为单级(如图4-43所示)和多级;按吸入方式可分为单吸和双吸(叶轮仅一侧有吸入口的称单吸,叶轮两侧都有吸入口的称双吸);按泵轴方向可分为卧式、立式和斜式;按是否需要充水排气可分为普通离心泵和自吸离心泵。

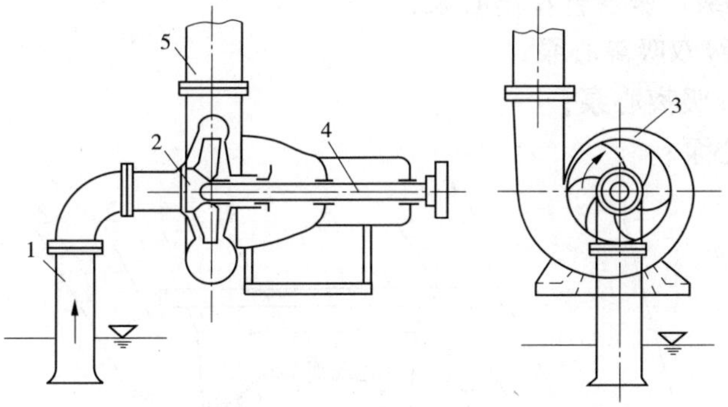

1—进水管;2—叶轮;3—泵体;4—泵轴;5—出水管

图4-43　单级单吸离心泵工作原理示意图

2)轴流泵

轴流泵由叶轮、泵轴、喇叭管、导叶和出水弯管等组成。因水流进出叶轮的方向都是轴向而得名。轴流泵的工作是靠翼形叶片高速旋转产生的推力来提升水流。

轴流泵按其转轴的位置不同,可以分为立式、卧式和斜式三种,大流量轴流泵多为立式,如图4-44所示。

3)混流泵

混流泵中液体的出流方向介于离心泵与轴流泵之间,所以叶轮旋转时,液体受惯性离心力和推力共同作用。

混流泵按结构型式可分为蜗壳式和导叶式两种,还有卧式和立式之分,如图4-45、图4-46所示。

2.容积式泵

容积式泵是靠工作室容积的周期性变化来输送液体的。可分为往复泵和回转泵两种。往复泵利用柱塞在泵缸内作往复运动来改变工作室的容积而输送液体，例如拉杆式活塞泵靠拉杆带动活塞作往复运动进行提水。回转泵是利用转子作回转运动来输送液体的。单螺杆泵是利用单螺杆旋转时，与泵体啮合空间（工作室）的周期性变化来输送液体的。

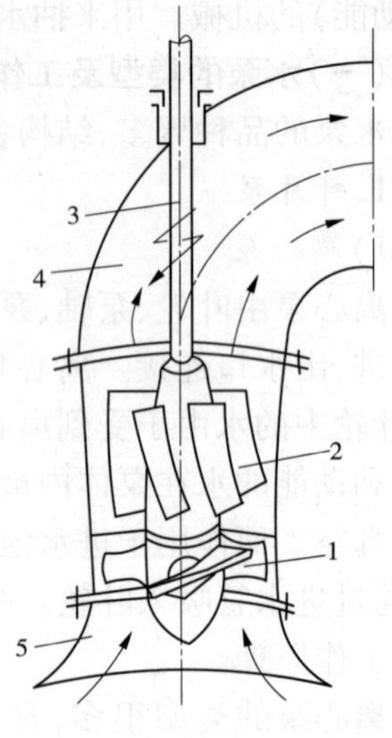

1—叶轮；2—导叶；3—泵轴；4—出水弯管；5—喇叭管

图4-44　立式轴流泵基本构造简图

3.其他类型泵

叶片式泵和容积式泵以外的特殊泵型称为其他类型泵。在灌排泵站中有射流泵、水锤泵、气升泵（又称空气扬水机）、螺旋泵、内燃泵、潜水泵、长轴井泵等。

（二）水泵的型号

国产水泵通常用汉语拼音字母表示泵的名称、型式及特征，用数字表示泵的主要尺寸和工作参数。

常见的水泵型号中汉字拼音意义如下：

BA——卧式单级单吸悬臂型离心泵；

Sh——卧式单级双吸离心泵；

SLA——立式双吸离心泵；

D——多级离心泵；

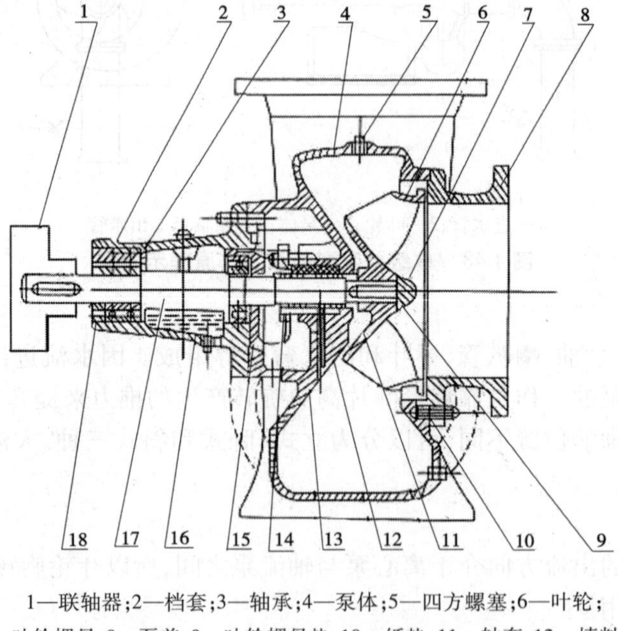

1—联轴器；2—档套；3—轴承；4—泵体；5—四方螺塞；6—叶轮；7—叶轮螺母；8—泵盖；9—叶轮螺母垫；10—纸垫；11—轴套；12—填料环；13—填料；14—填料压盖；15—前盖；16—轴承体；17—泵轴；18—后盖

图4-45　卧式蜗壳式混流泵结构图

Z(ZW)——卧式固定叶片轴流泵；

ZL——立式固定叶片轴流泵；

ZX——斜式固定叶片轴流泵；

ZB——卧式半调节叶片轴流泵；

ZLB——立式半调节叶片轴流泵；

ZXB——斜式半调节叶片轴流泵；

ZLQ——立式全调节叶片轴流泵；

HW——混流泵；

SD——深井泵；

JD——深井多级泵；

NQ——农用潜水泵。

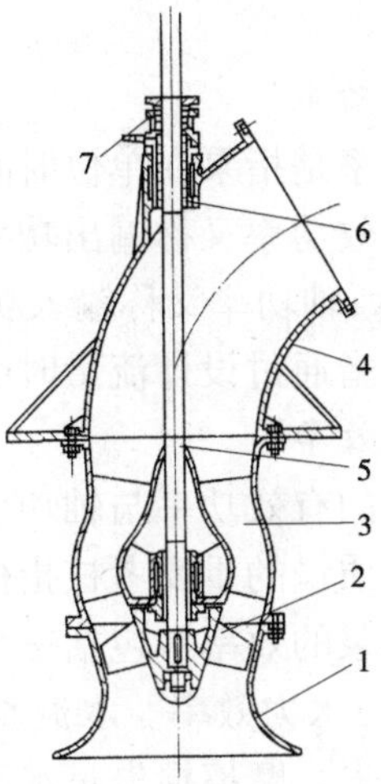

1—喇叭口；2—叶轮；3—导叶轮；
4—出水弯管；5—泵轴；
6—橡胶轴承；7—轴封装置

图 4-46　立式导叶式混流泵结构

了解水泵型号的含义，可以帮助我们看懂标于泵体上的“铭牌”，以及便于选择和使用水泵，现举例说明如下。

IS100－65－200：IS 表示单级单吸离心泵，100 表示吸入口直径为 100 mm，65 表示排出口直径为 65 mm，200 表示叶轮直径为 200 mm。

S500－59A：S 表示单级双吸离心泵，500 表示吸入口直径是 500 mm，59 表示水泵扬程是 59 m，A 表示水泵为第一次切割（B 表示水泵第二次切割）。

20Sh－6A：20 表示吸入口直径为 20 in，Sh 表示单级双吸离心泵，6 表示比转速的 1/10为 6，A 表示水泵为第一次切割。

DA80×5：DA 表示单吸多级离心泵，80 表示出水口直径为 80 mm，5 表示级数（即 5 个转轮）。

400HW－5：400 表示泵进口直径为 400 mm，HW 表示为蜗壳式混流泵，5 表示扬程为 5 m。

28ZLB－70：28 表示泵出口直径为 28 in，ZLB 表示为立式半调节轴流泵，70 表示比转速的 1/10 为 70。

二、水泵的性能参数及安装高程的确定

（一）水泵的性能参数

水泵性能参数包括流量、扬程、功率、效率、转速、允许吸上真空高度、必需气蚀余量等。

1. 流量

流量是指泵在单位时间内抽出的液体体积或质量，常用 Q 表示，单位为 m^3/s、L/s 或 t/h。水泵铭牌上所标出的流量是这台泵的设计流量，又称额定流量。泵在该流量下运行效率最高。

2. 扬程

扬程是指单位重量的水从泵进口到泵出口所增加的能量，用 H 表示，单位是 m。水泵铭牌上的扬程是该台水泵的设计扬程，是相应于水泵通过设计流量时的扬程，又称额定

扬程。

3. 功率

功率是指泵在单位时间内所做功的大小，单位是kW，包括有效功率和轴功率。

有效功率又称输出功率，是指泵传递给输出液体的功率，即液体实际获得的功率，用P_u表示；轴功率又称输入功率，是指动力机传递给泵轴的功率，用P表示。水泵铭牌上的功率是指通过设计流量时的轴功率，又称额定功率。

4. 效率

泵的有效功率与轴功率之比称为水泵的效率，它标志着水泵对能量的有效利用程度，是水泵质量的重要考核指标，用η表示。

水泵的效率常包括三个方面：

(1)水力效率。水流流经水泵的吸入室、叶轮、压出室时产生摩擦损失、局部损失和冲击损失。摩擦损失是水流与过流部件边壁间的摩擦阻力引起的损失；局部损失是水流在泵内由于水流运动速度大小与方向发生变化时引起的损失；冲击损失是泵在非设计工况下运行时水流在叶片入口处、出口处及压出室内引起的损失。水力损失的大小决定于过流部件的形状尺寸、壁面粗糙度和水泵的工作情况。水力损失越大，泵扬程越小。设未考虑泵内损失时的扬程为理论扬程H_T，则泵扬程与理论扬程之比，称为水力效率，用η_h表示。

(2)容积效率。水流流经叶轮之后，有一小部分高压水经过泵体内间隙(如减漏环)和轴向力平衡装置(如平衡孔、平衡盘)泄漏到叶轮的进口，以及从轴封处泄漏到泵外，因而消耗了一部分能量，即容积损失。漏损流量q的大小与泵的结构型式、比转速及泵的流量大小有关。在吸入口径相同的情况下，比转速大的泵漏损流量小。通过泵出口的流量为Q，通过泵进口的流量为$Q+q$，两者之比称为容积效率，用η_v表示。

(3)机械效率。叶轮在泵体内的液体中旋转时，叶轮盖板外表面与液体产生摩擦损失(轮盘损失)，泵轴转动时轴和轴封、轴承产生摩擦损失，克服这些摩擦消耗了一部分能量，即机械损失。从泵的输入功率中扣除机械损失后，叶轮传给水流的功率称水功率，用P_w表示，水功率与轴功率之比称机械效率，用η_w表示。

综上所述，泵的总效率η的公式，可变换成下列形式：

$$\eta = \eta_v \eta_h \eta_w \tag{4-1}$$

5. 转速

转速是指泵轴每分钟旋转的转数，用n表示，单位是r/min。铭牌上的转速是这台泵的设计转速，又称额定转速。

6. 允许吸上真空高度

吸上真空高度是指水泵进口处水流的绝对压力水头$p_s/\rho g$小于大气压力的值，即安装在水泵进口处真空表的读数，用H_s表示。水泵的允许吸上真空高度值越高，说明水泵的抗气蚀性能越好。

7. 气蚀余量

装置气蚀余量是指水泵吸水管路系统给予水泵进口处超过汽化压力水头的能量，其大小以换算到水泵基准面上的水柱高来表示，用$(NPSH)_a$表示。水流从泵进口流入叶轮至压力最低点产生不可避免的压力下降，当压力下降到该点工作温度下的饱和汽化压力时，则泵内发生气蚀，此时的气蚀余量称临界气蚀余量$(NPSH)_c$，通常采用试验方法确定。为了使泵不发生气蚀，泵进口处必须具有的超过饱和汽化压力水头的最小能量称为必需气蚀余量，用$(NPSH)_r$表示，为了保证水泵正常工作，常用临界气蚀余量加0.3 m安全量作为不产生气蚀所需要的最小气蚀余量，可从水泵$Q \sim (NPSH)_r$曲线或性能表上查得。在相同的流量和转速条件下，$(NPSH)_r$值越小，泵的抗气蚀性能越好。

（二）水泵的安装高程

水泵的基准面高程称水泵的安装高程，如图4-47所示。是根据与水泵工作点对应的气蚀性能参数以及进水池的水位来确定的。合理确定水泵的安装高程，既能保证水泵的正常运行、防止气蚀的发生，又能降低造价。

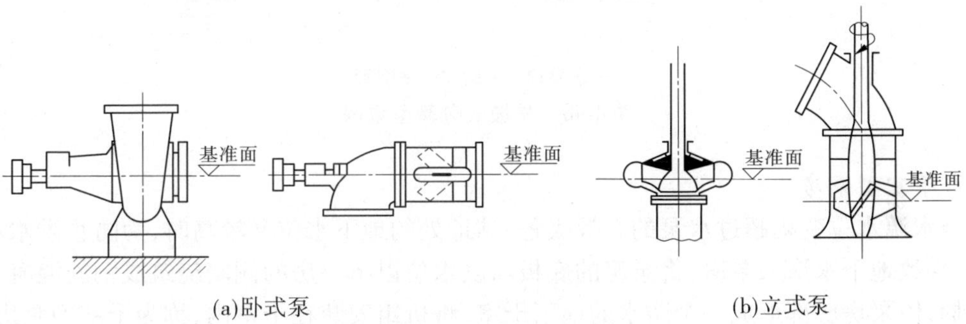

图4-47　水泵的安装高程

水泵的安装高程应为进水池最低运行水位加水泵的允许吸水高度$H_{允吸}$得到。$H_{允吸}$可由允许吸上真空高度或必需气蚀余量计算。

三、泵站工程

泵站工程是利用机电提水设备及其配套建筑物，给水流增加能量，以满足兴利除害要求的综合性工程。

泵站工程建筑物一般包括取水引水建筑物，进水建筑物，泵房，出水建筑物，还有专用变电站，工程管理用房，职工住房，内外交通、通信以及其他管理维护设施等，这些建筑物组成了泵站枢纽工程。它们的组合和布置形式取决于建站目的、水源特征以及站址地形、地质和水文地质等条件。

（一）泵房及其结构型式

泵房是安装主机组及其辅助设备的建筑物，是整个泵站的主体工程，其主要作用是为机电设备及工作人员提供良好的工作条件。合理地设计泵房，对降低泵站工程投资，延长设备的使用寿命，提高泵站的效率，保证整个泵站工程安全运行有着重要的意义。

泵房结构型式有移动式和固定式两大类。根据泵房采用的基础结构型式的不同，固定式泵房分为分基型、干室型、湿室型、块基型四种，移动式分为囤船型和缆车型。

1. 分基型泵房

分基型泵房的结构与单层工业厂房相似，主要特点是水泵机组的基础与泵房的基础分开建造，如图4-48所示。泵房的地板高于进水池水位，无水下结构，结构简单，施工方便，造价低廉，适用于单泵流量不大的卧式离心泵，且其水源水位变幅小于泵的有效吸上高度的情况。

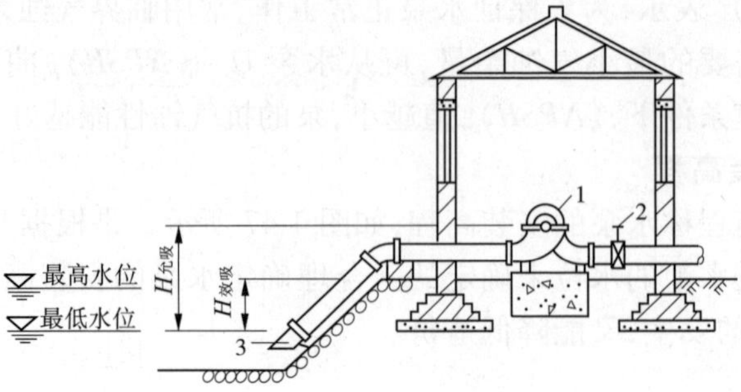

1—水泵；2—闸阀；3—平削管

图4-48　护坡式分基型泵房

2. 干室型泵房

当水源水位变幅超过水泵的有效吸程，站址处的地下水位又较高时，为防止洪水淹没泵房，导致地下水渗入泵房，将泵房的底板与洪水位以下泵房的侧墙浇筑成钢筋混凝土整体结构，使泵房底部形成一个防水的地下干室，将机组安装在干室内，称为干室型泵房，如图4-49所示。

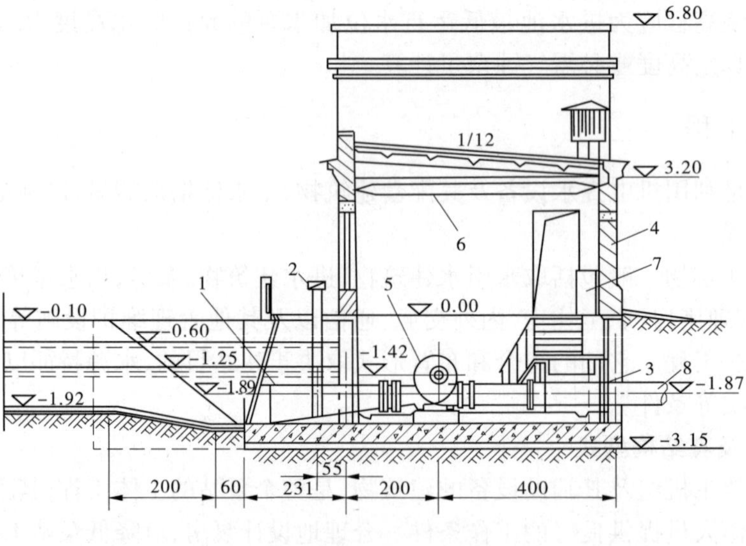

1—进水管；2—检修闸门；3—地下干室；4—地上结构；5—双吸水泵；6—吊车；7—控制柜；8—出水管

图4-49　干室型泵房　（单位：高程，m；尺寸，cm）

3. 湿室型泵房

随着进水池（或水源）水位变幅或地下水位的进一步加高，采用干室型泵房会使干室较深，不利于机组通风、采光、防潮。且干室要承受较大的浮托力，不利于泵房的稳定，故当水位变幅为2~5 m时,需采用立式水泵机组,或采用水泵淹没于水下的立式水泵机组,使泵房下部直接成为一个进水室,这就形成湿室型泵房,如图4-50所示。

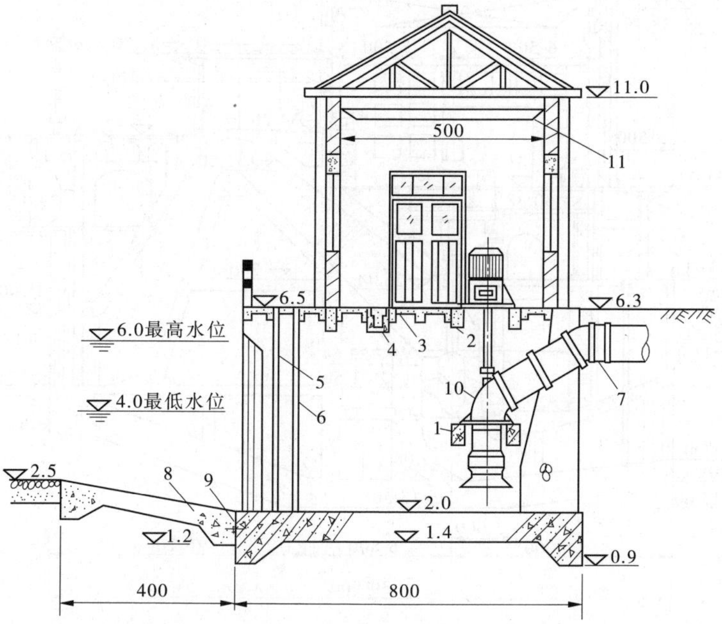

1—水泵梁;2—电机梁;3—楼板;4—电缆沟;5—拦污栅;6—闸门槽;7—柔性接头;8—防渗铺盖;9—水平止水;10—立式轴流泵;11—吊车

图4-50 墩墙式湿室型泵房 (单位:高程,m;尺寸,cm)

4. 块基型泵房

低扬程的大型泵站,随着单机流量的增大,进水管道的断面尺寸加大,要求水泵进水流态更加均匀。如果采用湿室型泵房,会增加泵房的挖方。为增大泵房的稳定性,常将泵的底板和水泵的进水流道用钢筋混凝土浇筑成一块整体,形成泵房的大块基础,此种结构型式的泵房称为块基型泵房,如图4-51所示。

(二)进出水建筑物

泵站进出水建筑物一般包括引渠、前池、进水池、出水管道和出水池等。

1. 前池

在有引渠的泵站中,前池是衔接引渠和进水池的建筑物。它的作用是:平顺地扩散水流,将水均匀地送至进水池,为水泵的运行提供良好的吸水条件;前池的容积能起到一定的调节作用,从而在水泵的流量突然发生改变时,减少引渠和前池的水位波动。前池的底部在平面上为梯形,其短边等于引渠底宽,长边等于进水池底宽。纵剖面为逐渐下降的斜坡,与进水池池底衔接。

前池按水流方向可分为正向进水前池(见图4-52)和侧向进水前池(见图4-53)。正向进水是指前池的来水方向和进水池的方向一致;侧向进水是指两者的水流方向成正交或斜交。

前池按池中有无隔墩,可分为有隔墩和无隔墩两种形式。

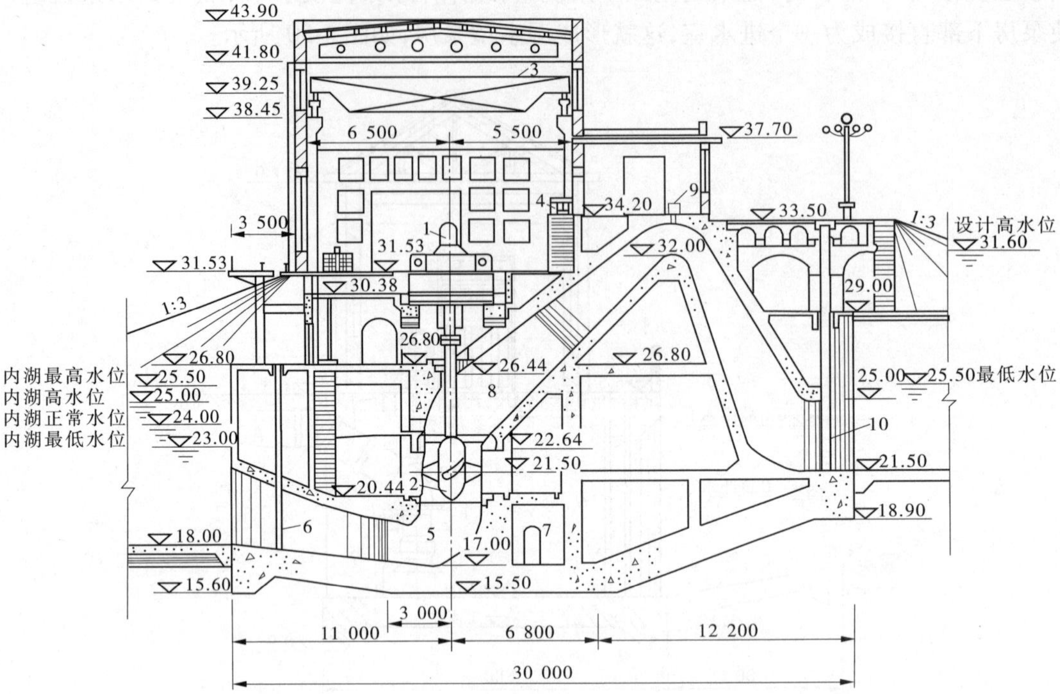

1—600 kW 主电动机；2—2 800 mm 主水泵；3—桥式吊车；4—高压开关柜；5—进水流道；6—检修闸门；7—排水廊道；8—出水流道；9—真空破坏阀；10—备用防洪闸门

图 4-51　堤身虹吸式块基型泵房　（单位：高程，m；尺寸，mm）

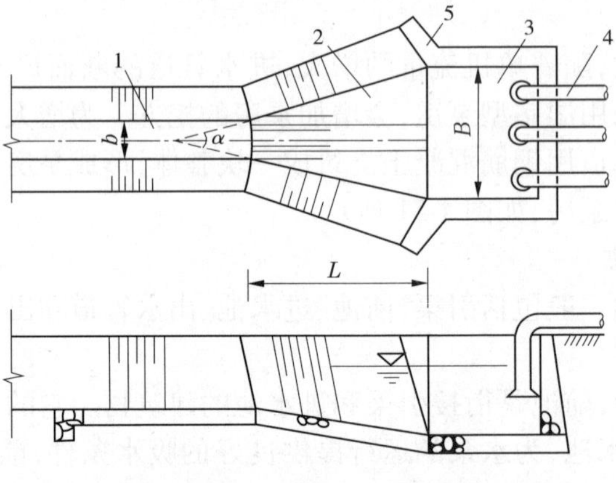

1—引渠；2—前池；3—进水池；4—进水管；5—翼墙

图 4-52　正向进水前池

2. 进水池

进水池是水泵或水泵进水管直接吸水的建筑物，一般布置在前池和泵房之间或泵房的下面（湿室泵房）。它的主要作用是为水泵的运行创造良好的进水条件。

进水池中的水流是由明渠水流向管流的过渡段。如果设计不当，易产生漩涡。当漩涡进入吸水管并被水泵叶片切割时，将使各叶片的负荷不均衡，从而影响水泵的性能，并

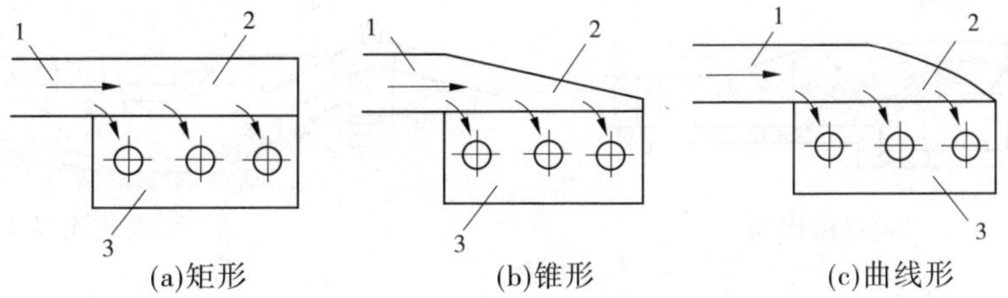

1—引渠;2—前池;3—进水池

图 4-53 侧向进水前池

使机组发生噪声和振动。

进水池的尺寸,应避免有害漩涡的产生,能量损失要小,水泵效率高,且工程量省。

3. 出水池

出水池是衔接出水管道与灌溉(或排水)干渠(或承泄区)的建筑物,用来汇集水泵出水管道的水流,并在池中消除出水管道水流的余能,使水流平顺地进入灌溉干渠或承泄区,以免冲刷渠道。

出水池根据出水和输水方向不同可分为正向、侧向和多向出水池,如图 4-54 所示。正向出水池是指管口出流方向和池中水流方向一致,由于出水流畅,因此在实际工程中采用较多。侧向出水池是指管口出流方向和池中水流方向正交或斜交,由于出流改变方向,水流交叉、掺混,流态紊乱,不便池渠衔接,所以一般只在地形条件受到限制的情况下采用。

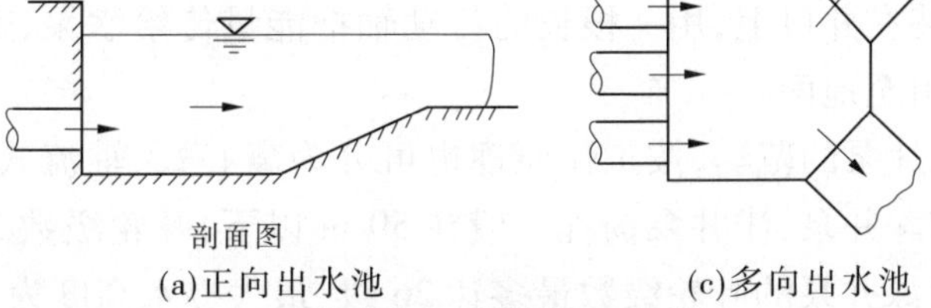

1—出水池;2—渐变段;3—干渠

图 4-54 出水池平面形式

根据出水管道出流方式不同可分为淹没出流和自由出流,如图 4-55 所示。淹没出流出水池指管道出口淹没在池中水面以下,管出口可以是水平的,也可以是倾斜的;自由出流,即管道出口位于出水池水面以上,这种出流方式浪费了高出出水池水面的那部分水头,减小了出水量,但由于施工、安装方便,停泵时又可防止池水倒流,所以多用于临时性或小型泵站中。

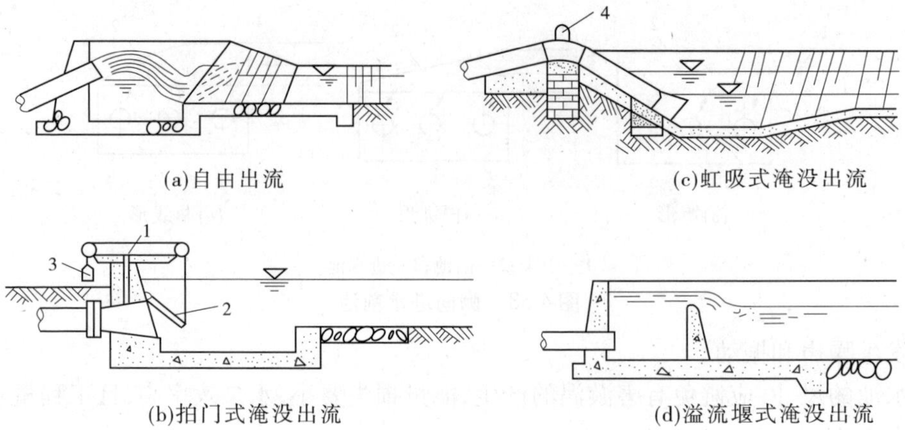

(a)自由出流　(c)虹吸式淹没出流

(b)拍门式淹没出流　(d)溢流堰式淹没出流

1—通气孔;2—拍门;3—平衡锤;4—真空破坏阀

图4-55　出水管出流方式

根据断流方式又可分为拍门式、虹吸式和溢流堰式。拍门式在出水管口安装拍门,用以防止池水倒灌;虹吸式是在出水管与出水池之间用虹吸管连接,在虹吸管顶部设真空破坏阀,停机时阀门自动打开,截断水流;溢流堰式是在出水池内设溢流堰,防止停机时池水向出水管倒灌,但会使池中水位抬高,加大了水泵扬程。

四、其他排灌用泵及泵站

在农田排灌与乡镇供水工程中,除大量使用离心泵、轴流泵和混流泵外,还经常用到其他排灌用泵,如长轴井泵、潜水泵和水轮泵等。而泵站除前述固定式泵站外,还有移动式泵站和井泵站。

(一)其他排灌用泵

1.长轴井泵

长轴井泵是井灌区及渠井结合灌区广泛使用的一种水泵,它的泵体部分位于井的动水位以下,动力机安装在井口上,用一根长的传动轴把能量传给水泵,带动叶轮在井下工作,用输水管把井水引至地面。

长轴井泵属于叶片泵的范畴,按工作原理也可分为离心式、轴流式和混流式;按扬程不同可分为浅井泵和深井泵,浅井泵扬程一般在50 m以下,叶轮级数2~8级,深井泵扬程在50 m以上,我国深井泵的叶轮级数最多达26级,最大提水高度为300 m。

长轴井泵所配用的电动机有立式空心轴式、立式实心轴式和卧式三种。

2.潜水泵

潜水泵是潜水电泵的简称。它把水泵和电动机组装成一个整体,泵机合一潜入水下工作,可以应用在各种场合。在中国北方机井建设中应用较广泛。德国KSB公司生产的潜水电泵,最高扬程达1 200 m,居世界首位。

由于电动机在水下工作,因此要求有严密的防水性。按电动机的防水方式,潜水电泵可分为:

(1)干式潜水电泵。在电动机轴伸端采用机械密封或气垫密封装置,进行严密轴封,以阻止水浸入电动机内腔,保持机内干燥,但由于受密封结构的限制,浸入水下的深度不能太大。

(2)半干式潜水电泵。把电动机定子与转子用屏蔽罩分开,使定子密封起来,与水隔离,而转子在水中运行。由于屏蔽罩的存在,气隙增大,影响了电动机的性能,目前已很少采用。

(3)充油式潜水电泵。在电动机内腔充满绝缘油,以阻止水和潮气浸害电动机绕组,并起绝缘、冷却、润滑作用。电动机的绝缘油可以是有压的,也可以是无压的。为了防止油的外泄和水的浸入,轴伸端仍需采用密封装置。当密封失效后,会使水源污染,故不适合提取生活用水。此外,电动机转子在油中旋转,阻力较大,电动机效率较低。

(4)湿式潜水电泵。电动机定子绕组采用防水绝缘导线。电动机内充满纯净的水,转子浸在水中运转,散热性能较好。这种泵对材质的要求较高,对部件的防锈蚀问题要求较严。

3. 水轮泵

水轮泵是把水泵和水轮机合为一体的抽水装置,利用水流推动水轮机旋转,水轮机带动水泵抽水,如图4-56所示。凡是能取得1 m以上工作水头和大于0.1 m^3/s流量的地方,均可安装水轮泵。如果水轮泵的利用水头为H、流量为Q,抽水的扬程为h、流量为q,则h/H称为水头比,q/Q称为流量比(常为1/3~1/10)。

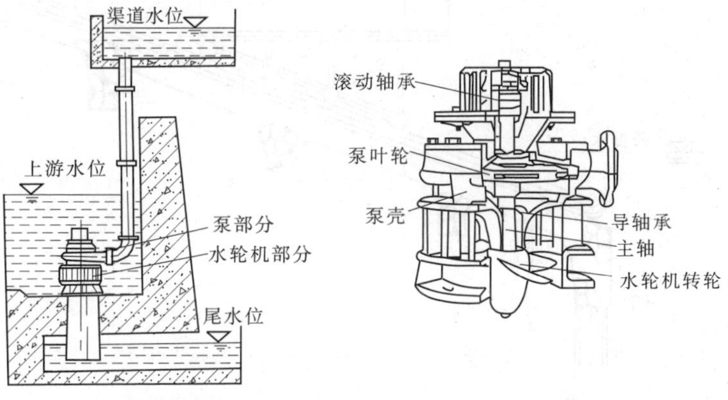

(a)水轮泵安装　　(b)水轮泵结构

图4-56　水轮泵结构图

(二)其他形式泵站

1. 移动式泵站

当水源水位变幅较大(如10~25 m,或更大)时,采用固定式泵站是不经济的甚至是不可行的。此时可采用移动式泵站,即将水泵机组安装在可随水位上下移动的囤船或缆车上,以适应水位的大幅度变化。

(1)囤船式泵站。如图4-57所示,囤船式泵站由囤船、固定于岸坡上的输水管,以及联络管等部分组成,常用的布置形式有叉管式、摇臂式和钢架引桥式三种。确定布置形式的主要因素是岸坡的坡度、联络管形式及其连接方式、水源的水位变幅及其涨落速度等。

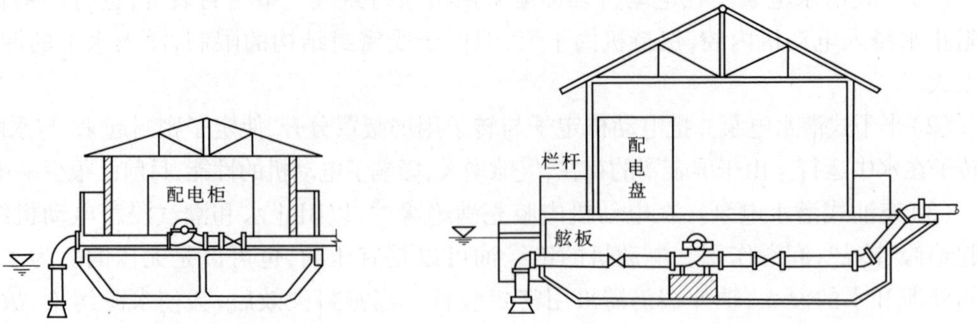

图 4-57　囤船式泵站

(2)缆车式泵站。如图 4-58 所示，缆车式泵站由坡道、泵车、绞车房和牵引设备以及输水管等部分组成。它的优点是不受水流冲击和风浪影响，稳定性较好，但由于牵引设备的限制，泵车不宜过大，单车的提水流量也较小。

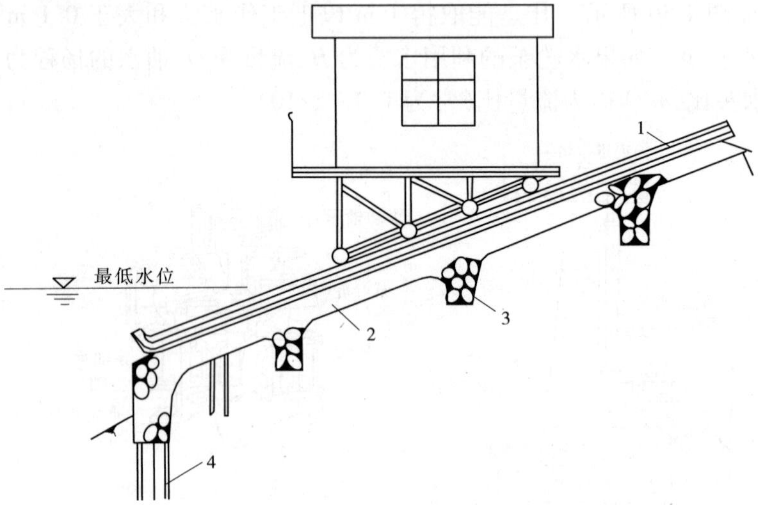

1—轨道；2—轨床；3—齿坎；4—桩基

图 4-58　缆车式泵站

2. 井泵房

井泵房的作用是保护机泵设备并作为管理用房，还可储放安装检修机组的工具及物料。井泵房的型式，根据井型、地下水位的深浅，以及配套动力机的不同可分为地面式、半地下式（见图 4-59）和全地下式三种。地面式井泵房适用于地下水位较浅的情况；半地下式井泵房适用于地下水位较深且变幅较大，需要落井安装的情况；全地下式井泵房适用于地下水位很深，需要有较大的落井安装的情况。

3. 水轮泵站

水轮泵站按枢纽布置通常分为三大类：以山区河流为水源的水轮泵站，以灌溉渠道为水源的水轮泵站，潮汐水轮泵站。

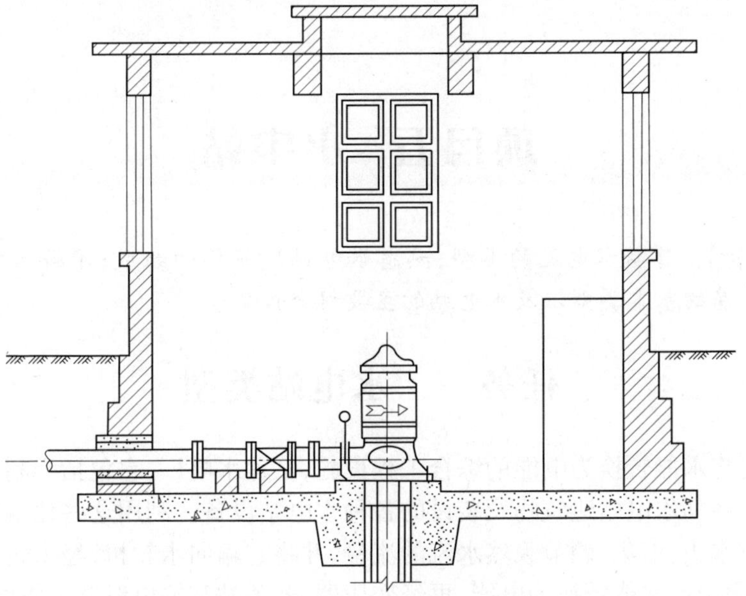

图 4-59　半地下式井泵房

在以山区河流为水源的水轮泵站中又有引水式、堤坝式和混合式三种。

项目自测题

1. 无坝取水与有坝取水有何区别？

2. 水闸按其所承担的任务和结构型式可分为哪几类？各类水闸的作用和运用要求是什么？

3. 水闸由哪几部分组成？各组成部分的作用和构造要求是什么？

4. 与其他水工建筑物相比，建在土基上的水闸有何特点？

5. 土基上水闸一般采用哪种消能方式？其消能防冲设施有哪些？各自的作用及构造要求是什么？

6. 水闸的防渗排水设施有哪些？各自的作用及构造要求是什么？

7. 整体式闸底板和分离式闸底板有何区别？

8. 软土地基处理的方法有哪些？

9. 水闸翼墙的型式有哪些？

10. 橡胶坝的特点及适用条件是什么？

11. 叶片泵可分为哪些类型，各自的工作原理是什么？

12. 什么是水泵的功率？

13. 水泵选型的原则是什么？

14. 固定式泵房有哪些结构型式？

项目五　水电站

【学习目标】 掌握水电站的类型；熟悉水电站建筑物的组成；了解水电站厂区建筑物的组成和厂房的基本类型以及水电站的主要机电设备。

任务一　水电站类型

水电站是将水能转换为电能的综合工程设施，又称水电厂，它包括为利用水能生产电能而兴建的一系列水电站建筑物及装设的各种水电站设备。利用这些建筑物集中天然水流的落差形成水头，汇集、调节天然水流的流量，并将它输向水轮机，经水轮机与发电机的联合运转，将集中的水能转换为电能，再经变压器、开关站和输电线路等将电能输入电网。有些水电站除发电所需的建筑物外，还常有为防洪、灌溉、航运、过木、过鱼等综合利用目的服务的其他建筑物。这些建筑物的综合体称水电站枢纽或水利枢纽。

水电站的类型与水能开发方式密切相关，首先要使水电站的上、下游形成一定的落差，构成发电水头。因此，就开发河流水能的水电站而言，按其集中水头的方式不同分为坝式、引水式和混合式三种基本类型。坝式开发方式有坝后式、河床式及从河岸引水的旁引式等布置形式；引水式开发方式有无压引水式和有压引水式等布置形式。从建筑物的组成和形式来看，旁引式、混合式和有压引水式是基本相同的，作为水电站基本布置形式统称为有压引水式。因此，本节主要介绍坝后式、河床式、无压引水式和有压引水式四种水电站的基本布置形式、组成建筑物和它们相互间的联系。

抽水蓄能电站和潮汐电站也是水能利用的重要形式。

一、坝后式水电站

坝后式水电站的特点是建有相对较高的拦河坝，以集中落差并形成一定库容，可以进行水量调节。这种水利枢纽一般具有防洪、灌溉、发电、航运、给水等综合效益。其主要建筑物有拦河坝、泄水建筑物和水电站厂房（见图 5-1）。另外，可能有为其他专门部门而设的建筑物，如船闸、灌溉取水口、工业取水口、筏道和鱼道等。水电站建筑物集中布置在电站坝段，坝上游侧设有进水口，进水口设有拦污栅、闸门及启闭设备等。压力钢管穿过坝身向机组供水。电站厂房置于坝下游，坝与厂房用沉陷缝分开。

坝后式水电站，不仅能获得较大的水头，更重要的是在坝前形成了可调节天然径流的水库，有利于发挥防洪、灌溉、发电、水产等方面的综合效益，而且为水电站的运行调度创造了十分有利的条件。坝后式水电站是我国采用最多的一种厂房布置方式，举世瞩目的三峡水电站就是坝后式水电站，其装机容量为 1 820 万 kW。

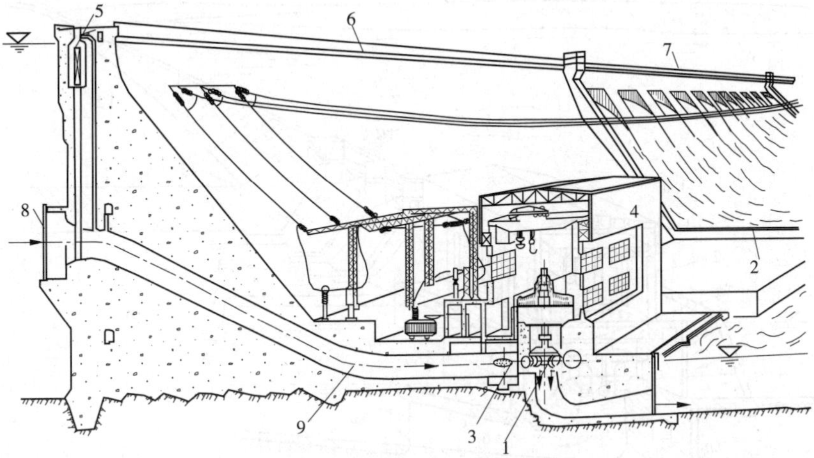

1—水轮机;2—导流墙;3—阀门;4—厂房;5—闸门;
6—大坝;7—溢流坝; 8—拦污栅;9—压力管道

图 5-1 坝后式水电站示意图

二、河床式水电站

河床式水电站多修建在河流河面较宽、河道纵坡平缓的中、下游河段上,由于地形平坦,不允许淹没更多的土地,只能修建高度较小的坝或闸,适当提高上游水位来集中水头。大中型水电站一般不超过 30 ~ 40 m,小型水电站多在 10 m 以下。这种水电站因为水头低,流量相对较大,水轮机多采用钢筋混凝土蜗壳。这样,厂房尺寸和重量均较大,厂房可以直接承受水压力,作为挡水建筑物的一部分与闸坝并肩位于河床中。它的进水口、拦污栅、闸门及启闭机等与厂房连为一体,是挡水建筑物的一部分。水电站的引用流量一般较大,多选用直径大、转速低的轴流式水轮发电机组。其并排运行的机组多,是一种低水头、大流量的水电站。该类电站的长度大,可节省挡水建筑物的投资。实践经验表明,其适用水头范围:对大中型水电站可达 25 ~ 35 m,对小型水电站在 8 ~ 10 m 以下。我国 1981 年建成的长江葛洲坝水电站,装机容量为 21 台(2 715 MW),就是一座大型的河床式水电站,也是我国目前最大的河床式水力发电站。

河床式水电站没有专门的引水管道,水流直接由厂房上游侧的进水口进入水轮机。图 5-2 为河床式水电站示意图。

三、无压引水式水电站

无压引水式水电站的主要特点是具有较长的无压引水道。它多修建在河道比降较陡或有较大河湾的河段上,利用比降较缓的引水道来集中落差,如图 5-3 所示。这种水电站建筑物一般由以下三部分组成:

(1)首部枢纽。包括拦河闸坝、冲沙闸、进水口,有时还设有沉沙池。拦河闸坝一般较低,河床部分多建成溢流坝以宣泄洪水。进水口多做成进水闸形式。冲沙闸建在进水闸上游附近,以保证泥沙不致进入引水道。在多泥沙河流上,进入引水道的泥沙由沉沙池

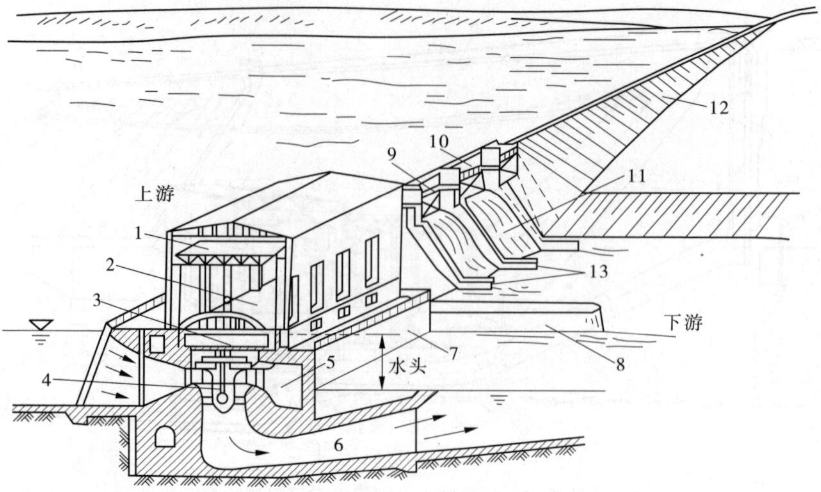

1—桥式吊车；2—主厂房；3—发电机；4—水轮机；5—蜗壳；6—尾水管；7—水电站厂房；
8—尾水导墙；9—闸门；10—工作桥；11—溢流坝；12—拦河坝；13—闸墩

图5-2 河床式水电站示意图

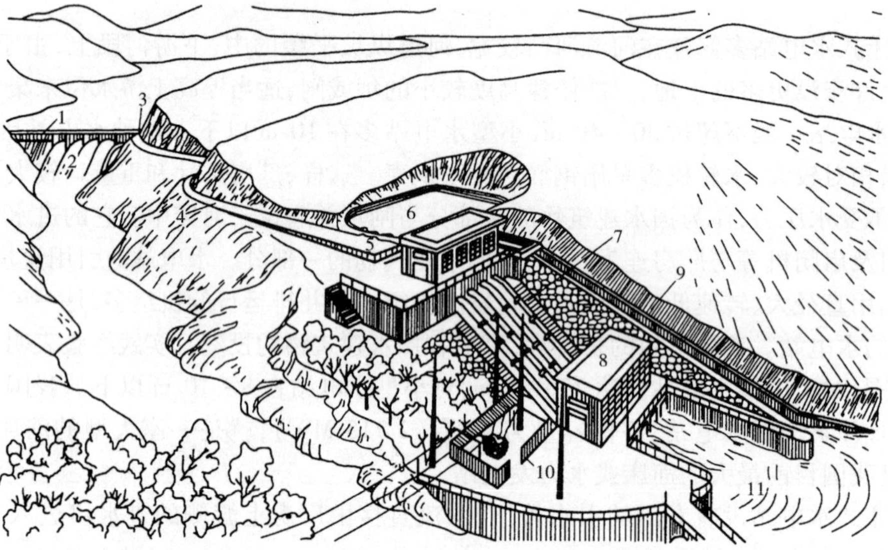

1—坝；2—溢流坝；3—进水闸；4—引水渠道；5—压力前池；6—调节池；
7—压力水管；8—厂房；9—泄水道；10—开关站；11—尾水渠

图5-3 无压引水式水电站示意图

处理后排入原河道或其他洼地。

(2)引水建筑物。引水道为明渠或无压隧洞，其前端直接与首部枢纽的进水口相接，根据地形的需要，在引水渠上可设渡槽、涵洞、倒虹吸、桥梁等附属建筑物。其尾部与压力前池相连。

(3)厂区枢纽。主要包括压力前池、泄水道、压力水管、电站厂房、尾水渠及变电配电建筑物等。压力前池的主要作用是,将引来的水通过压力管道分配给水轮机,另外还有清除污物、宣泄多余水量与平稳渠末水位等作用。当电站担任峰荷时,还可在压力前池附近设日调节池。

无压引水式水电站的优点是淹没损失小,工程简易,造价较低。但因库容很小,河流水量利用率低,综合利用效益很小。

四、有压引水式水电站

有压引水式水电站的主要特点是有较长的有压引水道,如有压隧洞或压力管道,其组成建筑物也可分为首部枢纽、引水建筑物和厂区枢纽三部分。

首部枢纽包括拦河坝、电站进水口和泄水建筑物等。进水口为潜没式进水口。在有压引水道很长时,为了减小因负荷突然变化在压力管中产生的水锤压力和改善水电站运行条件,常常需要在有压引水道和压力水管的连接处设置调压室。

图 5-4 为有压引水式水电站建筑物组成和布置的示意图。

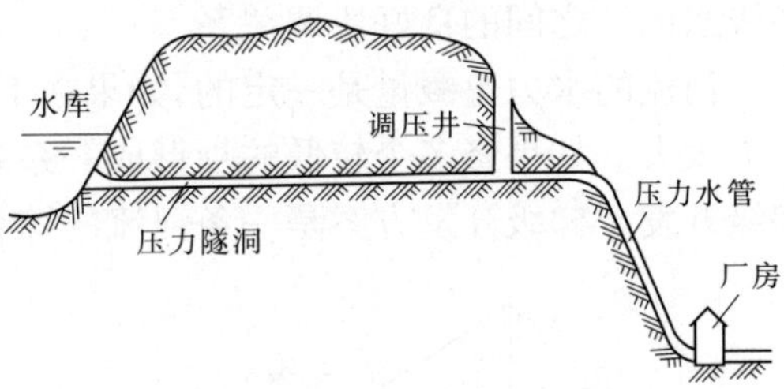

图 5-4　有压引水式水电站示意图

五、混合式水电站

如果自然河流的上游具有优良的坝址适宜建造水库,而紧接水库以下的河段坡度突然变陡,或是有较大的河湾,则往往可较经济地建坝集中部分水头,另设引水建筑物,由水库引水再次集中水头,从而使开发利用具有堤坝式和引水式两方面的特点,这便是混合式开发,建立混合式水电站,如图 5-5 所示。

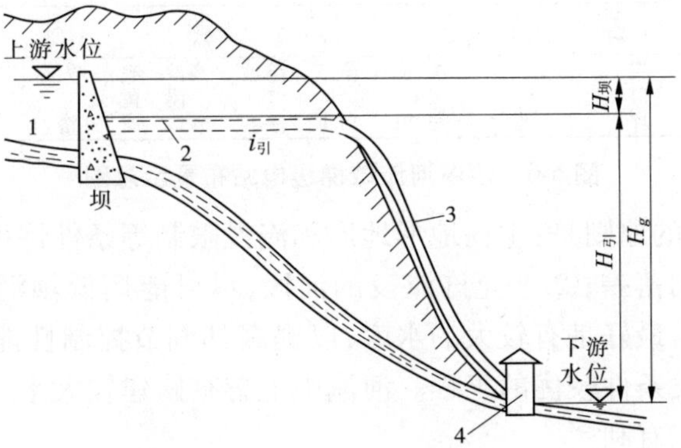

1—水库;2—水平引水管道;3—岸坡压力管道;4—电站厂房

图 5-5　混合式水电站

六、河流的梯级开发和梯级水电站

河流水资源的开发，并不只采用一种方式。一条长数百或数千公里的河流上的天然落差（常达数百、数千米），不可能集中在一座水电站上，因为一次修筑数百、数千米高坝，或开挖数千公里的引水渠道，具有明显的技术和经济上的不合理性。一座水电站所能开发利用的河段长度都有一定的限制，小型水电站可开发的河段大多都不会超过 10 km。当一条河流可开发的全长超过了一级开发所能达到的技术、经济允许长度时，就要合理地分段开发利用，在河段上开发工程自上而下，一个接一个，犹如一级级的阶梯，称为梯级开发。梯级开发布置的水电站又称做梯级电站。同一水源上的多个梯级电站之间，具有水资源和水能利用上的相互制约性，因此在初步规划水源开发规模时，就应充分注意到上下各级水电站之间的良好协调关系。

河流的水力蕴藏量是一定的，如果在下游建一个高坝大库，则调节能力很好，但淹没损失太大。如果修多个较低的坝形成一系列较小的水库，则淹没小得多。后一种方式为梯级开发。梯级开发方案是一条河流的综合利用规划，如图 5-6 所示。

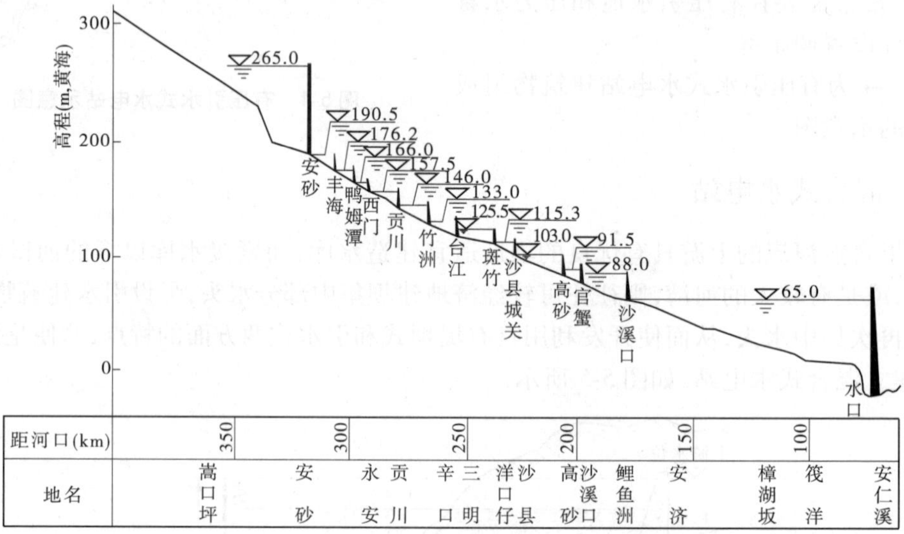

图 5-6　沙溪河流域梯级电站布置示意图

梯级水电站开发的原则是：①在地形地质和淹没限制等条件许可时，尽可能使各枢纽首尾衔接，以充分利用落差；②不允许淹没的河段，尽可能用低坝河床式或引水式开发；③最上游一级的开发，最好是有较大的水库，以提高其调节控制性能；④开发顺序是首先建设比较关键的、开发条件较优的工程。河流中上游有修建较大水库的条件时，最好首先建设，对下游工程施工有利。

七、抽水蓄能电站

随着经济的发展以及人民生活水平的提高，电力负荷和电网日益扩大，系统负荷的峰谷差越来越大，负荷组成、季节变化和节假日是影响电力系统负荷峰谷差数值的主要因素。法国电力系统负荷峰谷差冬季约为最大负荷的15%，而夏季约为30%。日本电力系统负荷峰谷差冬季约为最大负荷的35%，而夏季约为50%。我国各跨省电力系统的负荷峰谷差一般为最大负荷的30%～40%，解决调峰填谷的任务愈来愈迫切。

为适应日负荷变化的需要，保证供电质量，电力系统需要有足够的有功调节容量，特别要有可以快速启动并快速带满负荷的发电机组。在电力系统中，核电站和火电站适应电力系统负荷的急剧变化能力差，且受到最小出力的限制，调峰能力有限，火电机组调峰煤耗多，运行维护费用高。而水电站启动与停机迅速、运行灵活，适宜担任调峰、调频、事故备用。

抽水蓄能电站是以水体为储能介质，起调节作用，主要解决电力系统的调峰问题，如图5-7所示。建筑物组成包括：上下两个水库，用引水建筑物相连，蓄能电站厂房建在下水库处，采用双向机组。

抽水蓄能和放水发电的两个过程：①抽水蓄能：系统负荷低时，利用系统多余的电能带动泵站机组将下库的水抽到上库（电动机＋水泵），以水的势能形式储存起来；②放水发电：系统负荷高时，将上库的水放下来推动水轮发电机组（水轮机＋发电机）发电，以补充系统中电能的不足。

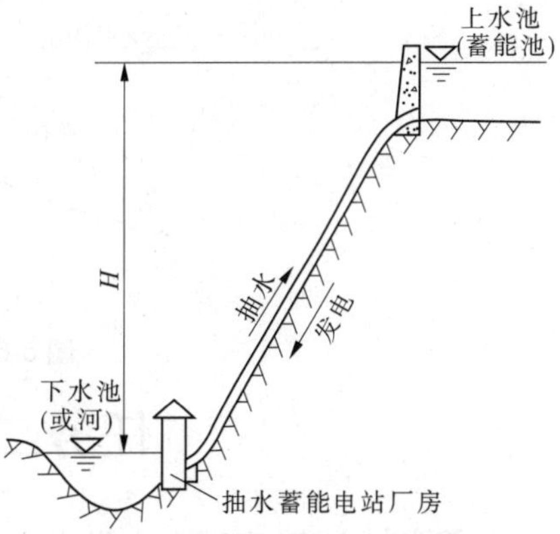

图5-7 抽水蓄能电站示意图

随着电力行业的改革，实行负荷高峰高电价、低峰低电价后，抽水蓄能电站的经济效益将是显著的。

我国已建抽水蓄能电站有：①广东抽水蓄能电站，其装机容量为2 400 MW（8×300 MW）；②天荒坪抽水蓄能电站，其装机容量为1 800 MW（6×300 MW）；③十三陵抽水蓄能电站，其装机容量为800 MW（4×200 MW）；④潘家口抽水蓄能电站，其装机容量为420 MW（3×90 MW＋150 MW），联合型；⑤西藏羊卓雍湖抽水蓄能电站，其装机容量为90 MW（4×22.5 MW）等。我国的丰宁抽水蓄能电站是目前世界上最大的抽水蓄能电站，总装机360万kW。

八、潮汐电站

潮汐现象是海水因受日月引力而产生的周期性升降运动，即海水的潮涨潮落。潮汐的最大潮差为8.9 m；北美芬迪湾蒙克顿港最大潮差竟达19 m。世界海洋潮汐能蕴藏量约为27亿kW，若全部转换成电能，每年发电量大约为1.2万kW·h。

潮汐发电原理：利用潮水涨、落产生的水位差所具有的势能来发电，也就是把海水涨、落潮的能量变为机械能，再把机械能转变为电能（发电）的过程。潮汐发电就是在海湾或有潮汐的河口建一拦水堤坝，将海湾或河口与海洋隔开构成水库，再在坝内或坝房安装水轮发电机组，然后利用潮汐涨落时海水位的升降，使海水通过水轮机转动水轮发电机组发电。如图5-8所示。

潮汐能与一般水能资源不同，是取之不尽，用之不竭的。潮差较稳定，且不存在枯水年与丰水年的差别，因此潮汐能的年发电量稳定。但由于潮汐发电的开发成本较高和技术上的原因，所以发展较慢。

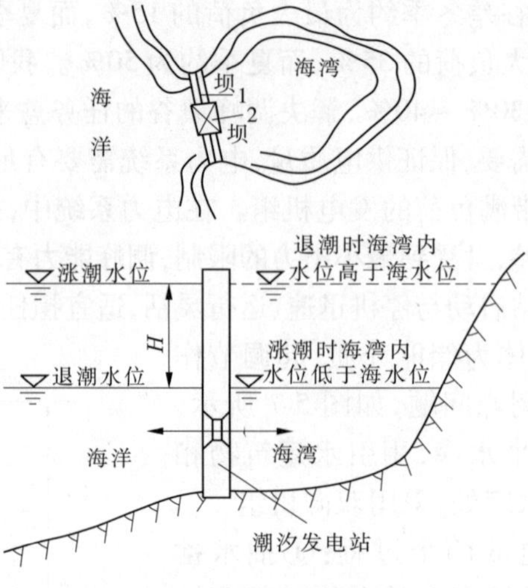

1—挡水坝;2—电站厂房

图 5-8　潮汐电站布置示意图

任务二　水电站建筑物

为了控制水流，实现水力发电而修建的一系列水工建筑物，称为水电站建筑物。水电站枢纽一般由以下建筑物组成：

(1)挡水建筑物。用以拦截河流，集中落差，形成水库的拦河坝、闸或者河床式水电站的厂房等水工建筑物，如混凝土重力坝、拱坝、土石坝、堆石坝及拦河坝等。

(2)泄水建筑物。用以宣泄洪水，供下游用水，放空水库的建筑物，如开敞式河岸溢洪道、溢流坝、泄洪洞及放水底孔等。

(3)进水建筑物。用以从河道或水库按发电要求引进发电流量的引水渠首部建筑物，如有压、无压进水口等。

(4)引水建筑物。用以集中水头，输送流量到水轮发电机组或将发电后的水排往下游河道的建筑物，如渠道、隧洞、压力管道、尾水渠等。

(5)平水建筑物。用以平稳由于水电站负荷变化或者尾水系统中引起的流量及压力的变化，保证水电站调节稳定的建筑物，如有压引水式水电站的调压井、无压引水式水电站渠道末端的压力前池。

(6)厂区枢纽建筑物。主要是指水电站厂房的主厂房、副厂房、主变压器场、高压开关站、交通道路及尾水渠道等建筑物。这些建筑物一般集中布置在同一局部区域内形成厂区。厂区是发电、变电、配电的中心，是电能生产的中枢。

(7)过坝建筑物。用以通船、过木及过鱼等的建筑物，如船闸等。

本任务主要讲述水电站枢纽的进水、引水、平水及水电站厂房等建筑物。

一、水电站的进水建筑物

进水建筑物简称进水口，是指从天然河道或水库中取水而修建的专门水工建筑物。水电站进水口是指专门为水力发电而修建的进水建筑物。水电站进水口位于引水系统的首部,其功用是引进符合发电要求的用水。

水电站的进水口分为有压和无压两种。有压进水口的特征是进水口后接有压隧洞或管道,进水口深埋在水库水面之下,以引进深层水为主。无压进水口的特征是进水口后一般接无压引水建筑物,以引取表层水为主。

(一)有压进水口

有压进水口通常在一定的压力水头下工作,可单独设置,也可和挡水建筑物结合在一起,通常工作在一定的压力水头下,适用于从水位变幅较大的水库中取水。有压进水口设计时应满足取水量、水头损失小、可调节流量及水工建筑物的一般要求。

1. 有压进水口的主要类型和适用条件

有压进水口的类型主要取决于水电站的开发方式、坝型、地形地质等因素,可分为隧洞式、压力墙式、塔式和坝式四种。

(1)隧洞式进水口。隧洞式进水口的进口段、闸门段和渐变段三部分系从山体中开挖而成,如图 5-9 所示。进水口的闸门安置在从山岩中开挖出的竖井(闸门井)中,因此又称为竖井式进水口。

这种类型的进水口适用于水库岸边地质条件较好、开挖竖井和进口断面均不致引起塌方的情况。由于比较充分地利用了岩石的作用,钢筋混凝土工程量较少。

(2)压力墙式进水口。当隧洞进口处的地质条件较差或地形陡峻、不宜扩大断面和开挖竖井时,可采用压力墙式进水口,如图 5-10 所示。这种情况下,可将进口段与闸门段均布置在山体之外。

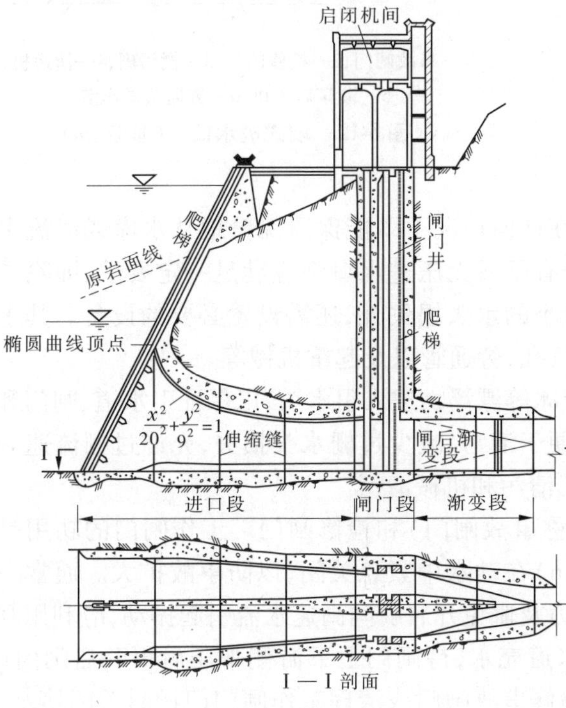

图 5-9 隧洞式进水口

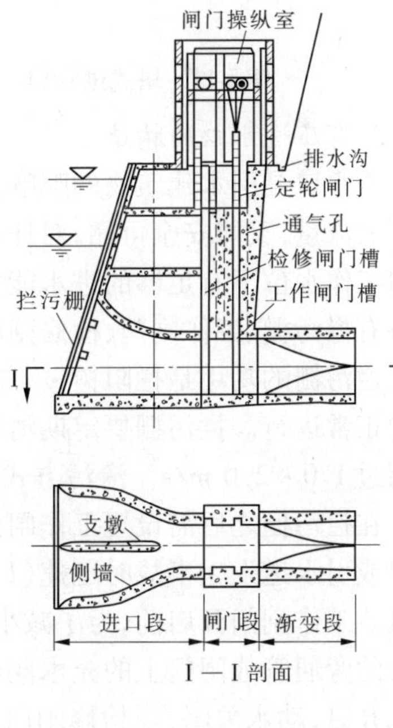

图 5-10 压力墙式进水口

(3)塔式进水口。当河岸进水口地质条件较差，而山坡又较平缓，或引水管道埋设于当地材料坝下时，常采用塔式进水口。其进水口的进口段及闸门段形成一个塔式结构，孤立在水库之中，并以工作桥和岸边或坝坡相连，如图5-11所示。

(4)坝式进水口。对于坝后式电站，因厂房紧邻大坝，为使引水道最短，常将进水口依附在坝体上，最常用的是混凝土重力坝坝式进水口，如图5-12所示。

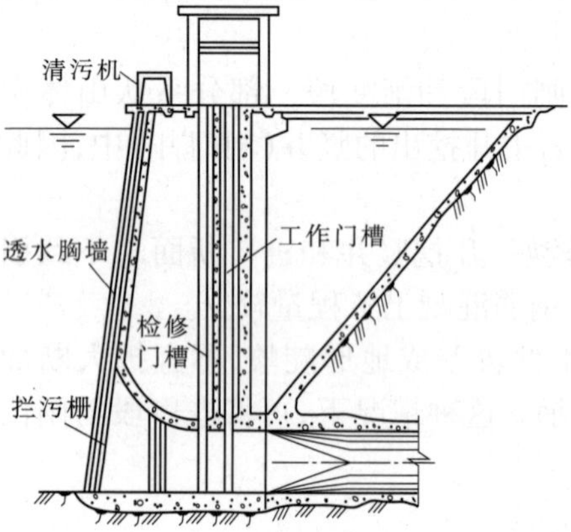

图5-11 塔式进水口

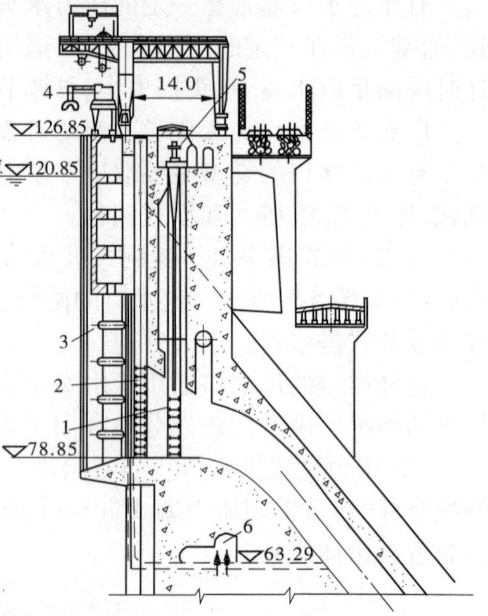

1—事故闸门;2—检修闸门;3—拦污栅;4—清污机;
5—液压启闭机;6—旁通阀操作室

图5-12 坝式进水口 （单位:m）

2. 有压进水口的构造

进水口是引水建筑物的咽喉，为了在任何情况下既能保质保量地从水库或河流中引取所需流量，又能安全可靠，对任何一个有压或无压进水口都应满足一定要求，即除了在任何工作水位下有足够的进水能力和较小的水头损失外，还需设置必要的设备。其主要设备有拦污栅、工作闸门、检修闸门、通气孔、旁通管以及起重机械等。

拦污栅的功用是拦阻树枝、漂木、浮冰等漂浮物进入引水道，以保证引水道、闸门和机组的正常运行。拦污栅要定期清污，为便于清污，减少过栅水头损失，允许过栅流速一般不超过1.0~2.0 m/s。清污方式有人工清污和机械清污。

在拦污栅之后需设置工作闸门（也称事故闸门）和检修闸门。工作闸门的功用是当机组或引水道发生事故时迅速（1~2 min）在动水中紧急关闭，以防事故扩大。通常一门一机。工作闸门开启前，为了减小操作力及避免开启瞬间高速水流引起振动，应利用闸门前后的旁通管或闸门上的充水阀给引水道充水，待闸门上下游侧平压后再开启闸门（即静水开启，动水关闭）。检修闸门是为检修事故闸门或清理工作闸门门槽时关闭堵水，形成安全检修的工作条件。

通气孔位于事故闸门之后，其作用是当闸门开启前，引水道充水排气；闸门快速关闭时,给引水道补气以防发生真空破坏。通气孔口应有栅网保护。

有压进水口应低于运行中可能出现的最低水位,并为保证进水时不产生漏斗状吸气漩涡,需有一定淹没深度。有压进水口的底部高程应高于水库设计淤积高程1.0 m以上。

(二)无压进水口

无压进水口也称开敞式进水口,一般适用于无压引水式电站。无压进水口分为有坝进水口和无坝进水口两种。由于无坝进水口只能引用河道流量的一部分,不能充分利用河流资源,故较少采用。以下主要介绍有坝无压进水口。

1. 无压进水口的位置选择

无压进水口多为低坝引水,上游没有大的水库,洪水期河道中流量流速较大,水流挟带大量泥沙与各种漂浮物直至进水口前。因此,拦沙、排沙和拦截漂浮物的问题,较潜没式进水口更为突出。考虑到上述情况,无压进水口位置应选择比较稳定河段,并布置在河道的凹岸,如图5-13所示。由于横向环流的作用,凹岸不会形成回流,泥沙、漂浮物不易堆积,且表层清水是流向凹岸的。这样可以减少进入进水口的泥沙,还可以利用进水口前的主流,将拦污栅前的漂浮物冲向下游。

当无合适的稳定河段可以利用时,可采用工程措施造成人工弯道。在布置上也可采取一些减沙排污的工程措施。

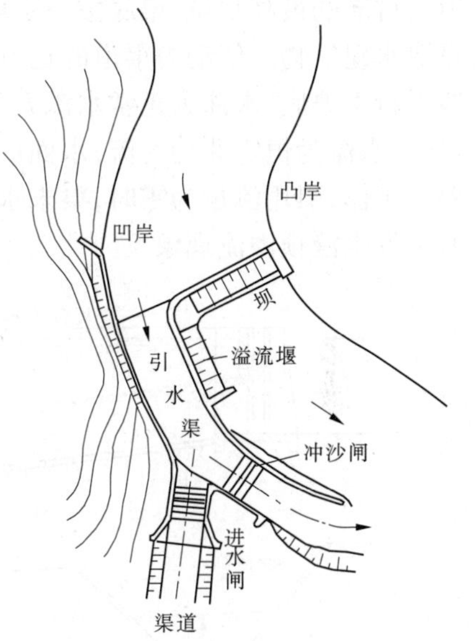

图5-13 某水电站无压进水口布置图

2. 无压进水口的组成建筑物及其布置

(1)进水闸与冲沙闸的相对位置以“侧面进水,正面排沙”的原则进行布置。应根据自然条件和引水量的大小确定最佳引水角度,条件许可时应尽量减小引水角度。

(2)进水闸的底槛高程应高于冲沙闸和冲沙廊道进口的底面高程,其高差一般不宜小于1.0 m,这样可防止淤沙进入引水道。另外,还可以设置拦沙槛,在非洪水期,引水系数较大而河道推移质较多的情况下,防止底沙进入引水道。拦沙槛高度为冲沙槽设计水深的1/4~1/3,最好不小于1.0~1.5 m。

(3)当河流含沙量较大时,会有少量的推移质和大量的悬移质泥沙进入渠道,这不仅造成渠道淤积,并会使压力水管和水轮机的过流部件遭到严重的破坏。为此,一般当河流挟沙量超过0.5 kg/m^{3}及进入水轮机的悬移质大粒径泥沙(大于0.25 mm的泥沙)量超过0.2 kg/m^{3}时,则应考虑设置沉沙池。沉沙池应设置于进水闸之后或其附近,以期先排除泥沙,将清水引入渠道或无压隧洞。

(4)建设沉沙池,使泥沙沉淀在池内而将清水引入渠道。一般当沉降泥沙的粒径超过0.25~0.40 mm时,沉降池中的平均流速可在0.25~0.5 m/s之间选择,当大粒径的泥沙所占的比重较大时,可选用较大的流速;沉积池的长度应满足80%~90%的泥沙在此范围内沉降,这可由计算或通过试验确定。

二、引水渠道

(一)动力渠道的类型及水力特性

水电站的无压引水渠道称为动力渠道,它位于无压进水口或沉沙池之后。根据动力渠道的水力特性,可分为自动调节渠道和非自动调节渠道两种类型。

1. 自动调节渠道

自动调节渠道,如图 5-14 所示。其主要特点是渠顶高程沿渠道全长不变,且高出渠道内可能的最高水位;渠底按一定坡度逐渐降低,断面也逐渐加大;在渠末压力前池处不设泄水建筑物。依动力渠道的运行要求,当渠通过设计流量时,水流为恒定均匀流,水面线平行于渠底,水深为正常水深 h_0;当水电站出力减小,水轮机引用流量小于渠道设计流量时,水流为恒定非均匀流,水面形成壅水曲线,引用流量愈小,渠末水深愈大;当水电站停止工作,引用流量为零时,渠末水位将与渠首水位齐平,渠道堤顶应高于渠内最高水位,避免发生漫顶溢流现象。

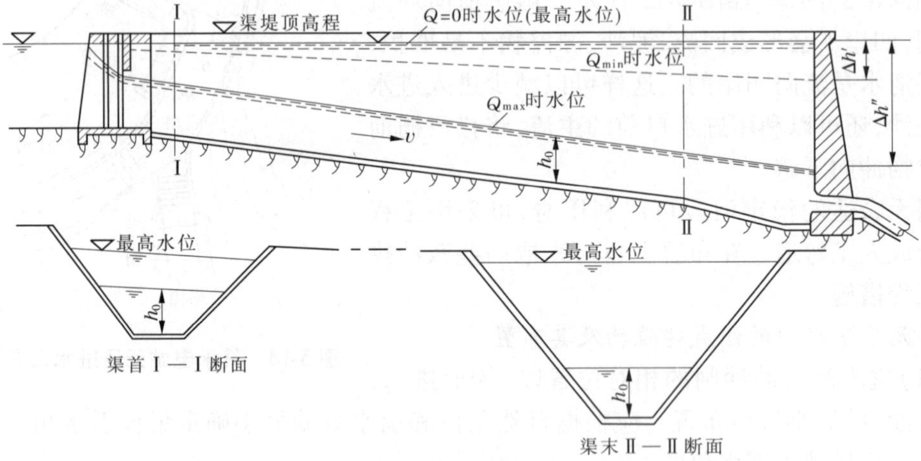

图 5-14　自动调节渠道

自动调节渠道无溢流水量损失。渠道最低水位与最高水位之间的容积可用以调节水量,当电站引用流量发生变化时,可由渠内水深和水面比降的相应变化来自动调节,不必运用渠首闸门的开度来控制,故称自动调节渠道。在引用流量较小时,渠末能保持较高的水位,因而可获得较高的水头。由于渠道顶部高程沿渠线相等,故工程量较大。只有在渠线较短、地面纵坡较小时,采用此种类型的渠道才较为经济合理。

2. 非自动调节渠道

非自动调节渠道如图 5-15 所示。其主要特点是渠顶沿渠道长度有一定的坡度,其坡度一般与渠底坡度相同。在渠末压力前池处(或压力前池附近)设有泄水建筑物,一般为溢流堰或虹吸式溢水道,用来控制渠道水位的升高和宣泄多余水量。当渠道通过设计流量时,水流为恒定均匀流,渠内水深为正常水深 h_0,渠末水位略低于溢流堰顶;当水电站出力减小,引用流量小于设计流量时,渠末水位升高,超过溢流堰顶后,多余水量将通过溢流堰泄向下游;当引用流量为零时,全部流量均经溢流堰泄向下游。渠道末端的顶部高程应高于全部流量下泄时的渠末水位。为了减少无益弃水,应根椐电站负荷的变化,运用渠首闸门的开度调节入渠流量。这种类型的渠道有弃水损失,引用流量较小时渠末水位较自动调节渠道的水位低,但渠道工程量较小,对于渠道线路较长的电站或电站停止运行后仍需向下游供水时,采用非自动调节渠道较为合理。

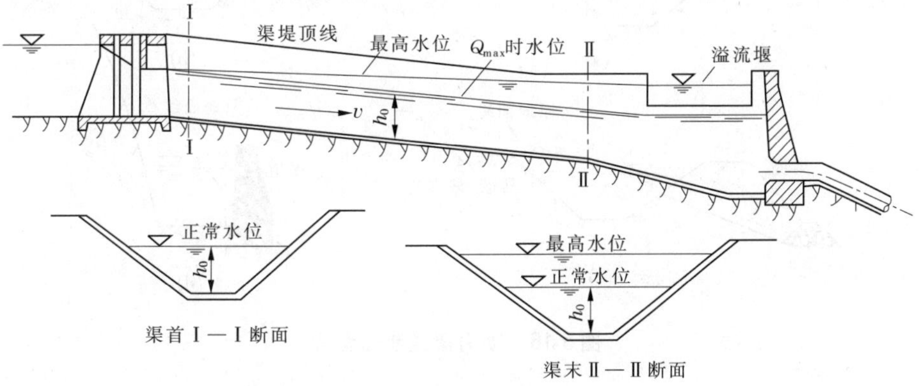

图 5-15 非自动调节渠道

(二)动力渠道路线选择

渠道的选线是根椐确定的引水高程和水电站厂房位置,选择一条从进水口至压力前池的渠道中心线。选线一般应遵循以下原则:

(1)渠线应尽量短。以减小工程量和水头损失。

(2)渠道大致沿等高线布置。根椐需要可修建渠系建筑物(无压隧洞、渡槽、倒虹吸等),在渠末应有厂区布置的有利地形。

(3)渠线应选择在地质较好的地段。需转弯时其转弯半径不小于 6 倍渠道设计水面宽度且转弯角度不大于 60°。

(三)动力渠道的断面型式和护面类型

1. 渠道的断面型式

由于动力渠道沿线的地形和地质条件不同,渠道的断面型式也有所不同。盘山修建的渠道多采用窄深式的矩形断面,在土基上一般采用梯形断面。另外,渠道按其建筑条件又可分为挖方渠道和半挖半填渠道,如图 5-16 所示。

渠道断面的高度等于最大水深加安全超高。渠道堤顶宽度和超高可参考表 5-1 确定,当堤顶有交通要求时,视需要确定。渠道边坡可根椐土质条件和开挖深度或填筑高度确定,边坡系数可参考表 5-2 确定。

表 5-1 渠顶超高和顶宽

流量(m^3/s)	50 ~ 10	10 ~ 5	5 ~ 2	2 ~ 0.5	<0.5
渠堤超高(m)	1.0 ~ 0.6	0.45	0.40	0.30	0.20
渠堤顶宽(m)	2 ~ 1.5	1.5 ~ 1.25	1.25 ~ 1.0	1.0 ~ 0.8	0.8 ~ 0.5

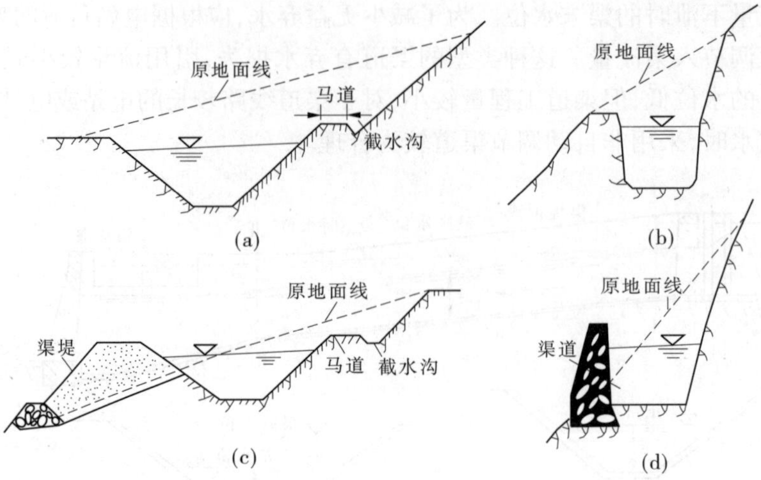

图 5-16　动力渠道断面型式

表 5-2　渠道断面边坡系数

土壤种类	$m=\cot\varphi$		土壤种类	$m=\cot\varphi$	
	水上	水下		水上	水下
粉沙	3～3.5	2.5	黏壤土、黄土、黏土	1.25～1.5	0.5～0.75
细沙			卵石和砾石	1.25～1.5	1.0
1. 疏松和中等密实的	2.0～2.5	2.0	半岩性的抗水性土壤	0.5～1.0	0.5
2. 密实的	1.5～2.0	1.5	风化岩石	0.25～0.5	0.25
沙壤土	1.5～2.5	1.5	未风化岩石	0.1～0.25	0

2. 渠道护面

在渠道的表面用各种材料做成的保护层叫做渠道护面。护面的作用是：

(1)减少渠道的渗漏损失，加强渠道的稳定性。

(2)减小渠道的糙率，从而降低水头损失。

(3)防止渠中长草和穴居动物对渠道的破坏。

渠道护面的类型根据所用材料不同，有混凝土护面、砌石护面、砾石护面、黏土和灰土护面等。

三、无压隧洞

当用明渠引水，渠线盘山过长，工程量很大时，通过方案比较，可采用城门洞形的无压隧洞引水。其拱顶为半圆形，侧墙为直立墙，按施工要求洞身宽度不小于 1.5 m，高度不小于 1.8 m。在恒定流情况下，隧洞中水面以上的空间一般不小于隧洞断面面积的 15%，自由水面到洞顶净高度不小于 0.4 m，洞顶以上山岩的埋置深度不小于 1.5～3.0 倍的开挖深度，转弯半径不小于洞高的 6 倍。其为了防止隧洞漏水和减小洞壁糙率，并防止岩石风化，无压隧洞大都采用全部或部分衬砌。无压隧洞的过水断面为矩形，其尺寸的确定和其中的水力计算与动力渠道相同。

四、压力前池

压力前池是无压力引水道与压力水管之间的平水建筑物。它设置在引水渠道或无压引水隧洞的末端。图 5-17 为我国北方某电站压力前池的布置图。

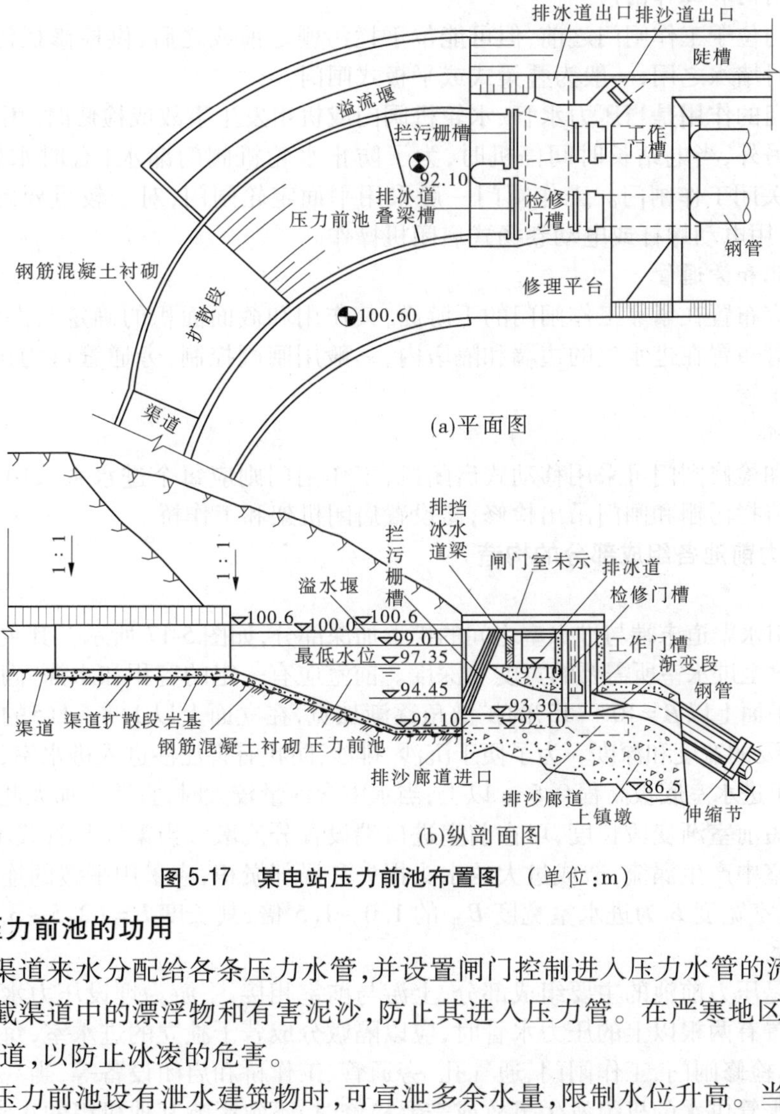

(a)平面图

(b)纵剖面图

图 5-17 某电站压力前池布置图 (单位:m)

(一)压力前池的功用

(1)将渠道来水分配给各条压力水管,并设置闸门控制进入压力水管的流量。

(2)拦截渠道中的漂浮物和有害泥沙,防止其进入压力管。在严寒地区压力前池中还设有排冰道,以防止冰凌的危害。

(3)当压力前池设有泄水建筑物时,可宣泄多余水量,限制水位升高。当下游有其他用水要求时,在电站停止运行的情况下,可通过泄水建筑物向下游供水。

(4)压力前池有一定容积,当电站负荷发生变化时,可暂时补充水量不足或容纳多余水量。

(二)压力前池的主要设备

压力前池的主要设备有拦污栅、检修闸门、工作闸门、通气孔、旁通管、启闭设备和清污机等。

1. 拦污栅

拦污栅的构造、作用等与潜没式进水口的拦污栅相同。拦污栅设置在进水室入口处的栅槽中，下端支承于进水室底板，上端支承于防护梁上，防护梁与工作桥相连。拦污栅一般与水平面成 70° ~ 80°倾斜放置。可采用人工清污或机械清污，有时为吊出栅片清污或检修，又不影响电站的正常运行，可采用双拦污栅。

2. 检修闸门和工作闸门

检修闸门位于工作闸门之前，但可能位于拦污栅之前或之后，供检修拦污栅、工作闸门和进水室时堵水之用，一般为叠梁式或平板式闸门。

工作闸门的作用是当压力水管、水轮机阀门或机组发生事故或检修时，用来关闭压力水管进口。另外，当电站长时间停机时，为了防止水轮机阀门漏水（有时水轮机不设阀门），也常需关闭工作闸门。工作闸门一般采用平面定轮闸门，对于较重要的电站，常做成快速闸门，用电动螺杆或电动卷扬式启闭机操作。

3. 通气孔和旁通管

通气孔应布置在紧靠工作闸门的下游面，其作用和截面面积的确定与潜没式进水口相同。旁通管布置在进水室的边墙和隔墩内，一般用闸阀控制，旁通管可为铸铁管、钢管或钢筋混凝土管。

4. 启闭机

拦污栅和检修闸门可采用移动式启闭机，工作闸门则应每个进水室采用一台固定启闭机。为了将拦污栅和闸门吊出检修，需设置启闭机架和工作桥。

（三）压力前池各组成部分的构造

1. 前室

前室是引水渠道末端与进水室之间的扩大加深部分，如图 5-17 所示。其主要作用是将渠道断面过渡至进水室所需要的宽度和深度。前室应有一定的容积和水深，满足沉沙的要求。前室在平面上以 $\beta = 10° \sim 15°$的扩散角逐渐加宽，在立面上以 1∶3 ~ 1∶5的坡度向下延伸，直至所需要的宽度和深度。为了便于沉沙、排沙，防止有害泥沙进入进水室，前室末端底板高程应低于进水室底板高程 0.5 m 以上，当水中含沙量较大时，宜适当加大此高差。

为了缩短前室渐变段长度，可在前室进口端设置分流墩。当渠线与管线不一致时，为了避免在前室中产生涡流，造成过大的水头损失和局部淤积，应采用平缓的连接曲线和加设导流墙，前室宽度 B 为进水室宽度 $B_{进}$ 的 1.0 ~ 1.5 倍，其长度 $L = (2.5 \sim 3.0)B$。

2. 进水室

进水室是压力前池的主要组成部分，上游与前室相接，下游为埋设压力水管进口的压力墙。当布置有两根以上的压力水管时，应以隔墩分成若干独立的进水室，每一进水室都设有拦污栅、检修闸门、工作闸门、通气孔、旁通管、工作桥和启闭设备等，当一根压力水管或由此压力水管供水的机组发生事故或需要检修时，不致影响其他机组的正常运行。

3. 压力墙

压力墙是进水室末端的挡水墙，也是压力水管进口的闸墙，一般用混凝土或浆砌石筑成。在压力墙中布置有闸门和通气孔，压力墙与工作闸门之间有一段距离，为一开敞水井，为了减少水头损失，常将压力水管进口做成喇叭形。

4. 泄水道

泄水道通常设于渠末或压力前池的边墙上，其形式有溢流堰和虹吸管等。堰顶一般不设闸门,溢流堰顶高程应略高于前室中的正常水位(一般5 cm左右),以防止电站正常运行时发生溢流现象。溢流堰的布置可为正堰或侧堰,下游布置有泄水陡槽和消能设施,溢流堰的断面形状一般为实用堰。

5. 冲沙道和排冰道

由渠道中水流挟带的泥沙沉积于前室中,应在前室的最低处设置冲沙廊道。其进口可与管道的进口方向相同,两者分上下层排列,也可布置在前室最低处的一侧。排冰道用来排除进入压力前池的冰凌,其底槛应位于前室正常水位以下,用叠梁闸门进行控制。

五、调压室

对于有压引水管道,为减小水击压力,常设置调压室作为减压措施。一般认为当压力过水系统的长度L与流速V的乘积$LV \geq (20 \sim 25)H_0$时(H_0为电站最小净水头),应考虑设置调压室。调压室的功用是在电站负荷急剧变化时,缓解引水管的压力变化,同时对水量起到短时的调节作用。如果受到自然条件限制或为节省投资,缩短工期,可设置调压阀,它常装在蜗壳的近旁。

六、压力水管

压力水管是指从水库、压力前池或调压室向水轮机输送发电所需水量的水管。其特点是坡度陡,内水压力大,且承受水击的动水压力。世界上最大的压力水管直径达9.5 m,最大承受水头达2 030 m(意大利劳伦斯电站)。我国西藏羊雍湖水电站水头达2 000多m。

(一)压力水管的类型

压力水管的作用是将水库、压力前池或调压室中的水引入厂房中的水轮机,并将流量在机组间分配。它是水电站枢纽的重要组成部分,其特点是坡度陡、内水压力大。因此,在设计和施工方面都必须重视其安全可靠性和经济合理性,压力水管一旦失事将直接危及厂房的安全。

1. 按制作压力水管的材料分类

(1)钢管。钢管一般为钢板焊接而成,具有强度高、防渗性能好的优点,故多用于高水头电站和坝式电站,适用水头范围广。钢材宜用A3、16Mn和15MnTi等。

(2)钢筋混凝土管。钢筋混凝土管分为现场浇筑或预制的普通钢筋混凝土管和预应力、自应力钢筋混凝土管等类型。它们具有耐久、价廉、节约钢材等优点。普通钢筋混凝土管一般适用于静水头H和管径D的乘积$HD < 60\ m^2$,且静水头不超过50 m的中、小型水电站;预应力、自应力钢筋混凝土管适用于$HD < 300\ m^2$,静水头可达150 m,其弹性好、抗拉强度高,可用以代替钢管,节省钢材,但制作要求高。

2. 按压力水管的结构型式分类

(1)明管。敷设于地表,暴露在空气中的压力水管叫做明管,又称露天式压力水管,一般要用镇墩和支墩予以支承。无压引水式水电站多采用这种结构型式。如图5-18所示。

(2)地下埋管。埋入地层岩体中的压力水管叫做地下埋管,又称隧洞式压力水管。有压引水式水电站多采用这种结构型式,如图5-19(a)所示。

(3)回填管。回填管是在地面上开挖沟槽,压力管道敷设在沟槽内后,再以土石回

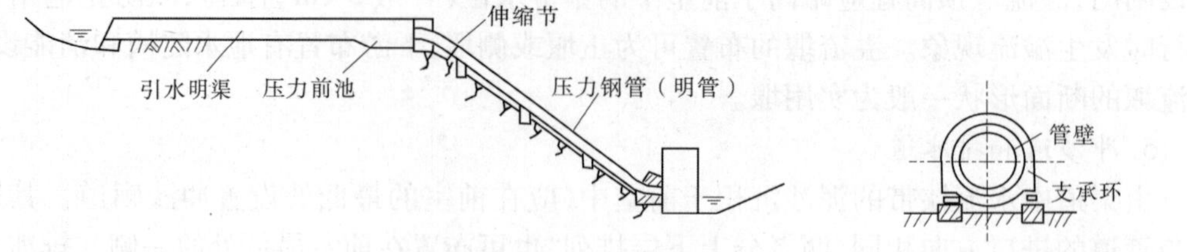

图 5-18　露天式压力管道

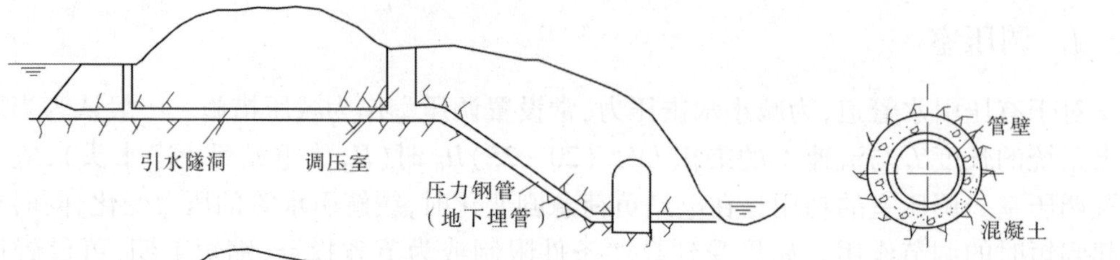

（a）地下埋管

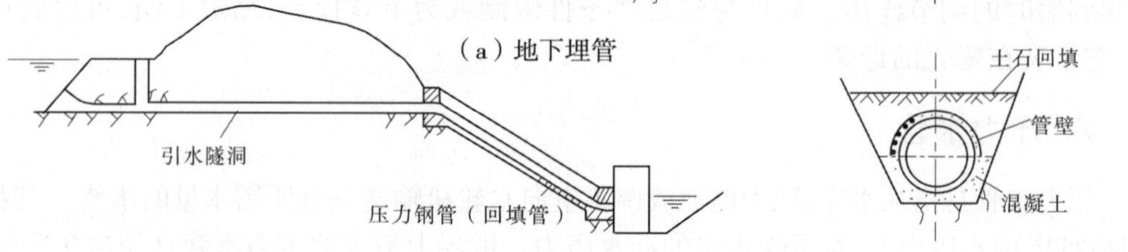

（b）回填管

图 5-19　地下压力管道

填，如图 5-19（b）所示，其内水压力全部由管壁承担。当电站厂房布置在地下或者地形地质条件不宜布置成明管时采用。

（4）坝内埋管。埋入坝体内的压力水管叫做坝内埋管。根据布置方式不同，可分斜式、平式、竖井式三种，混凝土重力坝或重力拱坝等坝式厂房一般均采用此种结构型式。如图 5-20（a）、（b）、（c）所示。

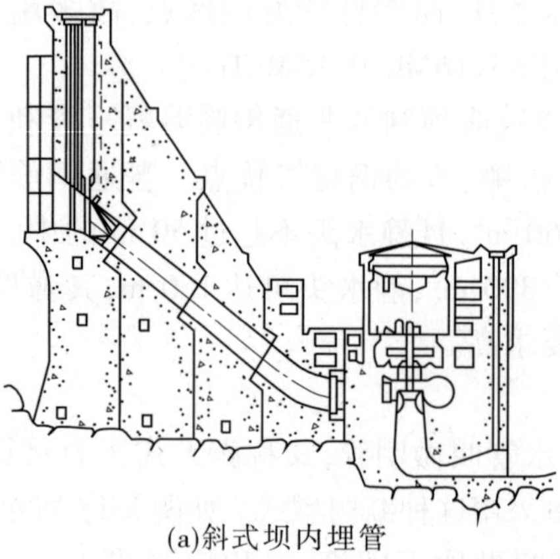

(a)斜式坝内埋管

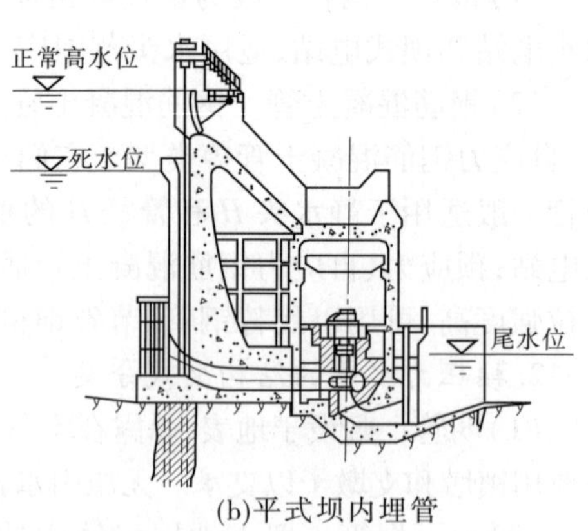

(b)平式坝内埋管

图 5-20　坝内埋管　（单位：高程 m；尺寸 cm）

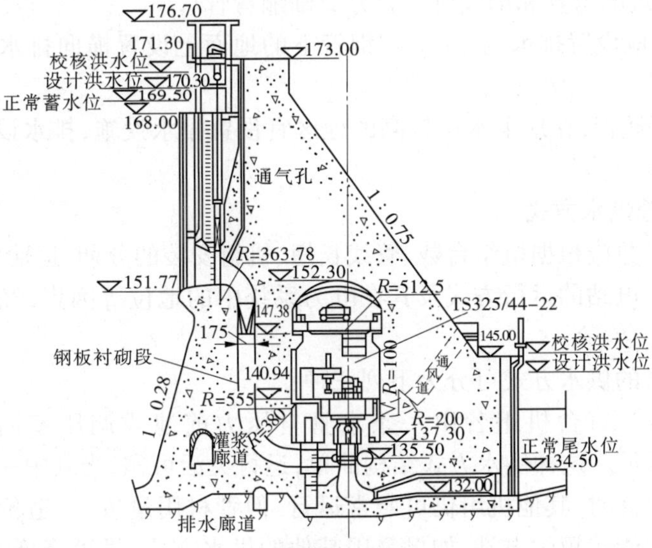

(c)竖井式坝内埋管

续图 5-20

(5)坝后背管。将压力钢管穿过上部混凝土坝体后布置在下游坝坡上,称为坝后背管,如图 5-21 所示。这种布置的压力管道较布置在坝内时稍长,且管壁要承受全部内水压力,管壁厚度较大,用钢量多。常用于宽缝重力坝、支墩坝及薄拱坝的坝后式水电站。

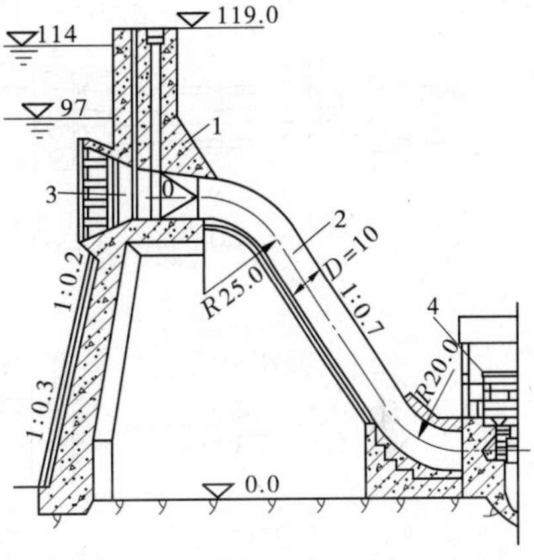

1—坝;2—压力管道;3—进水口;4—厂房

图 5-21 坝后背管 (单位:m)

(二)压力水管路线的选择

正确选择压力水管的路线是设计压力水管的首要任务,路线选择的合理与否,对于工程造价及运行的安全可靠性影响极大。在进行路线选择时,应与水电站总体布置统一安排,并考虑地形、地质条件,经技术经济比较后确定。

选择压力水管路线的一般原则为:

(1)一般宜选择短而直的路线。这样不仅可节约管材和工程量,而且也减少了水头损失和水击压力。

(2)明管路线应避开可能发生滑坡、石崩、雪崩和覆盖层很深的地段。个别管段若无法避开山洪、坠石等影响时,可作成洞内明管、地下埋管或外包混凝土的回填管。地下埋管的路线宜选择在地形、地质条件较好的地区,应尽量避开山岩压力、地下水压力和涌水量很大的地段,管线宜埋深。坝内埋管的平面位置宜位于坝段中央,其直径不宜大于坝段宽度的 1/3。布置管线时应考虑钢管对坝体稳定和应力影响及施工干扰。

(3)为了适应地形、地质的变化,压力水管有时应当转弯,转弯半径不宜小于 3 倍管径。转弯分为平面转弯、竖直转弯和立体转弯,位置相近的平面转弯和竖直转弯宜合并成立体转弯，位置相近的弯管和渐缩管宜合并成渐缩弯管。

（4）明管两侧应设置排水沟，并应在钢管下的地面上设置横向排水沟。应沿管线设置交通道。

（5）对于地下埋管，在地下水压较高的地区宜设置排水设施，排水设施必须安全可靠并易于检修。

（三）压力水管供水方式

压力水管的根数应根据机组台数、管线长短、机组安装的分期、运输条件、制造安装水平、地形地质条件、电站的运行方式及其在电力系统中的地位等因素，经技术经济比较后确定。

水管向水轮机的供水方式可分为下列三种：

（1）单独供水。每台机组各由一条水管自压力前池或调压室向水轮机供水，如图 5-22（a）、（d）所示。这种供水方式结构简单，运行灵活可靠，当其中一根钢管或一台机组发生故障需要检修时，其他机组仍可照常运行，但管材用量较多，造价较高。这种供水方式多用于压力水管较短的电站，如果采用其他的供水方式，虽可降低管身造价，却增加了分岔管与弯管等复杂结构，水头损失也因而增大，往往并不经济。此外，当引水流量很大时，若采用其他供水方式，将使管径过大，给制造和施工带来很多困难。

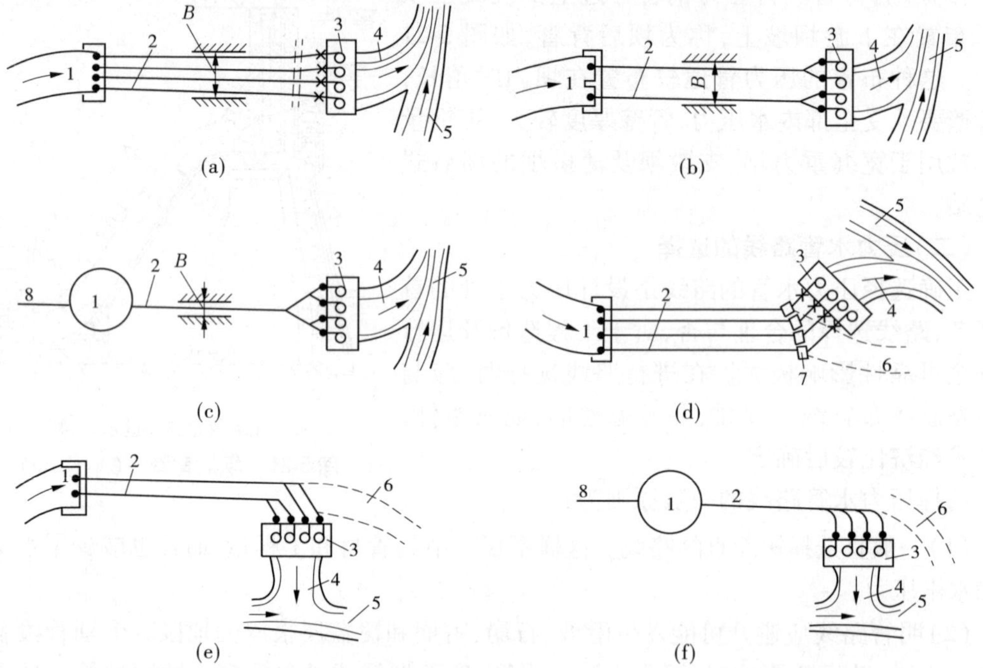

1—压力前池或调压井；2—压力管道；3—厂房；4—尾水渠；5—河流；6—排水渠；7—镇墩；
8—压力隧洞；●—必设的闸门；×—非必设的闸门；B—管床宽度

图 5-22　压力管道向机组的供水方式

（2）联合供水。一根主管向电站全部机组供水，即单管多机供水，如图 5-22（c）、（f）所示。其特点是可节省管材，降低造价，但需设置结构复杂的分岔管，水头损失也较大；每台机组前需设阀门;当主管发生故障或者检修时全部机组将停止运行,运行灵活性和可靠性较单元供水差。适用于高水头、小流量、管道较长的电站。较长的地下埋管由于不宜平行开挖几根相近的管井,通常采用联合供水。

(3)分组供水。每根主管在末端分岔后向两台或两台以上机组供水,如图5-22(b)、(e)所示。这种供水方式的优缺点同联合供水方式相似,只是当一根主管发生故障或检修时,不致造成电站所有机组停止运行。一般适用于管线较长、机组台数较多的电站。

无论采用联合供水或者分组供水,与每根水管相连的机组台数一般不宜超过四台。在确定上述布置方式时,除考虑各种布置的优、缺点外,还应综合考虑厂区布置要求以及地形、地质条件等因素。

(四)压力水管的引进方式

压力水管在进入厂房之前其主管的轴线与厂房纵轴线的相对方向称为引进方式。

(1)正向进水。如图5-22(a)、(b)、(c)所示,管道的轴线与厂房的纵轴线垂直。其工作特点是管线较短,水头损失小;缺点是当水管失事破裂时,水流直冲而下,危及厂房安全。一般适用于水头较低、管道较短的水电站。

(2)侧向进水。如图5-22(e)、(f)所示,管道轴线与厂房的纵轴线平行。其工作特点是当水管破裂后,泄流可从排水渠排走,不致直冲厂房,但水流条件不好,增加水头损失,管材用量增加,开挖工程量较大。适用于高、中水头的电站。

(3)斜向进水。如图5-22(d)所示,管道轴线与厂房的纵轴线斜交。其工作特点介于上述两种布置方式之间,常用于分组供水和联合供水的电站。

(五)压力水管的水力计算与经济直径

1.压力水管计算的内容和要求

压力水管的水力计算包括恒定流计算和非恒定流计算两部分。非恒定流计算现象称为水击,其计算内容和要求详见有关教材。恒定流的计算主要是确定压力水管的水头损失,以供确定水轮机的工作水头、选择装机容量、计算电能和确定管径之用。水头损失包括沿程摩阻水头损失和局部水头损失两种。

(1)沿程摩阻水头损失。水电站压力水管中的流态一般为紊流,沿程摩阻水头损失常用曼宁公式计算。

(2)局部水头损失。压力水管的局部水头损失发生在进口、门槽、拦污栅、弯变段、分岔处,可根据水力学或工程手册中有关公式计算。

2.压力水管的经济直径

压力水管直径的选择是一个动能经济比较问题:当增大直径时,水管造价随之增高,但水流速度减小,电能损失就可以小一些;反之,当减小直径,水管造价虽然降低,但水流速度增大,损失电能就要多一些。因此,需要列出几个可能的直径方案,通过动能经济比较选择出合适的直径。水电站压力钢管的直径随水头增高而逐渐缩小是经济合理的,但变径次数不宜过多。通常,压力钢管直径变化都在镇墩处分段并在该处缩小。

任务三　水电站厂区工程

一、厂区建筑物的组成和厂房的基本类型

（一）厂区建筑物的组成

水电站厂房是水能转变为电能的生产场所，是水工建筑物、工业厂房、机械和电气设备的综合体。它的任务是：通过一系列的工程措施，将压力水流平顺地引入水轮机并导向下游；能合理地把各种机电设备布置于恰当的位置并提供良好的安装、检修和运行条件；为运行管理人员创造良好的工作环境。为此，厂房必须有合适的型式、足够的空间和合理的构造，以保证水电站能安全可靠地按电力系统的需要生产电能。

水电站的发电、变电和配电建筑物常集中布置在一起，称为厂区，它主要由主厂房、副厂房、主变压器场和高压开关站组成。主厂房是安装水轮发电机组及其控制设备的房间，其中还是机组主要部件组装和检修的场所，是厂区的核心建筑物。

副厂房是由控制设备、电气设备、辅助设备的房间以及必要的工作和生活用房所组成，它主要是为主厂房服务的，因而一般都紧靠主厂房。

主变压器场和高压开关站是分别安放主变压器和高压配电装置的场所，它们的作用是将发电机出线端电压升高至远距离送电所要求的电压，并经调度分配后送向电网，一般均布置在露天并靠近厂房，以便于与系统电网连接。

（二）水电站厂房的类型

由于水电站的开发方式、枢纽布置方案、装机容量、机组形式等条件的不同，厂房的型式也是多种多样的。通常按厂房的结构及布置上的特点，可分为地面式（包括河床式、坝后式、岸边式）、地下式（包括地下式、半地下式、窑洞式）、坝内式、坝顶溢流式等，而其中最常见的是坝后式厂房和岸边式厂房。坝后式厂房如东江水电站，岸边式厂房如湖南镇水电站。现借助于它们的情况来阐述厂房的布置与结构，然后对其他型式的厂房就其特点作简单介绍。

1. 按引水方式分类

（1）引水式厂房。发电用水来自较长的引水道，厂房上游不承受水压力，厂房布置在引水系统末端的河岸上，称为引水式厂房，它通常布置在地面上称为地面式厂房，也称为河岸式厂房。为了减少开挖量，这种厂房的纵轴线常平行于河道。当有支沟、冲沟可以利用时，也可将厂房垂直河道布置，但要注意防止山洪危害问题。引水式地面厂房的水头变化范围很大（十几米到2 000多m），可以装置混流式水轮机，也可以装置冲击式水轮机，机组布置有立式和卧式两种，因此厂房结构型式和尺寸变化较大。当河谷狭窄、岸坡陡峻或有人防要求，布置地面厂房有困难时，将厂房建在地下山体内则称为地下式厂房，如图5-23所示。

（2）坝后式厂房。厂房布置在非溢流坝段后，坝体与厂房之间用永久缝分开，厂房不起挡水作用，发电用水由穿过坝体的高压管道引入厂房，称为坝后式厂房，如图5-24所示。这种厂房独立承受荷载和保持稳定，厂坝连接处允许产生相对变位，因而结构受力明

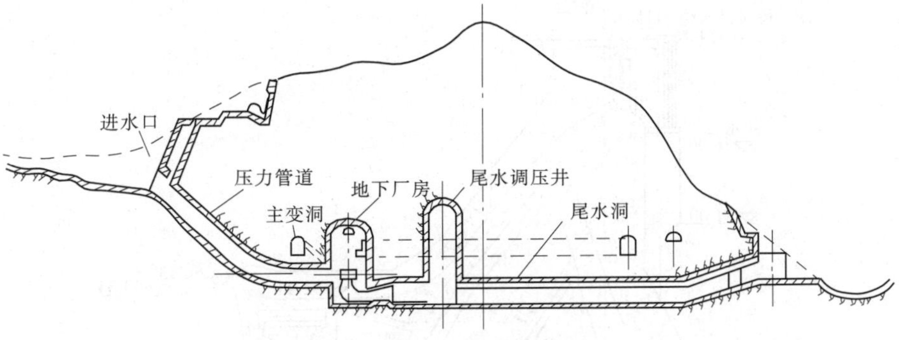

图 5-23 地下式厂房剖面图

确,压力管道穿过永久缝处设伸缩节。坝址河谷较宽,河谷中布置溢流坝外还需布置非溢流坝时,通常采用这种厂房。

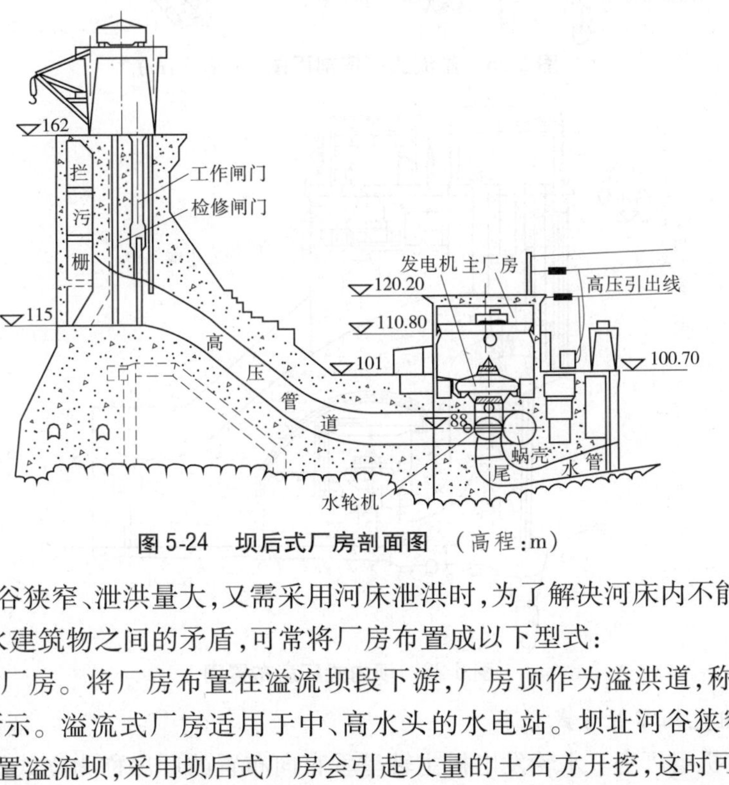

图 5-24 坝后式厂房剖面图 (高程:m)

有时,当河谷狭窄、泄洪量大,又需采用河床泄洪时,为了解决河床内不能同时布置厂房建筑物和泄水建筑物之间的矛盾,可常将厂房布置成以下型式:

(1)溢流式厂房。将厂房布置在溢流坝段下游,厂房顶作为溢洪道,称为溢流式厂房,如图 5-25 所示。溢流式厂房适用于中、高水头的水电站。坝址河谷狭窄,洪水流量大,河谷支沟布置溢流坝,采用坝后式厂房会引起大量的土石方开挖,这时可以采用溢流式厂房。其缺点是厂房结构计算复杂,施工质量要求高。浙江新安江水电站厂房是我国第一座溢流式厂房。

(2)坝内式厂房。将厂房布置在坝体内空腹,坝顶设溢洪道,称为坝内式厂房,如图 5-26 所示。河谷狭窄不足以布置坝后式厂房,而坝高足够允许在坝内留出一定大小的空腔布置厂房时,可采用坝内式厂房。江西上犹江水电站厂房是我国第一座坝内式厂房。

(3)河床式厂房。河床式厂房的型式有好多种,其中普遍采用的是装置竖轴轴流式机组的河床式厂房,如图 5-27 所示。

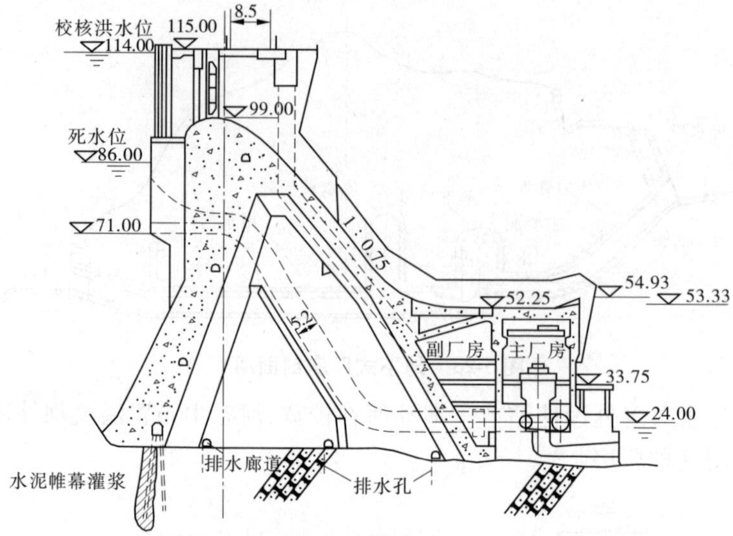

图5-25　溢流式厂房剖面图　（单位:m）

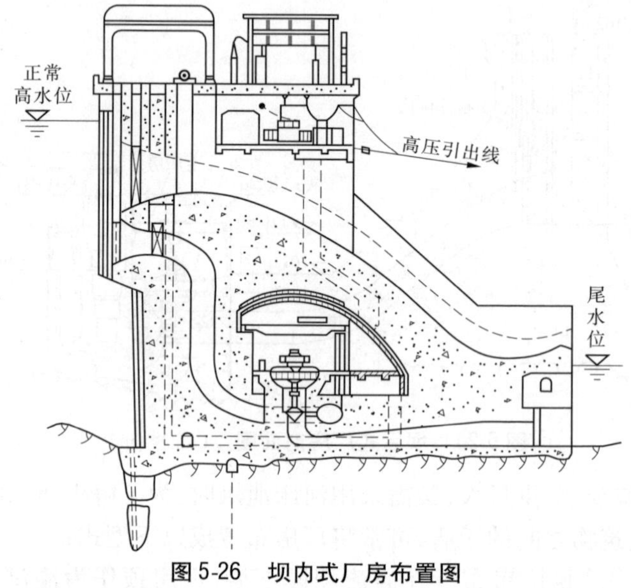

图5-26　坝内式厂房布置图

2. 按机组主轴布置方式分类

（1）立式机组厂房。水轮发电机主轴呈垂直向布置的厂房称为立式机组厂房。立式机组厂房的高度较大，设备在高度方向可分层布置，厂房较宽敞整齐，平面面积较小，厂房下部结构为大体积混凝土，整体性强，运行、管理方便，振动、噪声较小，通风、采光条件好，但厂房结构复杂，造价高。适用于下游水位变幅较大或下游水位较高的情况，如图5-27所示。目前，装设流量较大的反击式水轮机（贯流式除外）的水电站，几乎都采用立式机组厂房。机组尺寸较大的冲击式水轮机，喷嘴数为2~6个时，水电站也采用立式机组厂房。

（2）卧式机组厂房。水轮发电机主轴呈水平向布置且安装在同一高程地板上的厂房称为卧式机组厂房。卧式机组厂房的高度较小，设备布置紧凑，结构简单，造价低，厂房内

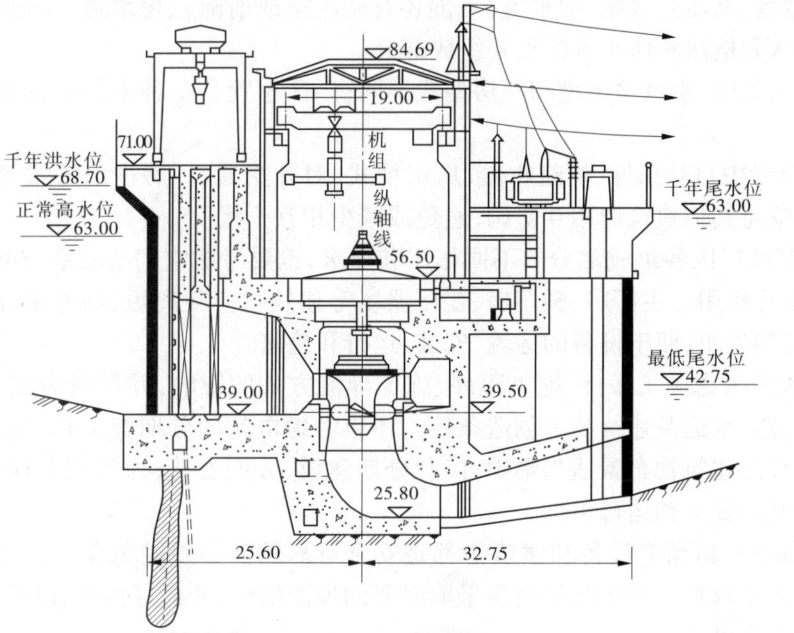

图 5-27 河床式厂房剖面图 （单位：m）

大部分机电设备集中布置在发电机层，平面占用面积较大，但设备布置较拥挤，安装、检修、运行不便，噪声、振动较大，散热条件差。中高水头的中小型混流式水轮发电机组、高水头小型冲击式水轮发电机组及低水头贯流式机组均采用卧式机组厂房，如图 5-28 所示。

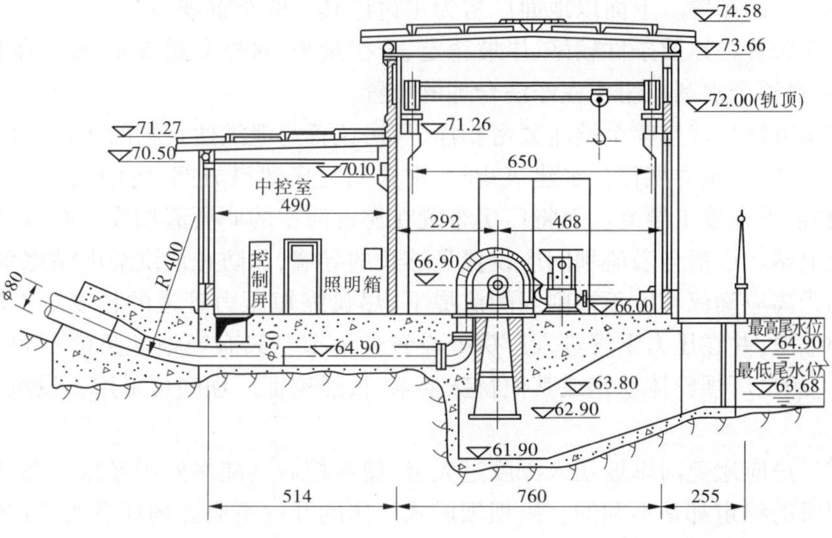

图 5-28 卧式机组厂房横剖面图 （单位：尺寸 cm；高程 m）

二、厂区布置

（一）厂区布置的任务和原则

厂区也称厂房枢纽。厂区布置的任务是以水电站主厂房为核心，合理安排主厂房、副厂房、变压器场、高压开关站、引水道(可能还有调压室或前池)、尾水道、交通线等的相互位置。它是水利枢组总体布置的重要组成部分。

由于自然条件、水电站类型和厂房型式不同，厂区布置是多种多样的，但应遵循以下主要原则：

(1)综合考虑自然条件、枢纽布置、厂房型式、对外交通、厂房进水方式等因素，使厂区各部分与枢纽其他建筑物相互协调，避免或减少相互干扰。

(2)要照顾厂区各组成部分的不同作用和要求，也要考虑它们的联系与配合，要统筹兼顾，共同发挥作用。主厂房、副厂房、变压器场等建筑物应距离短、高差小、满足电站出线方便、电能损失小，便于设备的运输、安装、运行和检修。

(3)应充分考虑施工条件、施工程序、施工导流方式的影响，并尽量为施工期间利用已有铁路、公路、水运及建筑物等创造条件。还应考虑电站的分期施工和提前发电，宜尽量将本期工程的建筑物布置适当集中，以利分期建设、分期安装，为后期工程或边发电边施工创造有利的施工和运行条件。

(4)应保证厂区所有设备和建筑物都是安全可靠的。必须避免在危岩、滑坡及构造破碎地带布置建筑物。对于陡坡则应采取必要的加固措施，并做好排水，以确保施工期和投产后都能安全可靠。

(5)应尽量减少破坏天然绿化。在满足运行管理的前提下，积极利用、改造荒坡地，尽量少占农田。

(二)主厂房布置

由于厂区其他组成部分都是以主厂房为核心进行布置的，所以主厂房的位置选择和布置影响整个厂区布置。下面以地面厂房为主讨论其一般布置规律。

主厂房应布置在地质条件较好、岸坡稳定、开挖量小、对外交通方便、施工条件好且导流容易解决、对整个水利枢纽工程经济合理的位置。

坝后式水电站厂房与整个枢纽紧密相连，厂房位置与泄洪建筑物的布置密切相关。

当河谷较宽，以重力坝作挡水建筑物时，常采用河床泄洪方案，将溢流坝段布置在主河槽中，以利泄洪和施工导流。而将厂房布置在靠近河岸的非溢流坝段下游，以便对外交通和布置变电站。厂房与溢流坝间应设置足够长的导墙，以防止泄洪对电站尾水的干扰。厂坝之间的距离应确保坝址不被削弱的前提下，尽量缩短压力管道的长度。厂坝间一般设有沉陷伸缩缝，并在压力钢管进入厂房处设置伸缩节。只有当地基条件不利或下游洪水位很高，为满足厂坝整体稳定或其他特殊要求时，经论证厂坝间可采用不设沉陷伸缩缝的连接形式。

坝后式厂房应避免向岸坡切入深度过大，致使开挖后高陡岸处于暴露状态，这样对岸坡和挡水坝段的稳定都是不利的。拱坝坝后式厂房的开挖不应影响坝肩的稳定性。必要时可采用弧形布置，但应妥善解决由此引起的厂房内吊车等问题。

当河谷狭窄、无法同时布置溢流坝段和厂房坝段时，则可采用河岸泄洪方案或采用溢流式、坝内式、地下式厂房布置方案。

河床式水电站由于采用起挡水作用的河床式厂房，厂房与坝位于同一纵轴上，故厂房位置对枢纽布置、施工程序和施工导流影响很大，应给予充分注意，妥善解决。

当河床较宽，应将主要的建筑物（厂房、溢流坝、船闸）布置在岸边，可布置在同一岸［见图 5-29（a）］；也可分两岸布置，如厂房与溢流坝位于一岸，船闸在另一岸［见图 5-29（b）］。当有河湾或滩地时，可将厂房和溢流坝布置在河湾凸岸或滩地上［见图 5-29（c）］。

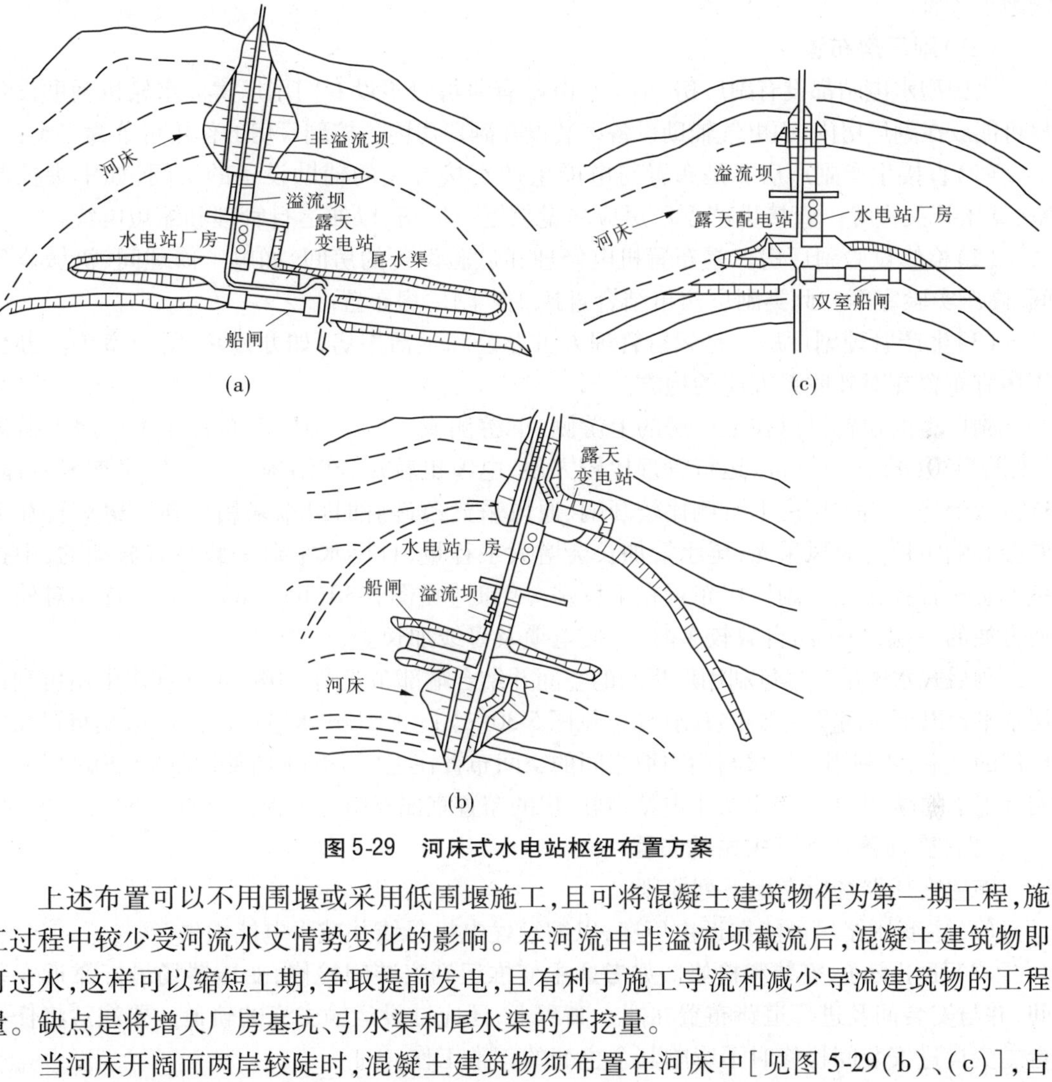

图 5-29 河床式水电站枢纽布置方案

上述布置可以不用围堰或采用低围堰施工，且可将混凝土建筑物作为第一期工程，施工过程中较少受河流水文情势变化的影响。在河流由非溢流坝截流后，混凝土建筑物即可过水，这样可以缩短工期，争取提前发电，且有利于施工导流和减少导流建筑物的工程量。缺点是将增大厂房基坑、引水渠和尾水渠的开挖量。

当河床开阔而两岸较陡时，混凝土建筑物须布置在河床中［见图 5-29（b）、（c）］，占据了河床的全部或大部分宽度，混凝土建筑物须分期施工，且基坑要有较高围堰保护。洪水通过束窄后的部分河床下泄，必须充分考虑施工度汛问题。在河床较窄、泄洪前沿长度不足时，一般考虑在厂房坝段设泄洪排沙孔。泄水孔进水口宜低于水轮机进水口，以利排沙；出口一般布置在尾水管扩散段上面，以利工作闸门操作。也有采用溢流式厂房的。

引水式水电站常用河岸式厂房。其特点是距枢纽较远，因此首部枢纽布置和施工条件对之影响甚小，而引水系统对其影响较大，所以应首先以地形、地质、水文等自然条件选择引水方式后，再确定厂房位置和布置。布置时应尽可能使厂房进出水平顺，最好采用正向进水，尾水渠要逐渐斜向下游，或加筑导墙以改善水流条件，免受河道洪水顶托而产生壅水、漩涡和淤积。

厂房背后山坡陡峻，应注意山坡的稳定和处理方法。厂房屋顶结构以及布置在厂房附近的重要机电设备要考虑防坠石破坏的安全措施。

引水系统中的调压室或压力前池以选择在地面较高、地质条件好而又尽量靠近厂房的地点为宜。

（三）副厂房布置

大中型水电站都设有副厂房，小型水电站有时可以不设专门副厂房。水轮机辅助设备尽可能放在副厂房内，而电气辅助设备多装设在副厂房内。按副厂房的作用可分为三类：

（1）直接生产副厂房。是布置与电能生产直接有关的辅助设备的房间，如中央控制室、低压开关室等。直接生产副厂房应尽量靠近主厂房，以便运行管理和缩短电缆。

（2）检修试验副厂房。是布置机电修理和试验设备的房间，如电工修理间、机械修理间、高压实验室等。此类副厂房可结合直接生产副厂房布置。

（3）生产管理副厂房。是运行管理人员办公和生活用房，如办公室、警卫室等。办公用房宜布置在对外联系方便的地方。

副厂房的位置可以在主厂房的上游侧、下游侧或一端。副厂房布置在主厂房上游侧［见图5-30（a）、（c）、（f）］运行管理比较方便，电缆也较短，在结构上与主厂房连成一体，造价较经济。当主厂房上游侧比较开阔、通风采光条件好时可以采用。副厂房布置在下游会影响主厂房通风采光；尾水管加长会增大工程量，且尾水平台一般是有振动的，中控室不宜布置在该处。副厂房布置在主厂房一端时［见图5-30（b）、（d）］，宜布置在对外交通方便的一端，当机组台数较多时，会使电缆及母线加长。

坝后式水电站应尽量利用厂坝间的空间并结合端部布置副厂房。河床式水电站可利用尾水平台以下空间及端部布置副厂房［见图5-30（e）］。引水式水电站的副厂房宜布置在主厂房的一端，或利用主厂房与后山坡之间的空间布置在主厂房的上游侧［见图5-30（f）］。对明管引水的高、中水头引水式水电站，副厂房的布置宜偏离压力水管管槽的正下方。

（四）变压器场和开关站的布置

布置变压器场应考虑下列原则：

（1）主变压器尽可能靠近主厂房，以缩短发电机母线并减少电能损失。

（2）便于交通、安装和检修。如考虑主变推运到安装间检修，变压器场最好靠近安装间，并与安装间及进厂道路布置在同一高程上，还应铺设运输主变的轨道。要注意将任一台主变运进安装间检修时不影响其余主变的正常工作。

（3）便于维护、巡视及排除故障。为此，在主变四周要留有0.8～1.0 m以上空间。

（4）土建结构经济合理。主变基础安全可靠，应高于最高洪水位。四周应有排水设施，以防雨水汇集淹没主变。

（5）便于主变通风、冷却和散热，并符合保安和防火要求。

主变压器场具体位置应视电站不同情况选定。

坝后式水电站，往往可利用厂坝之间布置主变［见图5-30（b）、（c）］，高压引出线可以从埋设在坝坡上的锚筋架线引到开关站。但要注意大坝朝向问题，如大坝正西朝向或厂房有西晒问题，这时对运行不利，特别是中控室和主变位置，要考虑留有自然通风道，或

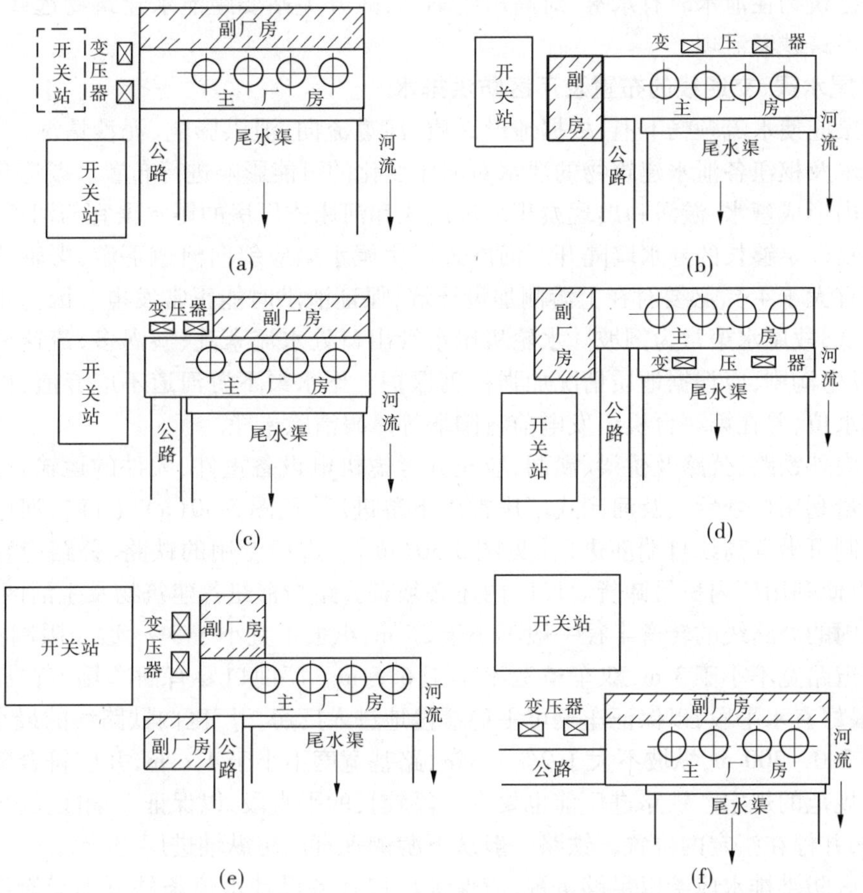

图 5-30 水电站厂区布置方案示意图

采取必要措施降低夏季运行气温。

河床式水电站上游侧由于进水口及其设备占用，因此只好把主变布置在尾水平台上［见图 5-30(d)］。河床式水电站的水轮机尾水管比较长，有条件建较宽的尾水平台安装主变，平台下面还可布置一副厂房。也有将主变布置在河岸上，这就需要在厂房上游侧或尾水平台下面做母线廊道。个别也有将主变布置在厂房顶，但运行管理检修均不方便。

引水式水电站，厂房多数是顺河流、沿山坡等高线布置，厂房与背后山坡间地方不大。为减少开挖量，可将主变布置在厂房一端的公路旁［见图 5-30(f)］。当主变台数多、容量大、厂房上游有空间时，宜布置在上游侧，也有布置在下游侧的。

高压开关站一般为露天式。当地形陡峻时，为了减少开挖和平整的工程量，可采用阶梯布置方案或高架方案。

高压开关站的布置原则与变压器场相似，要求高压引出线及低压控制电缆安装方便而短；便于运输、检修、巡视；土建结构稳定。因为户外高压配电装置的故障率很低，所以靠近厂房和主变的山坡或河岸上有较为平坦的场地，出线方向和交通均较方便，可布置开关站。当高压出线电压不是一个等级时，可以根据出线回路和出线方向，分设两个以上的高压开关站。

泄水建筑物在泄水时有水雾，对高压线不利，故开关站要距泄水建筑物远些，高压架空线尽量不跨越溢流坝。

（五）尾水渠、交通线的布置及厂区防洪排水

尾水渠应使水流顺畅下泄，根据地形地质、河道流向、泄洪影响、泥沙情况，并考虑下游梯级回水及枢纽各泄水建筑物的泄水对河床变化的可能影响进行布置。要避免泄洪时在尾水渠内形成壅水、漩涡和出现淤积。坝后式和河床式厂房的尾水渠宜与河道平行，与泄洪建筑物以足够长的导水墙隔开。河岸式厂房尾水渠应斜向河道下游，渠轴线与河道轴线角不宜大于45°，必要时在上游侧加设导墙，保证泄洪时能正常发电。因为水轮机安装高程较低，故尾水渠常为倒坡。水轮机尾水管出口处水流紊乱、漩涡多，流速分布极不均匀，易发生淘刷，应根据地质情况加强衬砌保护。尾水渠下游河道不应弃渣，以防因弃渣而抬高水位，并在第一台机组发电前将围堰等障碍清除干净。

厂区内外铁路、公路及桥梁、涵洞，应充分考虑机电设备重件、大件的运输，有水运条件时应尽量利用。坝后式及河床式厂房常由下游进厂[见图 5-30(a)、(d)]，河岸式厂房受地形限制可沿等高线自端部进厂[见图 5-30(f)]。进厂专用的铁路、公路应直接进入安装间，以便利用厂内桥吊卸货。厂区内还必须有公路与枢纽各建筑物及生活区相通。

厂区内的公路线的转弯半径一般不小于 35 m，纵坡不宜小于 9%，坡长限制在 200 m 内。单行道路宽不小于 3 m，双车道宽不小于 6.5 m。厂门口要有回车场。在靠近厂房处，公路最好有水平段，以保证车辆可平稳缓慢地进入厂房。厂区内铁路线的最小曲率半径一般为 200～300 m，纵坡不大于 2%～3%，路基宽度不小于 4.6 m，并应符合新建铁路设计技术规范的规定。铁路进厂前也要有一段较长的平直段，以保证车辆能安全、缓慢地进入厂房，并停在指定的位置。铁路一般从下游侧垂直厂房纵轴进厂。

对厂区防洪排水应给以足够重视，应保证厂房在各设计水位条件下不受淹没。当下游洪水位较高时，为防止厂房受洪水倒灌，可采用尾水挡墙、防洪堤、防洪门、全封闭厂房、抬高进厂公路及安装间高程，或综合采用以上几种措施加以解决。在可能条件下尽量采用尾水挡墙或防洪堤以保证进厂交通线及厂房不受洪水威胁；对汛期洪水峰高量大、下游水位陡涨陡落的电站，进厂交通线的高程可以低于最高尾水位，但进厂大门在汛期必须采用密封闸门关闭，而同时另设一条高于最高尾水位的人行交通道作为临时出入口。全封闭厂房不设进厂大门，交通线在最高尾水位以上，通过竖井、电梯等运送设备和人员进厂，但运行不方便，中小型电站较少采用。

主副厂房周围应采取有效的排水和保护措施，以防可能产生的山洪、暴雨的侵袭。邻近山坡的厂房，应沿山坡等高线设一道或数道有铺设的截水沟。整个厂区可利用路边沟、雨水明暗沟等构成排水系统，以迅速排除地面雨水。位于洪水位以下的厂区，为防止洪水期的倒灌和内涝，应设置机械排水装置。

任务四　水电站的主要机电设备

水力发电的基本过程是将水能变为机械能，再把机械能通过机械设备转化为电能，通过一系列的电气设备将电能送向电力系统。

采用引水渠道或隧洞将上游河流或水库引来的水流经前池或调压室，再由压力水管输送给水轮机，通过水轮机将水能转变为机械能，水流通过水轮机后由尾水渠泄入下游河道。机械能变为电能是由发电机来实现的，发电机出线电压一般较低，有些小型水电站可能直接将发电机发出的电能送往用户或地方电网，而一般水电站须经变压器升压将电能输送到较远的地方或电网。

为了保证上述基本过程的实现，水轮机、发电机、变压器必须正常运行，同时配套有一系列的辅助设备。一般情况可将水电站的机电设备分为五个系统。

(1)水流系统。是将水能转化为机械能的一系列过流设备，包括引水管、主阀(如蝴蝶阀)、蜗壳、水轮机、尾水管、尾水闸门、尾水渠等。

(2)电流系统。是发电、变电、配电系统，即电气一次回路系统，包括发电机、发电机引出线、发电机低压配电装置、主变压器、户外开关站(高压配电装置)及各种电缆、母线等。

(3)电气控制设备系统。是控制水电站运行的电气设备，包括机旁盘、励磁设备、中控室各种电气设备以及各种控制监测和操作设备，如互感器、表计、继电器、控制电缆、自动及远动装置、通信及调度设备等。

(4)机械控制设备系统。包括水轮机的调速设备以及主阀、减压阀、拦污栅和各种闸门的操作控制设备等。

(5)辅助设备系统。是为了安装、检修、维护、运行所必须的各种机、电辅助设备。包括厂用电系统(厂用变压器、厂用配电装置、直流电系统等)；油系统(汽轮机油和绝缘油的存放、处理、流通设备)；气系统(高、低压空压机，储气筒，气管及阀门等)；水系统(技术供水、生活供水、消防供水、渗漏及检修排水等)；起重设备(厂房内外的桥式及门式起重机、各种闸门的启闭机等)；各种机电维修和试验设备；采光、通风、取暖、防潮、防火、保安、生活卫生等设备。

项目自测题

1. 水力发电的基本原理是什么？
2. 按集中水头的方式分类，水电站分为哪几类，各有什么特点？
3. 压力前池的作用是什么？
4. 压力前池的主要组成部分有哪些？
5. 水电站动力渠道有哪些？各有什么优缺点？
6. 什么是水电站厂区？厂区有哪些主要组成部分？
7. 水电站厂房的任务是什么？
8. 水电站厂区布置有哪些原则？
9. 引水式水电站厂区是如何布置的？
10. 河床式水电站厂区是如何布置的？
11. 坝后式水电站厂区是如何布置的？

项目六 治河防洪工程

【学习目标】 掌握平原河流的整治措施及各种类型的河道整治建筑物；熟悉治河防洪工程的基本概念、防洪工程的工程措施；了解河流及河道演变、治河防洪规划、防洪的非工程措施。

任务一 治河工程

一、概述

河流是构成人类生存环境和经济社会建设的一个重要组成部分。自然状态下的河流不能满足人类活动的需要，甚至还会带来严重的灾难。因此，必须对河流积极地进行整治，在一定程度上改变河流的自然状态，变水害为水利。

（一）河流

河流是由水流和河床两个方面构成的，泛指陆地上经常汇集地面径流与地下径流的天然容泄水流的水道，它是流水侵蚀和地质构造作用的产物。一般按照河床情况、冲刷和淤积的程度、流量和流速大小等特点，可将河流划分为河源、上游、中游、下游和河口5段。

河流根据地理位置，可分为山区河流（见图6-1）和平原河流（见图6-2）两大类型。

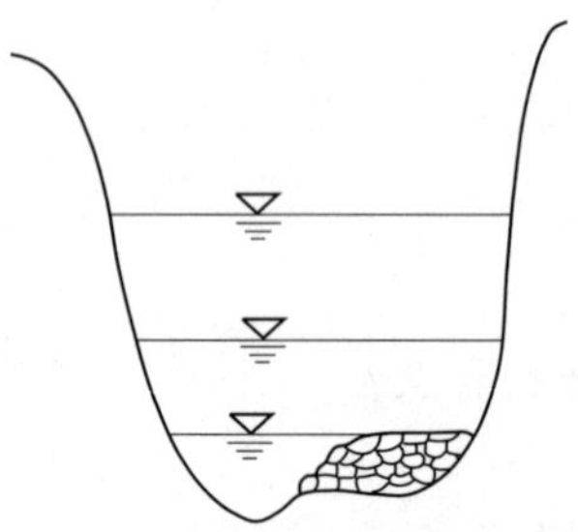

图6-1 山区河流河谷示意图

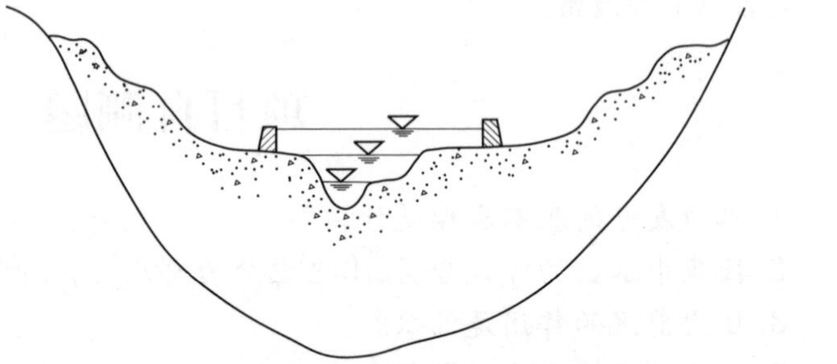

图6-2 平原河流河谷示意图

山区河流流经地势高峻、地形复杂的山区，其河谷形成与地壳构造运动和水流侵蚀作用有关。河谷横剖面常呈发育不完全的V字形或U字形，纵剖面一般比降陡峻，形态也极不规则，平面形态极为复杂，河岸线极不规则；水文特点是洪水猛涨猛落，且流量与水位变幅极大；河流中悬移质含沙量的多少，视地区不同而不同，岩石风化不严重和植被较好的地区含沙量较小，反之含沙量就较大。

平原河流流经地势平坦、土质疏松的平原地区，其显著的特点是有较厚的河谷冲积层和宽阔的河漫滩。河谷形状多为抛物线形、W形或不对称三角形，河床纵剖面无明显阶梯状变化，为有起伏的平缓曲线，而河漫滩上常存在与水流方向大致平行或斜交的狭长沙丘；水文特点是洪水涨落过程平缓，水位变幅较小；河流中的悬移质多为细沙或黏土。

（二）河道演变

河道演变指河道在自然条件下或受人工建筑物干扰时发生的变化过程。这种变化是水流和河床相互作用的结果，因为河床影响水流结构，水流促使河床变化，两者相互依存，相互制约。

水流和河床的作用是以泥沙运动为纽带的。在某个河段内，在一定的水流条件下，水流具有一定的挟沙能力，如果来沙量与挟沙力相适应，则水流处于输沙平衡状态，河床既不冲刷也不淤积。在相反的情况下，如果来沙量与挟沙力不相适应，则水流处于输沙不平衡状态，河床将发生相应的冲淤变化。当来沙量大于水流挟沙力时，过多的泥沙将逐渐沉积下来，使河床淤高；当来沙量小于水流挟沙力时，不足的泥沙将逐渐自河底得到补充，使河床冲深。

当河床发生冲淤变化后，水流的水力条件就发生了相应的变化，从而使水流的挟沙力也发生相应的变化。河床的淤高使本河段的过水断面减小，比降增大；上游河段的过水断面增加，比降减小，其结果将使得来沙量减小而水流挟沙力增大，当变形继续发展下去，就有可能使原来不适应的水流挟沙力和来沙量变成相适应，反过来也是一样。因此，可以认为由输沙不平衡所产生的河床变形是朝着使变形停止的方向发展的，这一现象称为河床和水流的"自动调整作用"。

（三）治河工程

河流无论在自然状态下或在人类活动影响下，由于可动的边界条件和不恒定的来水来沙条件，总是处于不断的变化过程之中。这种变化，在许多情况下可能会产生巨大的破坏作用，而必须采取工程措施加以控制，这类工程措施即是治河工程，或称为河道整治工程。

治河工程主要是根据河道整治的目的，结合河段的具体情况，运用河流动力学的基本知识所采取的工程与非工程技术措施。

治河的目的应包括防洪、维护航道要求的尺度与改善港口条件、保证引水（包括发电、灌溉引水和生活用水）、防止河岸坍塌以便利用洲滩岸线和保护城镇及农田、保护跨河建筑物、控制泥沙淤积部位、水质保护等。其措施主要有上游水土保持、修建水库、河道中下游修建堤防和护岸工程、分洪蓄洪工程、裁弯取直、疏浚、引水建筑物、导流建筑物等。

（四）我国治河防洪事业的发展

自公元前2300多年的大禹治水，人们就认识到"水性就下"，采取"凿龙门，疏九河"的方法来治理黄河，到现在仍有指导意义。公元前250年前后，李冰父子率劳动人民在岷江成功修建了闻名世界的都江堰水利工程，虽然当时是出于军事的目的而建设，但后来经过多次的改建，一直灌溉着成都平原，创造出的卵石竹笼、杩槎等技术措施，也是非常成功的。西汉末年的治黄战略家贾让，针对汉代黄河河患频发的原因，提出了以"宽河行洪"思想为主的全面治理黄河的上、中、下三种不同对策，上策主张滞洪改河，中策提出筑渠分流，下策则为缮完故堤，贾让还对此进行了对比选优和评估。贾让"治河三策"对后世产生了重大影响，经后人的发展补充，便形成了宽河、分水放淤和束水攻沙三派学说。至明朝潘季驯（1521～1595年）治黄期间，提出了很多河流演变规律和泥沙运动规律，像"水分则势缓，势缓则沙停，沙停则河饱。……水合则势猛，势猛则沙刷，沙刷则河深"这样的关于水沙关系的科学论断，与近代水流挟沙力的概念是基本一致的。清朝冯祚泰在治理黄河时明确提出，黄河"浊流之最可恶者莫如沙，而最可爱者亦莫如沙"，利用泥沙"可以淤洼，可以肥田，可以固堤，可以代岸"，这种用沙治黄的策略为今人所借鉴。在20世纪30年代，我国近代水利的奠基人李仪祉（1882～1938年）对黄河的治理观点有：泥沙未减，本病难除；中、上游不治，下游难安；兴建水库，蓄洪减沙；综合开发，利用黄河。我国古代劳动人民虽然在治河防洪方面取得了不少的成就，但由于社会条件和科学技术条件的限制，治河防洪的发展受到了很大的阻碍，黄河的治理充分说明了这一点。

中华人民共和国成立以后，在治河防洪事业方面取得了前所未有的成就。截至2017年年底，全国累计修建加固堤防长30.6万km，达标堤防21.0万km；建成大、中、小型水库98 795座。根据国务院已批复的七大江河防洪规划，蓄洪区共有94处，蓄洪区总面积约3.4万km^2。同时颁布实施了各种水法和防汛条例，防汛指挥调度通信系统，洪水预报和警报系统，洪水保险和灾后救济等非工程措施逐渐完善。在全国范围内初步形成了科学合理的防洪布局和较完整的防洪工作体系，初步控制了大江大河的常遇洪水，减少了大洪水造成的损失。例如，1954年和1998年长江大洪水，1958年黄河大洪水，1963年海河大洪水，1994年湘江大洪水，2003年淮河大洪水等。黄河小浪底水库和长江三峡水库的修建，使黄河、长江下游河道的防洪能力进一步提高。

我国防洪减灾的巨大成就，为我国经济迅速发展和社会长期稳定以及生态环境的改善提供了强有力的保障。

二、治河工程规划

在进行河道整治之前要编制治河工程规划，它是流域规划的一部分，是在确定整治目的的前提下，充分考虑国民经济各部门的基本要求而制定的一个在较长时段内完成的总体计划。一般包括洪水、中水、枯水三个不同的整治方案。洪水整治的目的是为了防御洪水泛滥，确保沿河人民生命财产安全；中水整治是为稳定河道，控制河势；枯水整治则是为了保障通航和引水。

（一）河势

河势具有很广的含义，一切标志河道水流总体倾向的现象都被纳入这一概念之中。从某种意义上说，河势主要是指某一河段的水流与河槽的态势，包括格局与走向，其中最主要的是基本流路，它对河道总的状态及发展趋势起着决定性的作用。

（二）国民经济各部门对河道的基本要求

国民经济各部门对河道整治的要求，存在着既相适应又相矛盾的方面。

防洪部门，要求河道每一河段必须有足够的泄洪断面，能安全通过该河段的设计洪水流量，即承受相应的洪水水位；无过分束窄或弯曲的河段，河道比较顺直；同时要求河床比较稳定，无严重崩塌，以免危及堤防、农田、村庄、城镇及交通安全。

航运部门，要求河道满足通航规定的航道尺度；河道平顺稳定，水流平顺，流态不能太乱；跨河建筑物应满足船舶的水上净空要求。

取水口工程，要求所在河段的河势稳定，有足够的水位，同时尽可能使进入取水口的水流含沙量较低、泥沙粒径较细，避免渠道严重淤积，减少泵站机械的磨损。

桥渡工程，则要求河道比较稳定，不允许河槽摆动，要求水流平顺，防止严重的折冲水流冲刷河底，危及桥墩安全，或桥头引堤冲毁而中断交通。

从上面可以看出，在稳定河道、控制河势变化方面，各个部门都相对一致，但具体到河势走向上可能不尽相同。防洪部门要求有足够的泄洪断面，控制水位不得抬升，而桥渡工程从经济观点出发，则希望河段越窄越好。所以，在进行河势规划时，既要充分听取各个部门的意见和要求，又要分清主次，协调矛盾，深入分析研究，通过技术经济论证和生态环境评价，提出一个能被各个方面都可以接受的总体规划。

（三）河道整治设计标准

河道整治设计标准一般包括设计流量、设计水位和整治线。

1. 设计流量和设计水位

设计流量和设计水位的确定要根据河道整治的目的、河道特性和整治条件研究确定。针对洪水、中水、枯水河槽的整治，应有各自相应的特征流量和水位，作为设计的基本依据。洪水河槽一般按照当地的防洪标准，选择与之相应的洪峰流量或水位，作为设计河道整治建筑物高程的依据。中水河槽主要是在造床流量作用下形成的，一般情况下，平滩（河漫滩）流量接近造床流量，故常用平滩流量和水位作为设计标准。枯水河槽的整治主要是为了解决航运问题，一般根据长系列日均水位的某一保证率即通航保证率（90% ~ 95%）来确定。

2. 整治线

整治线，又称为治导线，是河道经过整治后，在设计流量下的平面轮廓线（见图6-3）。

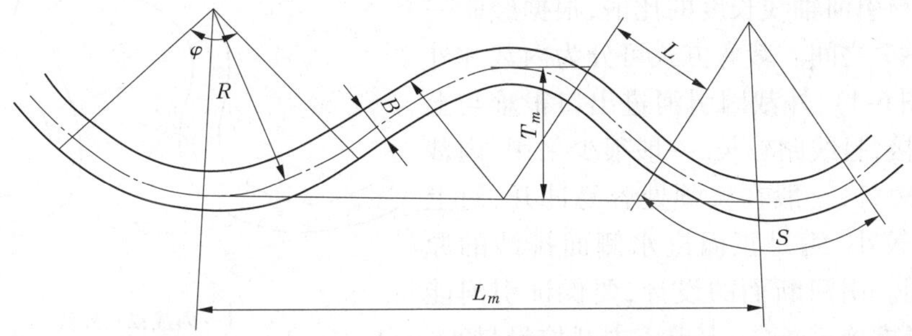

B—整治河宽；R—曲率半径；L—直线过渡段长度；L_m—弯顶距；T_m—摆幅；φ—中心角；S—曲线段长度

图6-3　整治线曲线特性示意图

整治线的确定最为重要和复杂，它决定了整治水位下的河势，应需反复研究论证和进行多种方案的比较，提出既符合河道自然演变规律，又能最大限度地照顾到各方利益的最佳方案。规划整治线的任务，主要是确定它的位置、宽度和线型。整治线的位置，要根据本河段的演变发展规律，考虑上下游河势、已建整治建筑物的位置，力求整治后的河岸线能平顺衔接，适应水沙变化规律，满足各方面的要求。整治线的宽度即河槽的宽度可参考本河道主流稳定、流态平顺、流速适中、河岸略呈弯曲、水深沿程变化不大的河段的宽度或经验公式比较后确定。对于整治线的线型，实践证明，适度弯曲的单一河段较为稳定，一般将其设计成曲线，并在曲线与曲线之间连以适当长度的直线过渡段。

三、平原河流的整治措施

平原河流按其平面形态和演变特性的不同,可分为蜿蜒型河段、游荡型河段、分汊型河段和顺直型河段四大类型。对于不同类型河段的治理,应从分析研究本河段具体特性入手,制定出切合河段实际情况的规划方案和工程设计方案。

(一)蜿蜒型河段

蜿蜒型河段一般出现在河流的中下游,多位于流量变幅小、中水期较长、河床组成均为可冲刷的土壤的河谷中。我国比较典型的蜿蜒型河段如长江中游的荆江河段、淮河流域的汝河下游和颍河下游、海河流域的南运河等。

弯曲河段的弯道凹岸由于受到水流的冲刷,产生的泥沙在凸岸淤积,在纵向输沙基本平衡的状态下,凹岸不断冲刷,凸岸不断淤积,其弯曲程度亦不断加剧,对防洪、航运、引水等各方面都是不利的,应及时加以治理。

当河湾发展至适度弯曲的河段时,应对弯道凹岸加以保护,以防止弯道的继续发展和恶化,具体的措施可在凹岸使用护岸工程。

对弯曲程度过大的蜿蜒型河段,可采用人工裁弯的方法,改变其弯曲程度,使其成为适度弯曲的河段。其方法是在河湾的狭颈处,先开挖一较小断面的引河,利用水流本身的能量使引河逐渐冲刷发展,老河自行淤废,从而达到新河通过全部流量。

人工裁弯规划设计的主要内容包括引河定线、断面设计和护岸工程。引河在设计时既要保证顺利冲开并满足枯水通航的要求,又要河道平顺且顺乎自然发展趋势,工程量小。衡量人工裁弯可行性的重要指标是裁弯比——老河与引河轴线长度的比值,根据经验一般控制在3~7之间。裁弯方式可分为内裁和外裁两种(见图6-4),外裁因引河进出口很难与上下游平顺衔接,且线路较长,一般很少采用;内裁除因线路较短外,一般在狭颈处容易冲开,对上下游影响也较小,满足正面进水侧面排沙的原则,故多采用。引河断面的设计,要保证引河能及时冲开,考虑施工条件,力求土方开挖量最小。一般设计成梯形,边坡系数按土壤性质、开挖深度和地下水等情况确定,可选为1∶2~1∶3;断面大小可设计成最终断面的1/5~1/15或原河道断面的1/20。引河崩塌到设计新河岸线附近时,就应及时护岸,可采用预防石的办法,即事先备足石料,待岸线崩退到预防石处时,自行坍塌,形成抛石护岸。

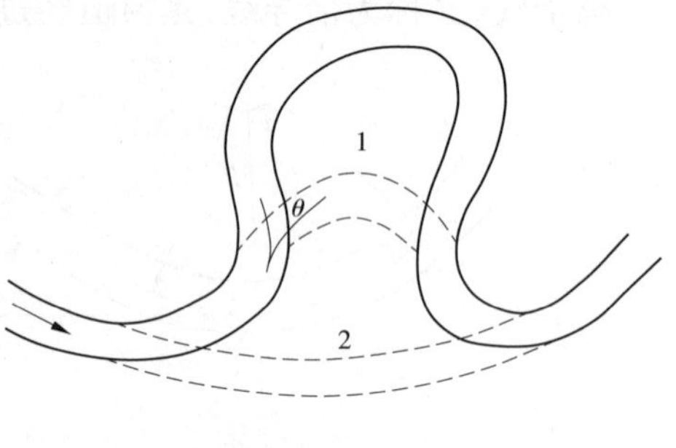

1—内裁;2—外裁

图6-4　裁弯取直方式

(二)游荡型河段

游荡型河段在我国多分布在华北及西北地区河流的中下游,如黄河下游孟津至高村河段,永定河下游卢沟桥至梁各庄河段等。其主要特点是河道宽浅,河床组成物质松散,泥沙淤积严重,主流摆动不定。

对于游荡型河段的整治原则是以防洪为主,在确保大堤安全的前提下,兼顾引水和航运。采用“以弯导流,以坝护弯”的形式,控制好游荡型河段的河势。在工程布置时,对于河道宽阔、主流横向摆动较大、流向变化剧烈的河段,以坝为主,以垛为辅;对河道狭窄、主流横向摆动不大的河段,则以短坝为主,护坡为辅。

由于泥沙问题是游荡型河段难以治理的主要原因,要彻底治理好此种类型河段,应坚持标本兼治、综合处理的方针,即采取"上拦下排,两岸分滞"控制洪水,"拦、排、放、调、挖"处理和利用泥沙。

(三)分汊型河段

分汊型河段一般多出现在河流的中、下游,往往位于上游有节点或较稳定的河道边界条件、流量变幅与含沙量均不过大、沿岸组成物质不均匀的宽阔河谷中,如长江下游镇扬河段等。其特点是中水河床在形态上呈现为宽窄交替,宽段存在江心洲,将水流分成两股或多股。

分汊型河段在发展演变过程中主要是洲滩的移动,江心洲在水流的作用下,洲头不断冲刷坍塌后退,洲尾不断淤积延伸,使江心洲缓慢向下游移动;主、支汊的交替兴衰也是其演变特征之一,但周期较长。相对来讲此类河道应当是较稳定的。

分汊型河段在整治时,应首先研究上游河势与本河段河势变化的规律,采取措施稳定上游河势,调整水流和分流分沙比。当分汊河段正处于对国民经济各方面均有利时,可采取措施把现状汊道的平面形态固定下来,维持良好的分流分沙比,使江心洲得以稳定,具体可在分汊河段上游节点处、汊道入口处、弯曲汊道中局部冲刷段以及江心洲首部和尾部分别修建整治建筑物(见图6-5)。

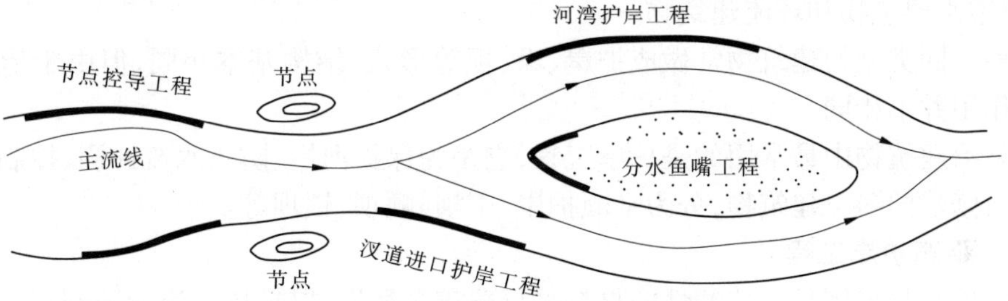

图6-5 固定分汊河段工程整治措施

在一些多汊的河段或两股汊道流量相差较大的河段,当通航或引水要求增加某一汊道的流量时,可以采用堵汊并流、塞支强干的方法。堵汊的措施视情况不同,可修建挑水坝或锁坝等,对主、支汊有明显兴衰趋势的河段,宜修建挑水坝,将主流逼向另一汊,以加速其衰亡,如图6-6所示;在中小河流上,为取得较好的整治效果,通常修建锁坝堵汊,在含沙量大的河流上,宜修建透水锁坝,而含沙量小的河流宜采用实体锁坝,如图6-7所示。当堵塞的汊道较长或汊道比降较大时,也可修建几道锁坝,以保证建筑物的安全。

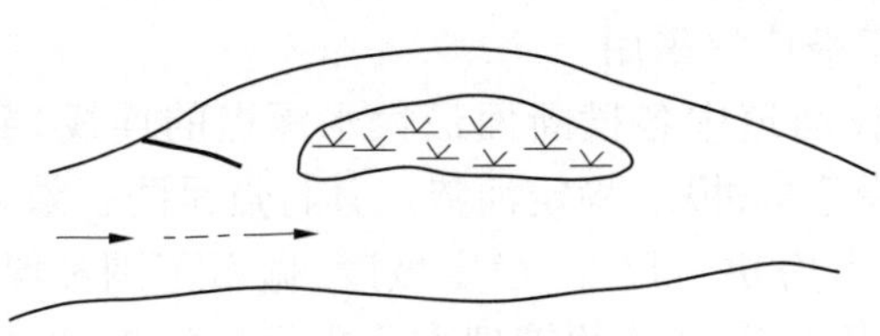

图6-6 挑水坝堵汊

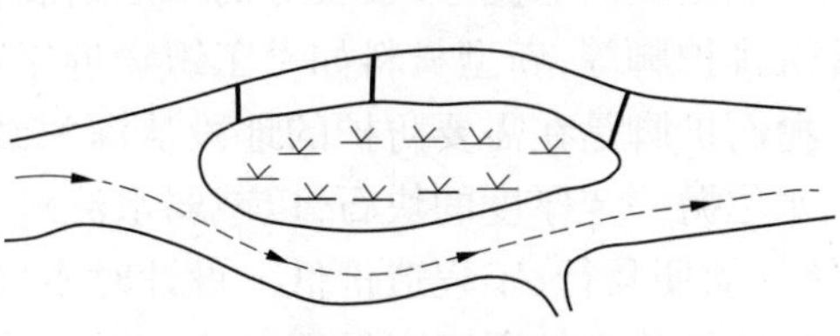

图6-7 锁坝堵汊

（四）顺直型河段

顺直型河段往往处于顺直、狭窄的河谷中，或者处于由黏土与沙黏土组成的发育较高的河漫滩和有人工控制情况的宽阔河谷中。中水河床比较顺直或稍有弯曲，河床两侧常有犬牙交错的边滩，深泓线在平面和纵剖面上均呈波状曲线，浅滩与深槽相间，滩槽水深相差不大。

顺直型河段的演变特点是边滩在水流的作用下，与河岸发生相对运动，不断平行下移，深槽与浅滩则在水流冲淤作用下不断易位，所以主流深槽和浅滩位置都不稳定，对防洪、航运和引水都不利。

对顺直型河段的整治，应从研究边滩运动规律开始，当河势向有利方向发展时，及时采取措施将边滩稳定下来，然后在横向环流的作用下，河湾形成、发展，当形成有适度弯曲的连续河湾时，采用护岸工程将凹岸保护起来，从而得到有利的河势。对于稳定边滩的措施，可采用淹没式正挑丁坝群，以利于坝档落淤，促使边滩淤长，对于多泥沙河道，可采用编篱杩槎等措施防冲落淤。

四、河道整治建筑物

河道整治建筑物，即河工建筑物，是以河道整治为目的所修筑的建筑物。按建筑材料和使用年限，可分为轻型的（或临时型的）和重型的（或永久型的）整治建筑物；按建筑物与水位的关系，可分为淹没式和非淹没式；按建筑物对水流的干扰情况，又可分为透水建筑物、非透水建筑物和环流建筑物。

各种不同类型的建筑物常做成护岸、垛、坝等形式，结构基本相同，但由于形状各异，所起的作用并不相同。

在整治建筑物中最常用的是护岸工程，它是为保护河岸、防止水流冲刷、控制河势、固定河床而修建的河工建筑物，分为平顺护岸、丁坝、顺坝、锁坝等。

（一）平顺护岸工程

平顺护岸是采用具有抗冲性的材料平行覆盖于河岸，以抵抗水流的冲刷，起到保护岸坡的作用。其特点是不挑流，水流平顺，不影响泄洪和航运，但防守被动，重点不突出。按照水流对岸坡的作用和施工条件，可分成护脚工程、护坡工程和滩顶工程三部分。设计枯水位以下为护脚工程，也叫护根、护底工程；设计洪水位加波浪爬高和安全超高以上的称为滩顶工程；两者之间为护坡工程。

1. 护脚工程

护脚工程因长年在水下工作，要求能抵御水流的冲刷及推移质的磨损，具有较好的整体性且能适应河床变形，及较好的水下耐腐性。常用的传统形式有抛石护脚、石笼护脚、沉枕沉排护脚等，新型材料如土工织物近年正被广泛采用。

抛石护脚是在需要防护的地段从深泓线（河道中各横断面最大水深点的连线）到设计枯水位抛一定厚度的块石，以减弱水流对岸边的冲刷，稳定河势。其特点是防护效果明显，施工简便易行，工程造价低。设计时主要考虑块石尺寸、稳定坡度、抛石范围和厚度、抛石落距及稳定加固工程量等。施工时应采用先进科学的管理方法来保证施工质量，提高工程管理效率。

石笼护脚是用铅丝、竹篾、荆条等编成各种网格的笼状物，内装块石、卵石或砾石做成的护底材料。其主要优点是可以充分利用较小粒径的石料，具有较大体积和质量，整体性和柔韧性均较好。近年，由于土工织物网在水下长期不锈蚀，也广泛运用于石笼的编织材料。

沉枕包括柳石枕和土工织物枕。柳石枕是在梢料内裹以石块，捆扎成直径为0.8～1.0 m的柱状物体，主要用于新修护岸。特点是具有一定的柔韧性，入水后紧贴河床，同时可以滞沙落淤。土工织物枕则是由土工织物和沙土填充物构成。

沉排护脚也有柴排和土工织物软体沉排两类。柴排是用上下两层梢枕做成网格，其间填以捆扎成方形或矩形的梢料（多采用秸料或苇料），上面再压石块的排状物。其厚度根据需要而定，一般为0.45～1.0 m，长度一般为40～50 m，宽度为8～30 m。其主要优点是整体性和柔韧性强，同时坚固耐用，但用料多、成本高，且制作技术和沉放要求较高。土工织物软体沉排则是由聚乙烯编织布、聚氯乙烯塑料绳和混凝土块组成，编织布是沉排的主体，塑料绳相当于排体的骨干，分上下两层，混凝土块用尼龙绳固定在网上。

2. 护坡工程

护坡工程主要受到水流冲刷作用，波浪的冲击及地下水外渗的侵蚀，要求建筑材料坚硬、密实，长期耐风化。护坡主要由脚槽、护坡坡面、导滤沟等组成。脚槽主要起支承坡面不致坍塌的作用；护坡坡面由面层与垫层组成，垫层起反滤作用，面层块石大小及厚度，应能保证在水流和波浪作用下不被冲走；导滤沟设在地下水逸出点以下，间距与沟的尺寸视地下渗水流量而定，一般沟的间距为10 m，断面尺寸为0.6 m×0.5 m。

3. 滩顶工程

滩顶工程位于设计洪水位加波浪爬高和安全超高以上，该部分的破坏可能会由下层工程的破坏引起，但主要是承受雨水冲刷和地下水的侵蚀。在处理时，可先平整岸坡，然后栽种树木，铺盖草皮或植草，同时应开挖排水沟或铺设排水管，并修建集水沟，将水分段排出。

（二）丁坝

丁坝是一端与河岸相连，另一端伸向河槽的坝形建筑物。丁坝由坝头、坝身和坝根三部分组成。它可以起到挑流与导流的作用，但同时因丁坝改变了水流结构，还可能在坝头位置出现较大的冲刷坑，影响丁坝本身的安全。

丁坝的种类很多，根据丁坝坝身透水情况，可分为透水丁坝和不透水丁坝；按坝轴线与水流方向的夹角可分为上挑丁坝、正挑丁坝和下挑丁坝，如图6-8所示；按丁坝对水流的干扰情况，可分为长丁坝和短丁坝。

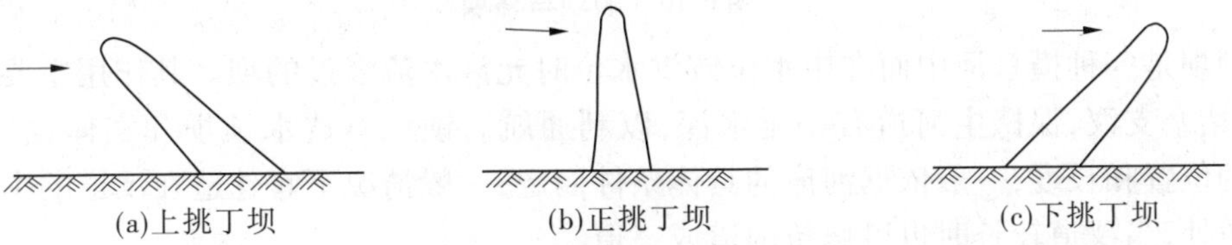

图6-8　交角不同的丁坝

特别短的丁坝又常称为矶头、盘头、垛等，其平面形状有人字坝、月牙坝、雁翅坝、磨盘坝等，如图6-9所示。这种坝工主要起迎托主流、消杀水势、防止岸线崩退的作用。同时，由于施工简便，防塌效果明显，在稳定河道和汛期抢险中经常采用。

图6-9　坝垛的平面形态

水流在丁坝之间呈回流状态，流速减缓，使水流中挟带的泥沙沉积。落淤情况和丁坝的位置、间距、坝高、坝长以及坝头的形状有关，也与河道的流量、坡降、含沙量有关。合理而又经济的丁坝间距，应达到既充分发挥每个丁坝的作用，合理地分担水势，又能保证两坝间不发生冲刷，保证坝体安全。现阶段大都通过模型试验进行分析研究，也可参考类似工程经验分析。我国黄河下游多采用坝长的0.81～1.04倍，效果较好；长河下游段曾使用坝长的8～10倍，险情频发。实际中可采用坝长的1～3倍或河槽水面宽度的1～3倍。

丁坝的结构型式也较多，除了传统的沉排丁坝、土丁坝、抛石丁坝、柳石丁坝和杩槎丁坝外，还有一些轻型的丁坝，如工字钢桩插板丁坝、钢筋混凝土井柱坝、竹木导流屏坝和网坝等。在选择时应考虑水流条件、河床地质及丁坝的工作条件，按照因地制宜、就地取材的原则进行。

（三）顺坝、锁坝

顺坝是顺着水流方向沿整治线修建的坝形建筑物，它的上游与河岸相连，下游则与河岸有一定的距离。其作用是束窄河槽，引导水流，有时也做控导工程。顺坝也分淹没式与非淹没式，如为整治枯水河床，则坝顶略高于枯水位；如为整治中水河床，则坝顶与河漫滩齐平；如为整治洪水河床，则坝顶略高于洪水位。有时为了加速淤积，防止冲刷，常在坝身和岸边修筑格坝，如图6-10所示。

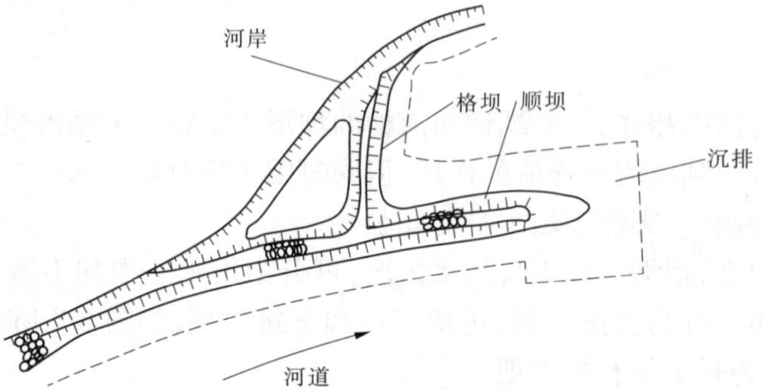

图6-10　顺坝与格坝

锁坝是一种横亘河中而在中水位或洪水位时允许水流溢过的坝。其作用主要是调整河床，堵塞支汊，保持主河道有一定水深，以利通航。锁坝有透水锁坝和实体锁坝两种。锁坝的位置和长度，一般依据河床的具体条件而定，一般情况下宜建造在汊道的中部或略偏上游处，当汊道较长时也可修筑两道或三道。

在结构型式、修筑方法和使用材料上，顺坝和锁坝与丁坝类似。

任务二 防洪工程

一、概述

(一)洪水

洪水一词,在中国出自先秦《尚书·尧典》。该书记载了4 000多年前黄河的洪水。据中国历史洪水调查资料,公元前206～公元1949年间,有1 092年有较大水灾的记录。洪水是一种自然现象,凡是超过河流、湖泊、海洋、水库等容水体的承纳能力,造成水量剧增或水位猛涨的现象,统称为洪水。我国的洪水,主要来自高山的融雪和大气中的降水。由于融雪和降水受到气象因素的影响,洪水常随季节产生,这种按季节产生的洪水称为汛水。按照洪水出现的时期不同,常把汛期分为桃汛、伏汛、秋汛和凌汛。由于我国地域辽阔,出现以上四汛的时期和机遇不完全相同,危害也不一样,例如南方河流一般不存在凌汛,桃汛危害亦不大,所以防洪工程主要针对伏秋大汛。

(二)洪灾

洪灾是由洪水造成的,但不是发生洪水一定会成灾。只有威胁人类生存和影响社会经济活动,并造成损失与祸患时,才能成灾。有时河流洪水也给人类带来一些利益,如尼罗河洪水定期泛滥给下游三角洲平原农田淤积肥沃的泥沙,反而有利于农业生产。

人类早期择高地而居,洪水淹没之处都是荒无人烟的地区,自然不会造成洪灾。但随着社会的发展,人口的增加,人类不断向平原迁移并逐渐定居下来,侵占了大量土地,导致洪水常常进犯人类生命财产而成灾。归根结底,是人类生存与自然不协调,与洪水不能和谐相处导致了洪灾的产生。

(三)防洪工程

防洪工程,是指人类在与洪水做斗争的过程中,力图减轻洪灾损失,确保人民生命财产安全,取得生态环境良性建设和社会经济可持续发展所采取的一切手段和措施。所谓防洪减灾工作体系,是指针对某特定流域或地区,为控制或基本控制常遇洪水,并对超过防御标准的稀遇洪水有应急对策所采取的工程措施与非工程措施的综合体系。

二、防洪规划

防洪规划是江河流域总体规划的一个组成部分,是根据防洪标准,为防治洪水而采取一系列治理措施的综合方案。其目的是全面提高江河流域或地区抗御洪水的能力,保障人民生命财产安全,创造安宁的生产生活环境和良好的生态环境,促进社会经济可持续发展。

(一)制定的原则

根据我国社会经济发展情况和江河洪水特点,编制防洪规划应遵循的原则是:全面完善,经济合理,最高效益,简单易行。

(1)全面规划、合理布局是防止洪水成灾,保护人民生命财产的重要措施。在规划上、中、下游河流的防洪工程时,要统筹兼顾,全面考虑防洪、排涝、灌溉、发电、航运等综合利用的效益。

(2)遵照水利建设的“三主”(以小型为主、配套为主、群众自办为主)方针，有重点、分阶段地进行，分清轻重缓急，做到尽全力防止毁灭性灾害，消除普通灾害，逐步提高防洪标准。以小型为主并不排斥大中型工程，相反地需要辅以必要的大中型骨干工程，才能做到大、中、小结合，形成完整的防洪体系。

(3)防洪工程的总体规划应按近期和远期相结合的原则来考虑。由于防洪工程的建设费用比较大，所以要对近期工程作出分期建设的安排，并为远期发展留有余地，这样既能节省初期投资，又能及早地发挥工程设施的作用。

(4)对原有防洪工程的改建和扩建，应从实际出发，充分利用和发挥原有工程的效能，有计划、有步骤地加以改造，使其逐步达到完善和合理化。

(5)为了减少下泄洪峰流量，减少工程造价，尽量采取分洪、截洪与排洪相结合的办法。

(二)防洪标准

防洪标准是指防洪保护对象要求达到的防洪(防潮)能力，由所保护地区的重要性而确定。一般可分为重点区、重要区和一般区。重点区为受灾后在政治、经济、国防上发生重大影响，或导致严重后果的地区，其标准应当定得较高；一般区为田亩不多，受灾后影响范围较小，经济损失也不大的地区，防洪标准可低一些；重要区介于上述两者之间，防洪标准低于前者高于后者。

防洪标准的选定方法可以按国家现行规定，依据《防洪标准》(GB 50201—2014)，取防护区内要求较高的防护对象的防洪标准。也可以根据流域的特点或各省的情况，采用各流域、各省的统一标准。如长江中下游地区，统一采用实际年法，即以1954年实际洪水加2 m的安全超高，作为长江干流的防洪标准；黄河下游则是按1958年洪水为标准。

编制防洪规划的步骤，根据实际情况拟定。一般是先进行调查研究，收集资料，其次是整理分析资料，最后比较多种防洪措施，选择适合的最佳方案。

三、防洪措施

防洪措施是防洪规划的具体表现，是指防止或减轻洪水灾害损失的各种手段和措施，包括工程措施和非工程措施。

(一)工程防洪措施

工程防洪措施主要是通过控制洪水、改变洪水特性来达到防洪减灾的目的，其内容主要有水库工程、堤防工程、分蓄洪工程、河道整治工程等。

1.堤防工程

堤防是沿河流、湖泊、海洋的岸边或蓄滞洪区、水库库区的周边修筑的挡水建筑物。堤防在我国有着悠久的历史，我国平原河流，都筑有大小不同的堤防，对减轻洪水灾害起着极其重要的作用。目前，我国的堤防长度已超过30万km。但从原则上讲，我国江河今后一般不宜再增建新堤和持续加高老堤，因为堤防造成的负面影响是非常大的。在修建堤防后，河槽断面增加，枯水期水流流速减缓，大量泥沙会淤积在河床底部，反而造成过流断面减小，如果再加高堤防，则会出现恶性循环，成为地上河。

堤防按其所在位置不同,可分为河堤、湖堤、海堤、围堤和水库堤防五种。由于各种堤防工作条件不尽相同,其断面要求略有差异。我国黄河流域,早在战国时期就习惯于筑堤遏水。在黄河上,河堤常分为遥堤、缕堤、格堤、越堤和月堤五种,如图 6-11 所示。遥堤即干堤,是防洪的最后一道防线;缕堤距河较近,多用于滩地保护,遇大洪水时允许溃决;格堤连接遥堤和缕堤,形成格状,缕堤溃决后,受淹范围只限于一格;越堤和月堤均呈月牙形,当河身变动远离堤防时,为争取耕地修筑越堤,当河岸崩退逼近缕堤时修筑月堤退守新线。

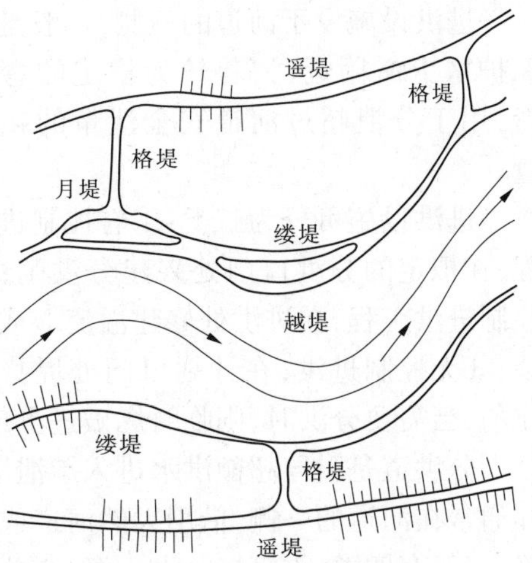

图 6-11 黄河堤防示意图

堤防工程在堤线选择时应对河道演变规律、地质地貌和行政区划、产业布局、交通状况等进行详细分析之后,按堤线选择的原则进行多方案经济、技术比较,最后择优选定。堤距与堤顶高程要从行洪安全和经济合理两方面来考虑。在同一设计流量下,堤距过宽则占耕地太多,过窄则抬高水位,增加堤防高度,工程费用增加。可由水力学中推算非均匀流水面线的方法确定堤距和堤顶高程,且须在不同方案的技术经济比较基础上确定。黄河下游的堤距在 5 ~ 23 km 之间,长江下游河段的堤距在 1 ~ 20 km 之间。

堤防一般为土质挡水建筑物,断面设计与土坝类似,堤顶宽度的确定,应考虑洪水渗径、交通和防汛物料的堆放。规范要求:1 级堤防堤顶宽度不宜小于 8 m,2 级堤防不宜小于 6 m,3 级及以下堤防不宜小于 3 m。黄河下游堤顶宽为 7 ~ 12 m,长江大堤荆江段为 7.5 ~ 10 m,淮北大堤为 6 ~ 8 m。堤防边坡应视筑堤土质、洪水涨落强度和持续时间、风浪情况而定。一般临水坡比背水坡陡,规范规定 1 级、2 级土堤的堤坡不宜陡于 1∶3。例如,黄河大堤下游段背水坡为 1∶2.5 ~ 1∶3.0,临水坡为 1∶3.0 ~ 1∶3.5;长江大堤荆江段背水坡为1∶4.0,临水坡为 1∶3.0,淮北大堤背水坡为 1∶5.0,临水坡为 1∶3.0。

为了保证汛期堤防工程的安全,平时应加强养护管理,每年必须在汛后进行岁修,主要包括加高培厚、渗流控制和边坡失稳的处理。

2. 分洪与蓄洪工程

分洪是当河道洪水位将超过保证水位或流量将超过安全泄量时,为保障保护区安全,而采取的分泄超额洪水的措施,它是河流防洪系统中重要的组成部分。为保护重要城市、工矿区或重点地区的防洪安全,当在保护区附近有适当的分洪条件时,可兴建分洪工程。把超额洪水分泄入湖泊、洼地,或分注于其他河流,或直泄入海,或绕过保护区在下游仍返回原河道。分洪工程是牺牲局部、保存全局的措施。

分洪工程一般由进洪设施与分洪道、蓄滞洪区、避洪措施、泄洪排水设施等部分组成。以分洪道为主的亦称分洪道工程,在我国又称减河,如淮河的新沂河和新沭河,海河水系的独流减河、子牙新河;以蓄滞洪区为主的亦称分洪区或蓄洪区,如荆江分洪区,如图 6-12 所示。

进洪设施设于河道的一侧，一般是在被保护区上游附近、河势较为稳定的弯道凹岸，用于分泄超过河道安全泄量的超额流量。

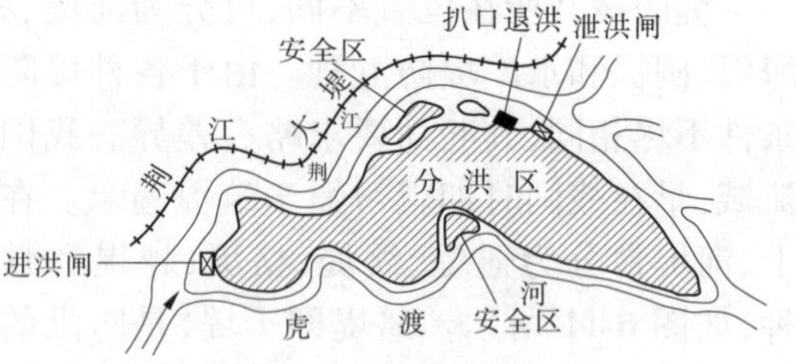

图6-12　荆江分洪区

进洪设施可分为三类：①有控制进洪工程，在拟定的分洪口门处兴建分洪闸；②半控制进洪工程，在进洪处修建溢流堰或滚水坝；③无控制进洪，在计划口门处堤身预埋炸药，当需要分洪时，则临时爆破进洪或用人工扒口进洪。

分洪道是引导超额洪水进入承泄区的工程，只有过洪能力，没有明显的调蓄作用。工程通常在河道的一侧，借用天然河道或利用低洼地带两侧筑堤而成。分洪道根据泄洪出路，一般有四类：①直接分洪入海；②分洪入蓄洪区；③分洪入临近其他河流；④绕过保护区回原河道的分洪道。

蓄洪区是利用平原湖泊、洼地滞蓄调节洪水的区域，其范围一般由围堤划定。围堤断面按堤防标准修建，蓄洪区最高蓄洪水位高于外江水位或湖泊水位时，则按蓄洪最高水位加风浪，再加安全超高而定。为了防御风浪对堤坡的袭击破坏，常在水位变动范围内采用块石或混凝土预制块护坡。蓄洪区在世界上大江大河的防洪中广为应用，工程较简单，施工期短，投资相对较省。中国有些蓄洪区在大水年蓄洪，小水年垦殖，这样蓄洪区称为蓄洪垦殖区。

避洪工程是在分洪区运用时，为保障区内人民生命安全，并减少财产损失而兴建的工程。它是分洪蓄洪工程的重要组成部分，主要包括安全区、安全台（村台）、避水楼房、转移道路、桥梁和交通工具、救生设备、通信设备和预报警报系统。

排水泄洪工程是为及时有效地排出分洪区内的分洪水量而设置的工程措施。排水方式有自流排（如排水涵闸）和提排（如机电排水站）两种。

3. 水库防洪工程

水库工程也是广泛采用的工程防洪措施之一。水库之所以能调洪防洪，是因为它设有洪水调节库容（调洪库容）。当入库洪水较大时，为使下游地区不遭受洪水灾害，可将超过下游河道安全泄量的那部分洪水暂时拦蓄在水库内，待洪峰过后再将其泄掉，腾出库容以迎接下一次洪水。

（二）非工程防洪措施

非工程措施是20世纪50年代以来逐步研究形成的防洪减灾的一种新概念。它是通过行政、法律、经济和技术等手段，调整洪水威胁地区的开发方式，加强防洪管理，以适应洪水的天然特性，减轻洪灾损失，节省防洪基建投资和工程维修管理费用。

对非工程措施的研究以美国较为完善，我国现阶段建成使用的非工程防洪措施主要有以下方面。

1. 洪水预报和警报系统

在洪水到达之前，利用卫星、雷达、计算机收集到的实时水文气象数据，进行综合处理，作出洪峰、洪量、洪水位、流速、到达时间、洪水历时等洪水特征的预报，及时提供给防汛指挥部门,进行洪水调度,必要时对洪泛区发出警报,组织居民撤离,以减少洪灾损失。

2.防汛指挥调度通信系统

目前,可供水利部门使用的微波通信干线有15 000 km,微波站500多个。这个通信网以国家防汛抗旱总指挥办公室为中心,连接七大流域机构,21个重点省、市防汛指挥部,先后在长江荆江分洪区和洞庭湖区、黄河的三花(三门峡至花园口)区间和北金堤滞洪区、淮河正阳关以上蓄洪区等,建成了融防汛信息收集传输、水情预报、调度决策为一体的通信系统。

3.洪泛区管理

中华人民共和国成立后我国相继颁布了《中华人民共和国水法》《中华人民共和国防洪法》《中华人民共和国河道管理条例》等法规,用以管理和约束洪泛区的建设与发展。

按洪水危险程度和排洪要求,将不宜开发区和允许开发区严格划分开。允许开发区也根据可能淹没的概率规定一定用途,并通过政府颁布法令或条例进行管理,防止侵占行洪区,达到经济合理地利用洪泛区。同时,应限制洪泛区的人口自然增长率,鼓励人口外流,限制人口内迁。

4.洪水保险和防洪基金

洪水保险,即对淹没概率不同的地区,对开发利用者强制收取不同保险费率,从经济上约束洪泛区的开发利用。

美国自1973年起,将自愿参加洪水保险改为强制性参险,从而体现了防洪费用由防洪受益人承担,而不是由全体纳税人负担的经济原则。我国还是在1980年时,一些地方曾试点过洪水保险,但由于多方面的原因,收效甚微。直到2014年,国务院发布了保险业新“国十条”,明确建立巨灾保险制度,洪水保险第一次有章可循。2015年,“灿鸿”和“杜鹃”台风造成宁波市大面积受淹,宁波保险行业向13.6万户(次)居民支付赔款7 790万元。

其实,我国的防洪建设和抗洪救灾主要靠国家投入,资金严重不足。按照“谁受益,谁出资;多受益,多出资”的原则,面向社会,多渠道、多层次、多方式筹措防洪保险基金,也是非常有效的一项非工程措施。

项目自测题

1.山区河流和平原河流的基本特点是什么?

2.什么是河道演变,其基本原理是什么?

3.治河的目的和措施主要有哪些?

4.如何确定河道的设计流量和设计水位?

5.试述分汊型河段的河势控制。

6.试述河道整治建筑物的分类。

7.试述护岸工程的类型。

8.防洪规划制定的原则是什么?

9.防洪的工程措施有哪些?

10.防洪的非工程措施有哪些?

项目七　灌排工程

【学习目标】 掌握渠道与渠系建筑物的基本构造；熟悉常见的节水灌溉型式；了解灌排制度与灌排渠系布置的基本概念。

任务一　灌溉制度与灌排技术

国以民为本，民以食为天。我国是一个农业大国，也是一个人口大国，人多地少，人增地减，粮食问题长期紧张是我国的基本国情。水利是农业的命脉。水资源在不同地区、不同年份和季节分配不均匀，供水与需水在时间和空间上不一致是导致旱涝灾害发生的根本原因。农业生产需要通过灌溉排水，调节地区水情，改善农田水分状况，为作物生长创造适宜的环境。灌溉是按照作物的需水要求，通过灌溉系统有计划地将水量输送和分配到田间，并采用一定的灌水技术以补充农田水分不足的水利措施；排水是通过修建排水系统将农田内多余的地面水和地下水排入容泄区以及除涝治碱的水利措施。灌溉和排水可以促进农业生产的发展，并为高产和稳产提供保障。

一、灌溉制度

农作物的灌溉制度是根据作物需水特性和当地气候、土壤、农业及灌水技术等条件，为作物高产及节约用水而制定的适时适量的灌水方案。其主要内容包括灌水定额、灌水时间、灌水次数和灌溉定额。灌水定额是指一次灌水在单位灌溉面积上的灌水量，灌溉定额是指播种前和全生育期内单位面积上的总灌水量，即各次灌水定额之和。

（一）充分灌溉条件下的灌溉制度

充分灌溉条件下的灌溉制度，是指灌溉供水能够充分满足作物各生育阶段的需水量要求而制定的灌溉制度。灌溉工程一般按充分灌溉条件下的灌溉制度来进行规划和设计，当灌溉水源充足时，也按照这种灌溉制度来进行灌水。灌溉制度可根据水量平衡原理、灌溉试验资料或群众丰产灌水经验来制定。

旱作物依靠主要根系从土壤中吸取水分，只有主要根系吸水的土层中储水量在一定范围内，土壤的水、气、热状况才能满足作物的正常生长需要。用水量平衡原理制定旱作物的灌溉制度，就是以作物主要根系吸水层为灌水时的土壤计划湿润层，用水量平衡原理分析计算其储水量的变化情况，按照适合作物生长需要的储水量条件，来确定灌水定额、灌水时间、灌水次数和灌溉定额。

旱作物生育期内任一时段计划湿润层中含水量的变化，取决于需水量和来水量的多少，其关系可用下列平衡方程式表示：

$$W_t - W_0 = W_T + P_0 + K + M - ET \tag{7-1}$$

式中 W_t、W_0——时段初和时段末土壤计划湿润层内的储水量，mm 或 m^3/亩；

W_T——由于计划湿润层增加而增加的水量，mm 或 m^3/亩，如计划湿润层在时段内无变化则无此项；

P_0——时段内保存在土壤计划湿润层内的有效雨量，mm 或 m^3/亩；

K——时段 t（单位为日，以 d 表示，下同）内的地下水补给量，mm 或 m^3/亩，即 $K=kt$，k 为 t 时段内平均每昼夜地下水补给量，mm 或 m^3/（亩·d）；

M——时段 t 内的灌溉水量，mm 或 m^3/亩；

ET——时段 t 内的作物田间需水量，mm 或 m^3/亩，即 $ET=et$，e 为 t 时段内平均每昼夜的作物田间需水量，mm/d 或 m^3/（亩·d）。

为了满足农作物正常生长的需要，任一时段内土壤计划湿润层内的储水量必须经常保持在一定的适宜范围内，即通常要求不小于作物允许的最小储水量（W_{min}）和不大于作物允许的最大储水量（W_{max}）。在天然情况下，由于各时段内需水量是一种经常的消耗，而降雨则是间断的补给。因此，当某些时段内降雨很小或没有降雨时，往往使土壤计划湿润层内的储水量很快降低到或接近于作物允许的最小储水量，此时即需进行灌溉，以补充土层中消耗的水量。

（二）非充分灌溉条件下的灌溉制度

在缺水地区或时期，由于可供灌溉的水资源不足，不能充分满足作物各生育阶段的需水要求，从而只能实施非充分灌溉，在此条件下的灌溉制度称为非充分灌溉制度。非充分灌溉是允许作物受一定程度的缺水和减产，但仍使单位水量获得最大的经济效益，有时也称为不充足灌溉或经济灌溉。

非充分灌溉的情况比充分灌溉要复杂，不仅要研究作物的生理需水规律，研究什么时候缺水、缺水程度对作物产量的影响，而且要研究灌溉经济学，使投入最小获得产量最大。非充分灌溉的基本原理可用效益和费用函数来说明，如图 7-1 所示。图中的纵坐标为效益或费用，横坐标为投入的水量。倾斜的直线代表某灌溉工程的年费用，包括水费、动力费和管理费用等。一般来说，它是随投入水量的增加而相应地按一定比例增加，可以称之为可变生产费用。此直线在纵坐标上的截距代表这一灌溉工程的固定资产值。曲线表示投入水量与灌溉效益的关系。一般随着投入水量的增加，相应的灌溉效益也增加。但如果与年费用结合来考虑，就会引起上述概念的变化，这可以明显地从图中看出。当投入水量达到 W_m 时，其净效益最大，即 E_m 点，该点的曲线斜率恰好与生产费用直线的斜率相等。如果投入的水量继续增加到 W_y 点，这时的作物产量可能是最大，但由于生产费用的增加，E_y 点净效益却不是最大。一般来说，W_y 就是最大供水量，也即达到充分供水的上限。如果用水量继续增加到 W_0，就形成过量用水，产量和效益都要下降。所谓非充分灌溉，就是要让用水量适当减少，使其小于 W_y。如果用水量减少到 W_d，这时的净效益（$E_d d$）刚好等于获得最高产量时的净效益（$E_y y$），显然 W_d 就是非充分灌溉的下限。如果用水量继续减少，超过这个限，则灌溉净效益就会锐减。所以，非充分灌溉的用水范围是在 W_y 与 W_d 之间，即 $W_y > W > W_d$。在这个范围内进行灌溉，虽然获得的作物产量不是最高，但其净效益却始终大于在最高产量时获得的净效益（$E_y y$），这也是把非充分灌溉称之为经济灌溉的道理，即用水量虽然减少了，其经济效益仍可能较大或最大。

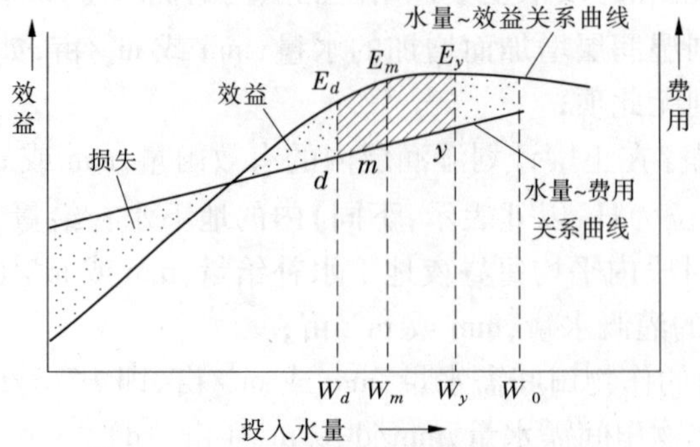

图7-1　灌溉水量与效益、费用关系曲线

二、灌排技术

（一）灌水技术

地面灌溉是最古老的，也是目前应用最广泛、最主要的一种灌水技术。地面灌溉是指灌溉水在田面流动的过程中，借重力和毛细管作用湿润土壤，或在田面建立一定深度的水层，借重力作用逐渐渗入土壤的一种方法。这种方法具有田间工程简单、需要设备少、投资省、技术简单、操作方便、群众容易掌握、水头要求低、能耗少等优点，但又有明显的缺点，如容易破坏土壤团粒结构、表土容易板结、水的利用率低、平整土地工作量大等。地面灌水方法按其湿润土壤的方式不同，又可分为畦灌、沟灌、淹灌、波涌灌、长畦（沟）分段灌、水平畦灌等。

（1）畦灌。畦灌是用田埂将灌溉土地分割成一系列畦，灌水时将水引入畦田后，在畦田上形成很薄的水层，并沿畦长方向流动，在流动过程中主要借重力作用逐渐润湿土壤。

（2）沟灌。沟灌是在作物行间开挖灌水沟，水从输水沟进入灌水沟后，在流动过程中主要借毛细管作用湿润土壤。和畦灌比较，其明显的优点是不会破坏作物根部土壤结构，不导致田面板结，能减少田面蒸发损失，多雨季节还可以起排水作用。

（3）淹灌（又称格田灌）。淹灌是用田埂将灌溉土地划分成许多格田，灌水时使格田内保持一定深度的水层，借重力作用润湿土壤。

（4）波涌灌（又称间歇灌溉）。是利用间歇阀向沟（畦）间歇地供水，在沟（畦）中产生波涌，加快水流的推进速度，缩短沟（畦）首尾受水时间差，使土壤得到均匀湿润。波涌灌较传统的地面沟（畦）灌具有灌水均匀、灌水质量高、田面水流推进速度快、省水、节能和保肥、可实现自动控制等优点，缺点是比畦灌投资大。

（5）长畦（沟）分段灌。是将一条长畦、长沟分为若干个没有横向畦梗的短畦，用塑料软管或地面输水沟将灌溉水输送入畦（沟）灌完为止。优点是节约水量，容易实现小定额灌水，灌水均匀，田间水有效利用率高，灌溉设施占地少，土地利用率高。

（6）水平畦灌。是田块纵向和横向两个方向的地面坡度均为零时的畦田灌水技术。特点是田面非常平整，入畦流量大且能迅速布满整个田块，因此深层渗漏水量少，灌水均匀及水的利用率高。在实施灌水前，首先需要用激光平地设备对土地进行平整。

（二）排水技术

为了除涝、防渍和制盐，就要排除地面涝水、地下渍水和盐碱冲洗水，并控制地下水位。田间排水系统按空间位置可分为竖井排水和水平排水两大类。竖井排水即用抽水打井的方式进行排水,以降低地下水位;水平排水即是在地面开挖沟道或在地下埋设暗管进行排水。

1. 竖井排水

我国北方许多地区地下水埋深较浅,水质又符合灌溉要求,竖井排水发挥了重要作用,主要体现在以下方面。

1)降低地下水位,防止土壤返盐

在井灌井排或竖井排水过程中,由于水井自地下水含水层中吸取了一定的水量,在水井附近和井灌井排地区内地下水位将随水量的排出而不断降低。地下水降低值一般包括两部分:一部分由于水井(或井群)长期抽水,地下水补给不及,消耗一部分地下水储量,在抽水区内外产生一个地下水位下降漏斗,称为静水位降深;另一部分是由于地下水向水井汇集过程中发生水头损失而产生的,距抽水井愈近,其数值愈大,在水井附近达到最大值。在水井抽水过程中形成的总水位降深称为动水位降深。

由于水井的排水作用,增加了地下水人工排泄。地下水位显著降低,有效地增加了地下水埋深,减少了地下水的蒸发,因此可以防止土壤返盐。

2)腾空地下库容,用以除涝治碱

干旱季节,结合井灌抽取地下水,降低地下水位,不仅可以防止土壤返盐,同时由于开发利用地下水,使汛前地下水位达到年内最低值,这样就可以腾空含水层中的土壤容积,供汛期存蓄入渗雨水之用。地下水位的降低,可以增加土壤蓄水能力和降雨入渗速度。由于降雨时大量雨水渗入地下,因此可以防止田面水形成淹涝和地下水位过高造成土壤过湿,达到除涝防渍的目的。同时,还可以增加地下水提供的灌溉水量。

3)促进土壤脱盐和地下淡化

竖井排水在水井影响范围内形成较深的地下水位下降漏斗。地下水位的下降,可以增加田面水的入渗速度,因而为土壤脱盐创造了有利的条件。在有灌溉水源的情况下,利用淡水压盐可以取得良好的效果。在地下咸水地区,如有地面淡水补给或沟渠侧渗补给,则随着含盐地下水的不断排除,地下水将逐步淡化。

竖井排水除可形成较大降深、有效地控制地下水位外,还具有减少田间排水系统和土地平整的土方量,不需要开挖大量明沟,占地少和便于机耕,同时在有条件地区可与人工补给相结合,改善地下水水质。但竖井排水需消耗能源,运行管理费用较高,且需要有适宜的水文地质条件,在地表水透水系数过小或下部承压水压力过高时,均难以达到预期的排水效果。

2. 水平排水

根据田间排水方式的不同,田间排水系统有田间明沟排水系统和田间暗管排水系统两种型式。

1)明沟排水系统

这是一种传统的、在我国被广泛采用的田间排水方式,它与田间灌溉工程一起构成田间工程的一个重要组成部分,布置时与田间灌溉工程结合考虑。其具体布置形式还应根据各地的地形和土壤条件、排水要求等因素,因地制宜地拟定合理的布置方案,从而达到有效地调节农田水分状况的目的。

在地下水埋深较大、无控制地下水位要求的易旱易涝地区，或虽有控制地下水位要求，但由于土质较轻，要求的末级固定渠道间距较大（如200～300 m以上）的易旱、易涝、易渍地区，排水农沟可兼排地面水和控制地下水位，农田内部的排水沟只能起到排多余地面水的作用，这时田间渠系应尽量灌排两用。若农田的地面坡度均匀一致，则毛渠和输水垄沟可全部结合使用，农沟以下可不布置排水沟道，见图7-2。若农田地面有微地形起伏，则只需在农田的较低处布置临时毛沟，其输水垄沟可以结合使用，见图7-3。

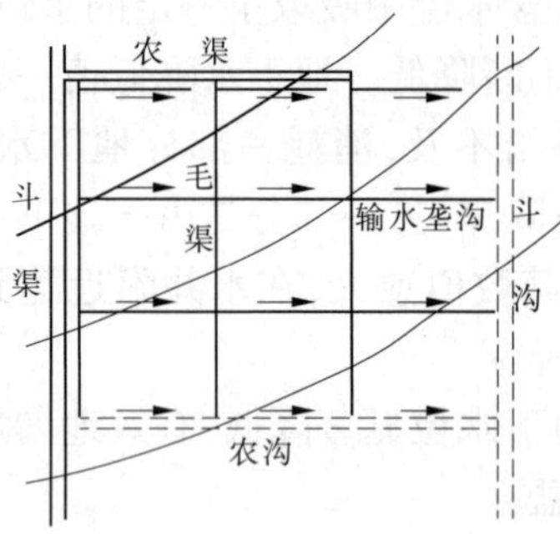

图7-2　毛渠、输水垄沟灌排两用的田间渠系

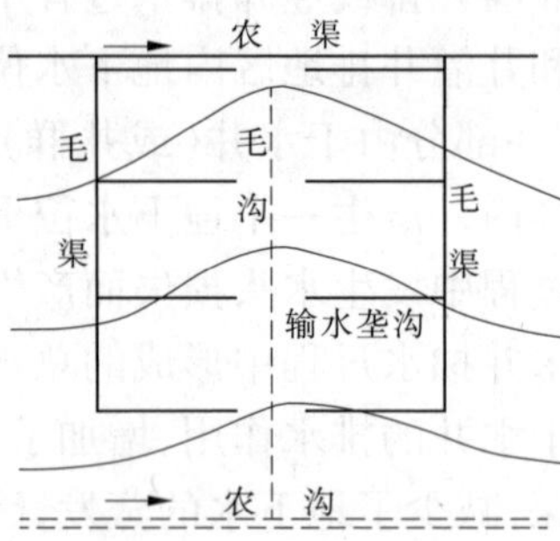

图7-3　输水垄沟灌排两用的田间渠系

在土质较严重的易旱、易涝、易渍地区，控制地下水位要求的排水沟间距较小，除排水农沟外，尚须在农田内部布置1～2级田间排水沟道。若控制地下水位要求的末级排水沟间距为100～150 m，则可只设毛沟，见图7-4。农沟和毛沟均起控制地下水位的作用，毛沟深度一般至少为1.0～1.2 m，农沟深度则在1.2～1.5 m以上。为加速地表径流的排除，毛沟应大致平行等高线布置，机耕方向应平行于毛沟。若要求末级排水沟间距仅为30～50 m，则在农田内部须布置毛沟和小沟两级排水沟，小沟的方向应大致平行等高线，以利地表径流的排除，见图7-5。如末级排水沟的深度较大，为便于机耕及少占耕地，则以做成暗管形式为宜。

2）暗管排水系统

暗管排水系统一般由吸水管、集水管（或明沟）、检查井和出口控制建筑物等几部分组成，有的还在吸水管的上游端设置通气孔。吸水管是利用管壁上的孔眼或接缝，把土壤中过多的水分，通过滤料渗入管内。集水管则是汇集吸水管中的水流，并输送至排水明沟排走。检查井的作用是观测暗管的水流情况和在井内进行检查和清淤操作。出口控制建筑物用以调节和控制暗管水流。

暗管排水系统的基本布置形式有以下两种。

A.一级暗管排水系统

这种布置形式在田间只布置吸水管。吸水管与集水明沟垂直，且等距离、等埋深平行布置。每条暗管都有出水口，分别向两边的集水明沟排水。暗管一端与排水明沟相连，另一端封闭且距离灌溉渠道5～6 m，以防止泥沙入管和防止渠水通过暗管流失。一级暗管排水系统布置见图7-6、图7-7。它具有布局简单、投资较少、便于检修等优点，我国大部分地区多采用这种布置形式。

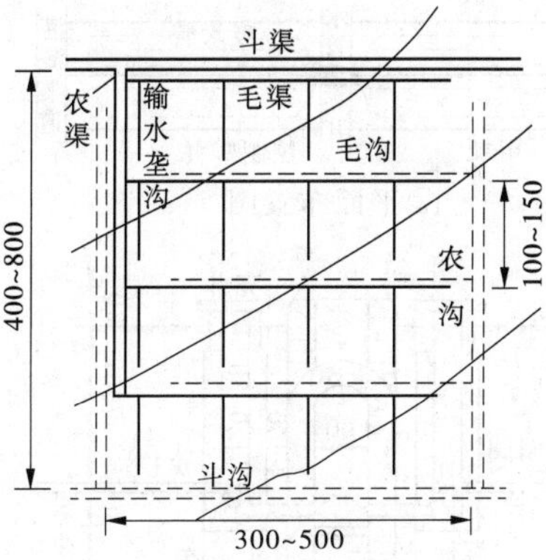

图 7-4 只设毛沟的田间排水网 (单位:m)

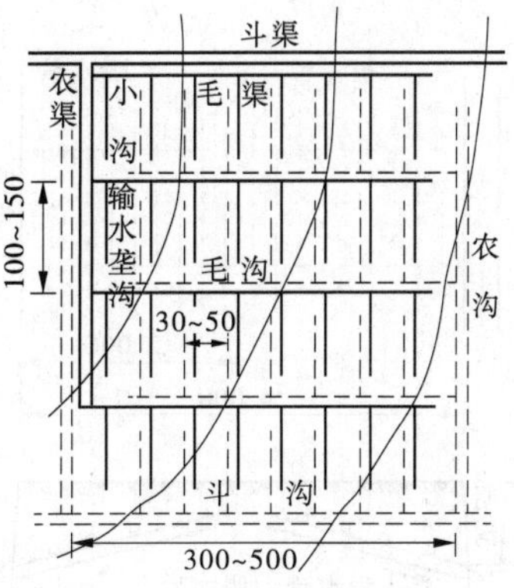

图 7-5 设有毛沟和小沟的田间排水沟 (单位:m)

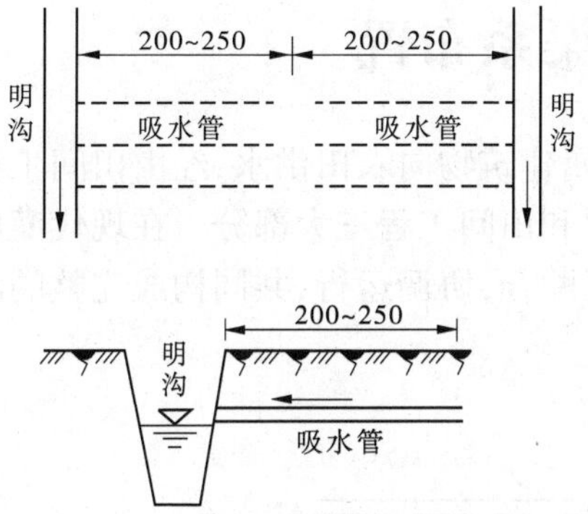

图 7-6 一级暗管排水网布置图 (单位:m)

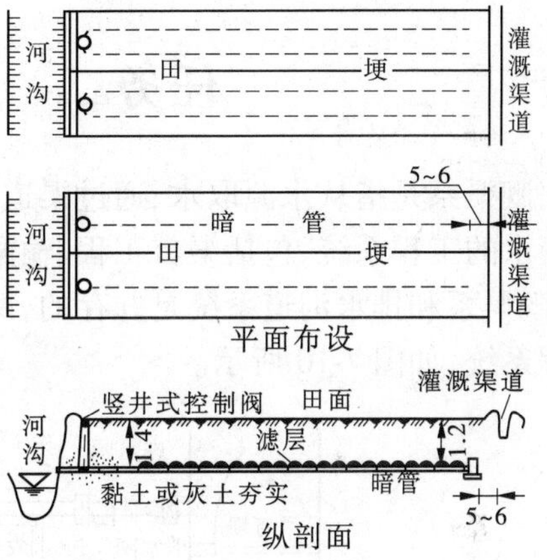

图 7-7 一级排水暗管田间布置图 (单位:m)

B. 二级暗管排水系统

暗管由吸水管和集水管两级组成,吸水管垂直于集水管,集水管垂直于明沟,其布置见图 7-8。地下水先渗入吸水管,再汇入集水管,最后排入明沟。为减少管内泥沙淤积和便于管理,管道比降可采用 1/500 ~ 1/1 000,以使管内流速大于不淤流速,地形条件许可时可适当加大管道比降,以提高管内的冲淤能力,且每隔 100 m 左右设置一个检查井。这种类型土地利用率高,有利于机械耕作,但布置较复杂,增加了检查井等建筑物,水头损失较大,用材和投资较多,适用于坡地地区。

二级暗管排水网的田间具体布置形式如图 7-9 所示,每个田块的吸水管通过控制建筑物与集水暗管相连。地下排水管道材料主要有瓦管、混凝土管、塑料管等。

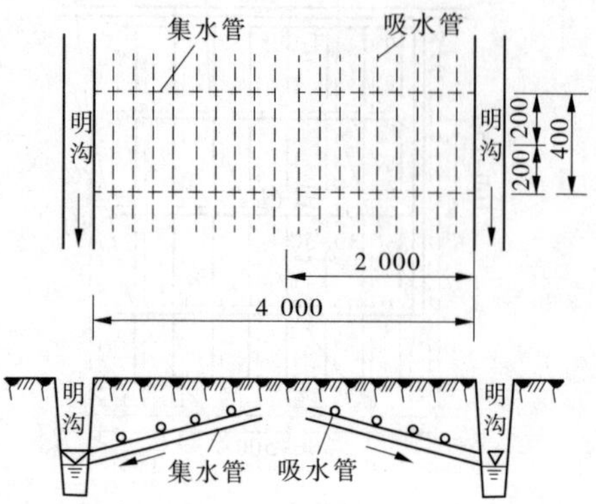

图7-8　二级暗管排水网布置图　（单位：m）

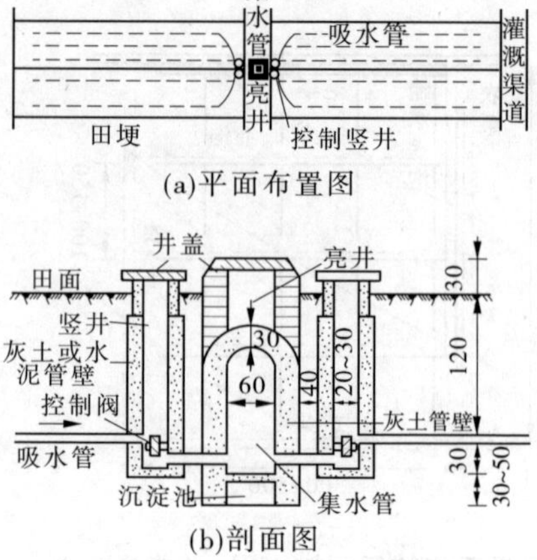

图7-9　二级排水暗管田间布置图　（单位：cm）

任务二　灌排渠系布置

灌溉渠系是指从水源取水、通过渠道及其附属建筑物向农田供水，经由田间工程进行农田灌水的工程系统，包括渠首工程、输配水工程和田间工程三大部分。在现代灌区建设中，灌溉渠系和排水沟道系统是并存的，两者相互配合，协调运行，共同构成完整的灌区水利工程系统，如图7-10所示。

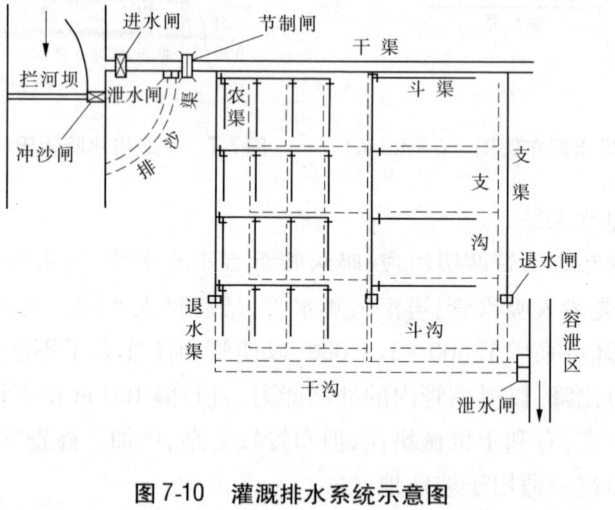

图7-10　灌溉排水系统示意图

灌溉渠系由各级灌溉渠道和退(泄)水渠道组成。根据控制面积大小和水量分配层次可将灌溉渠道按干、支、斗、农、毛的顺序设置。30万亩以上或地形复杂的大型灌区，必要时可增设总干渠、分干渠和分斗渠；灌溉面积较小的灌区可减少渠道级数。农渠以下的小渠道一般为季节性的临时渠道。

一、灌溉系统布置

(一)灌溉渠系规划布置原则

灌溉渠道系统布置应符合灌区总体设计和灌溉标准要求,并应遵循以下原则:

(1)沿高地布置,力求自流和控制较大的灌溉面积。对面积很小的局部高地宜采用提水灌溉的方式。

(2)灌排结合,统一规划。在多数地区,必须有灌有排,以便有效地调节农田水分状况。

(3)要安全可靠,尽量避免深挖方、高填方和难工险段,以求渠床稳固、施工方便、输水安全。

(4)力求经济合理,尽量做到渠线短、交叉建筑物少、土石方量少、拆迁民房少。

(5)便于管理,灌溉渠道的位置应参照行政区划确定,尽可能使各用水单位都有独立的用水渠道。

(6)要考虑综合利用,尽可能满足其他部门的要求。

(二)干、支渠的规划布置形式

由于各地自然条件不同,国民经济发展对灌区开发的要求不同,灌区渠系布置的形式也各不相同。按照地形条件,一般可分为山丘区灌区、平原区灌区、圩垸区灌区等。下面讨论各类灌区的特征及渠系布置的基本形式。

1. 山丘区灌区

山区、丘陵区地形比较复杂,岗冲交错,起伏剧烈,坡度较陡,河床切割较深,比降较大,耕地分散,位置较高。一般需要从河流上游引水灌溉,输水距离较长。所以,这类灌区干、支渠道的布置特点是:渠道较高,比降平缓,渠线较长而且弯曲较多,深挖、高填渠道较多,沿渠交叉建筑物较多。渠道常和沿途的塘坝、水库相连,形成"长藤结瓜"式水利系统,以求增强水资源的调蓄利用能力和提高灌溉工程的利用效率。

山区、丘陵区的干渠一般沿灌区上部边缘布置,大体上和等高线平行,支渠沿两溪间的分水岭布置,如图 7-11 所示。在丘陵地区,如灌区内有主要岗岭横贯中部,支渠可布置在岗脊上,大体和等高线垂直,干渠比降视地面坡度而定,支渠自干渠两侧分出,控制岗岭两侧的坡地。

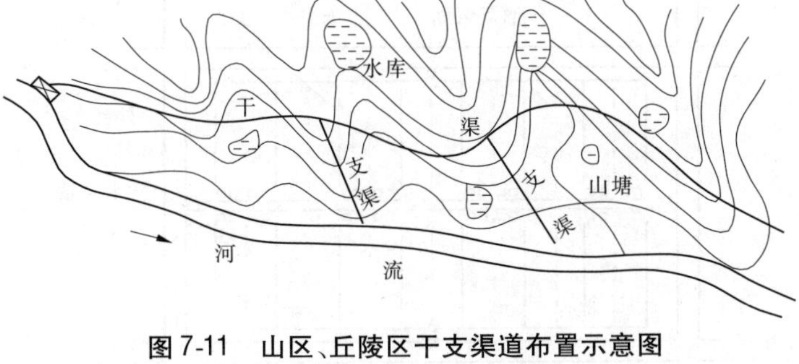

图 7-11 山区、丘陵区干支渠道布置示意图

2. 平原区灌区

平原区灌区大多位于河流的中、下游,由河流冲积而成,地形平坦开阔,耕地大片集

中。由于灌区的自然地理条件和洪、涝、旱、渍、碱等灾害程度不同，灌排渠系的布置型式也有所不同。

1)山前平原灌区

山前平原灌区一般靠近山麓，地势较高，排水条件较好，渍涝威胁较轻，但干旱问题比较突出。当灌区的地下水丰富时，可同时发展井灌和渠灌，否则以发展渠灌为主。干渠多沿山麓方向大致和等高线平行布置，支渠与其垂直或斜交，视地形情况而定，如图 7-12(a)所示。这类灌区和山麓相接处有坡面径流汇入，与河流相接处地下水位较高，因此还应建立排水系统。

2)冲积平原灌区

冲积平原灌区一般位于河流中、下游，坡面坡度较小，地下水位较高，涝碱威胁较大。因此，应同时建立灌、排系统，并将灌、排分开，各成体系。干渠多沿河流岸旁高地与河流平行布置，大致和等高线垂直或斜交，支渠与其成直角或锐角布置，如图 7-12(b)所示。

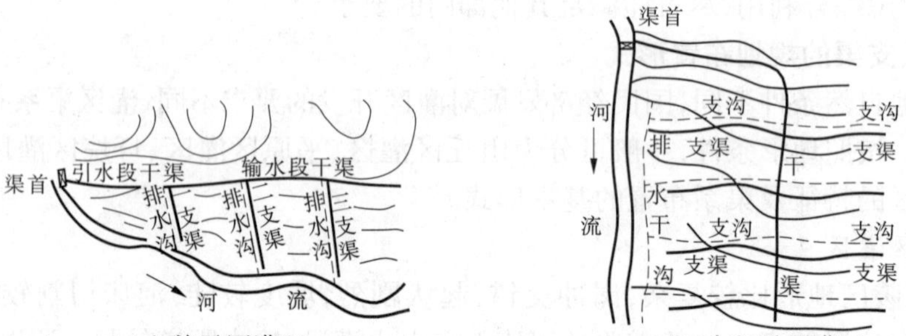

(a)山前平原灌区　(b)冲积平原灌区

图 7-12　平原区干支渠道布置示意图

3. 圩垸区灌区

圩垸区灌区分布在沿江、滨湖低洼地区的圩垸区，地势平坦低洼，河湖港汊密布，洪水位高于地面，必须依靠筑堤圈圩才能保证正常的生产和生活，一般没有常年自流条件，普遍采用机电排灌站进行提排、提灌。面积较大的圩垸，往往一圩多站，分区灌溉或排涝。圩内地形一般是周围高、中间低。灌溉干渠多沿圩垸布置，灌溉渠系通常只有干、支两级，如图 7-13 所示。

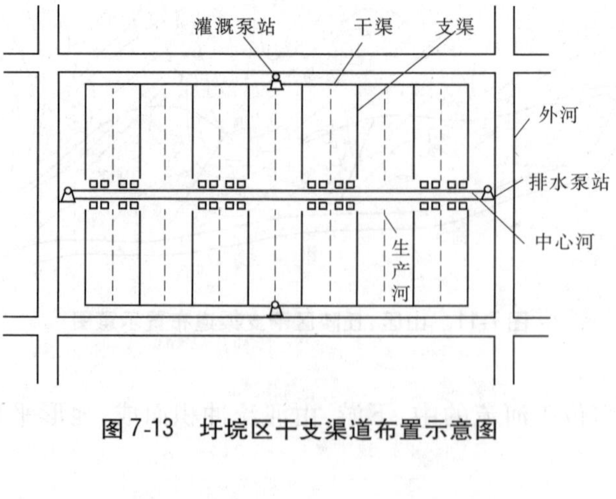

图 7-13　圩垸区干支渠道布置示意图

(三)斗、农渠的规划布置

1. 斗、农渠的规划要求

在规划布置斗、农渠时除遵循前面讲过的灌溉渠道规划原则外,还应满足:适应农业生产管理和机耕耕作要求;便于配水和灌水,有利于提高灌区工作效率;有利于灌水和耕作的密切配合;土地平整工程量较少。

2. 斗渠的规划

斗渠的长度和控制面积随地形变化很大。山区、丘陵地区的斗渠长度较短,控制面积较小。平原地区的斗渠较长,控制面积较大。我国北方平原地区的一些大型自流灌区的斗渠长度一般为1 000~3 000 m,控制面积为600~4 000 亩。斗渠的间距主要根据机耕要求确定,和农渠的长度相适应。

3. 农渠的规划布置

农渠是末级固定渠道,控制范围是一个耕作单元。在平原地区通常长为500~1 000 m,间距为200~400 m,控制面积为200~600 亩。丘陵地区农渠的长度和控制面积较小。在有控制地下水位要求的地区,农渠间距根据农沟间距确定。

二、排水系统布置

(一)规划布置原则

排水沟道系统分布广、数量大。因此,在规划布置时,应在满足排水要求的基础上,力求做到经济合理、施工简单、管理方便、安全可靠、综合利用。规划布置时应遵循以下主要原则:

(1)各级排水沟道应尽量布置在各自控制范围内的最低处,以便能获得较好的控制条件,实现顺畅的自流排水。

(2)干沟出口应选择在容泄区水位较低、河床较为稳定的地方。

(3)尽量做到分片控制。根据当地的具体条件,将排水区域进行分区,做到高水高排,低水低排,力争自排,减少抽排。不得不抽排时,应尽可能减少排水泵站的装机容量,一定要防止高水低流,尽可能减少抽排面积。

(4)要充分利用排水区内的湖泊、洼地、河网等滞蓄部分涝水,减少排水流量。

(5)骨干排水系统应尽量利用天然河沟和现有排水设施,降低工程造价。对不符合排水要求的河段应进行必要的改造,如裁弯取直、拓宽浚深、加固堤防等,以提高排水能力。

(6)为更好地发挥灌排系统的作用,一般应将灌溉与排水分开布置,各成系统,以免相互干扰,造成排水和灌溉困难。

(7)排水沟道系统应与土地利用规划、灌溉规划、道路及林带规划等结合进行,统一布置,相互协调,减少占地,避免交叉,便于管理,节约投资。

(8)骨干排水系统应充分考虑引水灌溉、航运和水产养殖等综合利用的要求。

(二)排水沟道布置形式

排水沟道的布置受地形、水文、土质、容泄区以及行政区划和工程现状等许多因素的影响,一般先根据地形和容泄区等条件首先布置好干沟,然后再逐级进行其他各级沟道的布置。

地形是布置排水沟道的主要依据。因此，常按地形条件将排水区域分为山丘区、平原区和圩垸区三种基本类型。各类地区在规划布置排水沟道时，各有不同的特点。

1. 山丘区

山丘区地形起伏大，地面坡度陡，耕地零星分散，冲沟发育明显，排水条件好，有排水出路。这类地区，一般是把天然河溪或冲沟作为排水干、支沟。需要时，只需对天然河沟进行适当的整治，便可顺畅排水。但多雨季节，山洪爆发常对灌区造成威胁。为此，常需沿地形较高的一侧布置山坡截流沟，用以拦截和排泄山洪，确保灌排区安全。

2. 平原区

平原区地形平缓，河沟较多，地下水位高，常有涝渍和盐碱威胁，排水出路有时不畅。这类地区，控制地下水位是突出问题，选择有利的排水出口是规划布置的重点，干、支沟尽量利用原有河沟，需要布置新沟道时，由于地形平坦，常有较多的布置方案，应进行比较，选择最优布置方案。

3. 圩垸区

圩垸区指周围有河道并建有堤防保护的区域，汛期外河水位常高于两岸农田，存在着外洪内涝的威胁，平时地下水位经常较高，作物常受渍灾，因此防涝排渍是主要任务。排水系统规划应按地形条件采取高低分开、分片排水、高水自排、坡水抢排、低水抽排的排水措施。为增大沟道滞蓄能力，加速田间排水、减少排涝强度和抽排站装机容量，规划时应考虑留有一定的河沟和内湖面积，以滞蓄部分水量。干、支沟应尽量利用原有河道。当天然河道不能满足排水要求时，应按照排灌标准所需要通过的排水流量浚深和拓宽，个别过于弯曲的河段还应裁弯取直，保证排水通畅。对于圩内弯曲凌乱、深浅不一的天然河港湖汊，要大力进行整治，能用则用，不用则废，以保证排水系统的合理布局。对于无法自流排水的地区，应建立排水站进行抽排。

排水地区应根据地形、天然河网分布、容泄区水位和排水面积大小等条件，经过分析比较，进行分区分片。可以把整个排水区域划成一个独立的排水系统，只设一条干沟及一个出水口，集中排入容泄区，见图7-14。

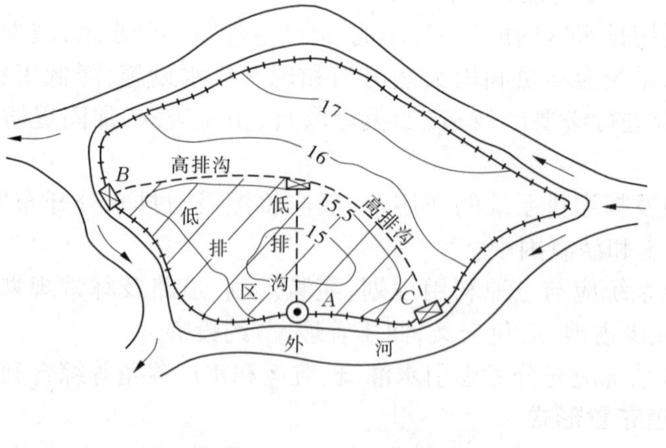

图7-14　分片排水示意图

斗农渠的布置，应密切结合地形、灌溉、机耕、行政区划和田间交通等方面的要求，统筹考虑,紧密结合,全面规划。地形坡向均匀一致时,可采用灌排相邻的布置形式;地形平坦或有微地形起伏时,可采用灌排相间的布置形式。有控制地下水位要求的地区,农沟的间距必须满足控制地下水位的要求。

任务三　渠道及渠系建筑物

一、渠道

(一)渠道的基本要求

1. 渠道流速要求

渠道中的流速,应小于渠道土壤的允许不冲流速,大于允许的不淤流速。

渠道的临界不冲流速,主要取决于渠道的土壤、渠道的过水断面及水力要素、渠床糙率、水中含沙量、渠道平面形状等因素。

浑水渠道的不淤流速应根据水流的挟沙能力确定。渠道水流的挟沙能力与流速、水力半径、泥沙颗粒及沉速有关。当引用水的含沙量较高时,应在取水口处采取必要的措施,控制推移质和较大的悬移质泥沙进入渠道,已进入渠系的细粒泥沙,则应全部带到田间。如果这些泥沙沉积在渠道中,就会影响渠道的输水能力。

2. 渠道渠床稳定

为了使渠道稳定,不仅要保证渠道全线各断面上不发生冲刷和淤积,同时还要保证渠道在平面上的稳定,使其不局部冲刷渠床两岸。

随着渠水深度的增加,临界不淤流速将不断加大(逐渐接近不冲流速),如果水深过大,则很容易发生冲刷。因此,为了在流量加大时保持渠道不冲不淤的稳定流速,应当较多地增加渠底宽度。不冲不淤的渠道一般具有宽而浅的断面,通过的流量愈大,宽深比值亦愈大。

渠道除应满足以上条件外,还应满足输水能力大、渗漏损失小、施工管理方便、工程造价低等条件。

(二)渠道的水力计算

灌溉和排水渠道的输水能力,可按水力学明渠均匀流公式计算:

$$Q = \omega C \sqrt{Ri} \tag{7-2}$$

式中　Q——渠道通过的流量,m^3/s;

ω——渠道过水段面积,m^2;

R——水力半径,m;

i——渠道纵坡;

C——谢才系数,可按曼宁公式计算:

$$C = \frac{1}{n}R^{1/6} \tag{7-3}$$

式中　n——渠床糙率。

(三)渠道的横断面

土质渠道的横断面型式,一般有挖方渠道、填方渠道和挖填方渠道等几种型式。

1. 挖方渠道

土渠断面必须保持边坡稳定，防止坍塌。稳定边坡系数取决于土壤条件、水文地质条件、护面结构、渠中水深以及填挖方的高度等。

当渠道的挖方深度超过5 m时，每隔3～5 m应修以平台，平台宽1～2 m。当渠道挖方深度超过10～12 m时，不仅修筑费工，保持边坡的稳定也较困难。因此，应考虑修建涵洞来替代明槽。但在黄土高原地区挖方深度可允许达20～25 m。

2. 填方渠道

填方渠道应尽可能采用透水性小的壤土填筑，并夯压密实。为了预防填方渠道沉陷，施工时须预留沉陷值10%左右。

3. 挖填方渠道

挖填方渠道是最常见、最经济的一种型式。设计填挖方渠道时，最好使断面上的挖方与填方相等或挖方略大于填方，这样工程量最省，施工最方便。

（四）渠道的纵坡及纵断面

1. 渠道纵坡

在进行渠道水力计算时，正确地选定各级渠道的纵坡是一个重要问题。影响渠道纵坡的因素很多，如灌区的地形条件、渠线所经过地质条件、渠中水流泥沙含量以及地面坡度等。在地面坡度较大、含沙量较多时，干渠可以采用较大的纵坡，这样可使渠道不发生淤积；自水库引水灌溉时，干渠的纵坡不宜过陡，以避免冲刷。干渠各段随着输水流量、地形地质条件的变化，干渠纵坡可以分段设计，一般使各段纵坡逐渐加大以避免渠道的淤积。支渠以下各级渠道的纵坡，应结合灌区的地面坡度，同时由于渠道的流量逐级减小，所以纵坡也应逐级增大。

2. 渠道纵断面

渠道纵断面设计，包括沿渠地面高程线、渠道正常高水位线、渠道最低水位线、渠底高程线、堤顶高程线以及渠道的纵坡等。渠道的纵断面设计必须和横断面设计相结合。如果沿渠有各种渠系建筑物，则必须估算水流通过这些建筑物的水头损失。

二、渠系建筑物

为了取水、控制水流、合理分配水量、保证渠道安全运用，需修建一些控制、配水建筑物；当渠道通过天然或人工障碍物时，需修建交叉建筑物。渠道上的系列建筑物称为渠系建筑物。

渠系建筑物按照作用可分为以下几种：

（1）各种用于取水、控制流量和水位、分水等功能的水闸。

（2）渠道与河流、溪谷、道路相交时修建的渡槽、倒虹吸管、涵洞、桥梁等交叉建筑物。

（3）在渠首部位，为抬高水位、取水、排沙等修建相关建筑物的组合体，即取水枢纽。

（4）渠道上，用于集中落差、量水、小型发电等其他专门建筑物。

（一）渡槽

渡槽是输送水流跨越沟谷、道路、河渠等的架空输水建筑物。它一般由进出口连接段、槽身、支承结构及基础等组成。槽身放置在支承结构上，槽身重及水重等荷载通过支承结构传给基础，基础再传给地基。渡槽一般适用于渠道跨越深宽河谷或较广阔的洼地等情况,具有水头损失小、便于通航、管理运用方便等特点,是采用最多的一种交叉建筑物。渡槽按支承结构型式可分为梁式、拱式、桁架式、组合式及悬吊式或斜拉式等。其中,梁式和拱式是两种最基本也是最常用的渡槽型式。

1. 梁式渡槽

梁式渡槽(见图7-15)可分为简支梁式、悬臂梁式及连续梁式三种,常用的断面形式有矩形和U形。矩形槽身按其运用及受力条件可分为无拉杆和有拉杆两种情况。U形槽身横断面由半圆加直段构成,槽顶一般设顶梁和拉杆,支座处设端肋。U形槽比矩形槽水力条件更好,纵向刚度更大。

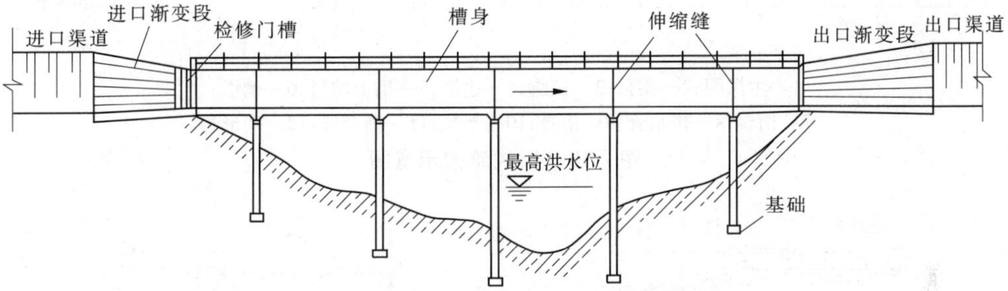

图7-15 梁式渡槽示意图

梁式渡槽的支承结构型式有重力墩、排架等多种型式。其中,重力墩可分为实体墩和空心墩两种型式;排架可分为单排架、双排架及A字形排架。

梁式渡槽的基础型式与上部荷载、地质条件、洪水冲刷及施工条件等因素有关,其中地质条件是主要因素。浅基础常采用刚性基础或整体板式柔性基础;深基础一般采用桩基础或沉井基础。

2. 拱式渡槽

拱式渡槽与梁式渡槽相比,其主要区别在于支撑结构。按照主拱圈的结构型式可分为板拱、肋拱和双曲拱;按主拱圈设铰情况可分为无铰拱、双铰拱等;按建筑材料可分为砌石拱和混凝土拱等型式;根据拱上结构型式的不同,拱式渡槽又可分为实腹式和空腹式两类。

拱式渡槽由槽身、主拱结构、拱上结构、基础等部分组成,如图7-16所示。

(二)倒虹吸管

倒虹吸管是输送渠水通过河渠、山谷、道路等障碍物的有压输水建筑物。与渡槽相比,它具有造价低廉、施工方便、利于河道泄洪、水头损失较大等特点,在小型工程中应用较多。

倒虹吸管一般由进口、管身、出口三部分组成,如图7-17所示。其中,进口段一般包括渐变段、进水口、拦污栅、闸门及沉沙池等。管身断面有圆形、箱形等形状。圆形管具有水流条件好、受力条件好的优点,在工程实际中应用较广,主要用于高水头、小流量情况。箱形管分矩形和正方形两种,可做成单孔或多孔,适用于低水头、大流量情况。根据流量大小、运用要求及经济效益等,可采用单管、双管或多管方案。倒虹吸管的材料有木质、砌石、陶瓷、钢筋混凝土、铸铁和钢材等。

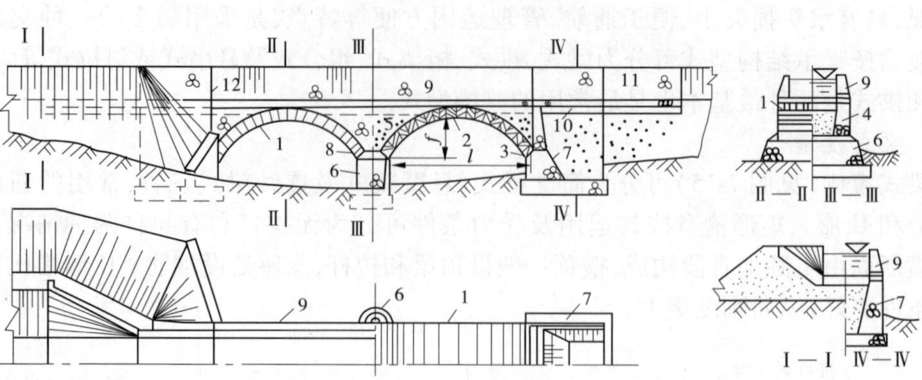

1—主拱圈；2—拱顶；3—拱脚；4—边墙；5—拱上填料；6—槽墩；
7—槽台；8—排水管；9—槽身；10—垫层；11—渐变段；12—变形缝

图7-16 拱式渡槽示意图

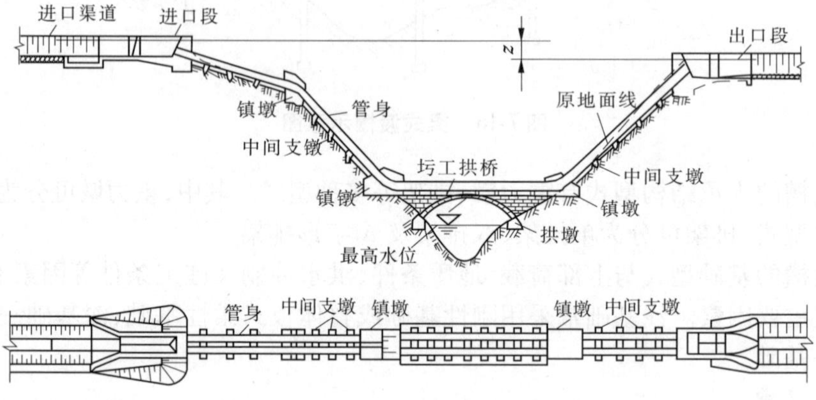

图7-17 倒虹吸管示意图

（三）涵洞

涵洞是当渠道与道路、溪谷等障碍物相交时，为输送渠水或宣泄溪谷来水，在交通道路或填方渠道下面修建的交叉建筑物。涵洞一般由进口、洞身、出口三部分组成，如图7-18所示。

涵洞根据断面形状可分为圆形涵、箱涵、拱形涵洞等。渠道上的输水涵洞一般是无压的，上下游水位差较小，流速一般在2 m/s左右，可不考虑专门的防渗、排水和消能问题。排洪涵洞可以是有压的、无压的或半有压的，应根据流速的大小及洪水持续时间，考虑消能防冲、防渗及排水问题。

（四）跌水与陡坡

当渠道通过坡度过陡的地段或陡坎时，为减少渠道的填挖土工程量，并有利于下级渠道分水，使总体造价降低，往往将水流的落差集中，并修建具有消能作用的建筑物连接上、下游渠道，这种建筑物称为落差建筑物。

常用的落差建筑物有跌水、陡坡、斜管式跌水及跌井式跌水等几种。其中跌水和陡坡应用最广，不仅用于调节渠道纵坡，还可用于渠道上分水、排洪、泄水和退水建筑物中。

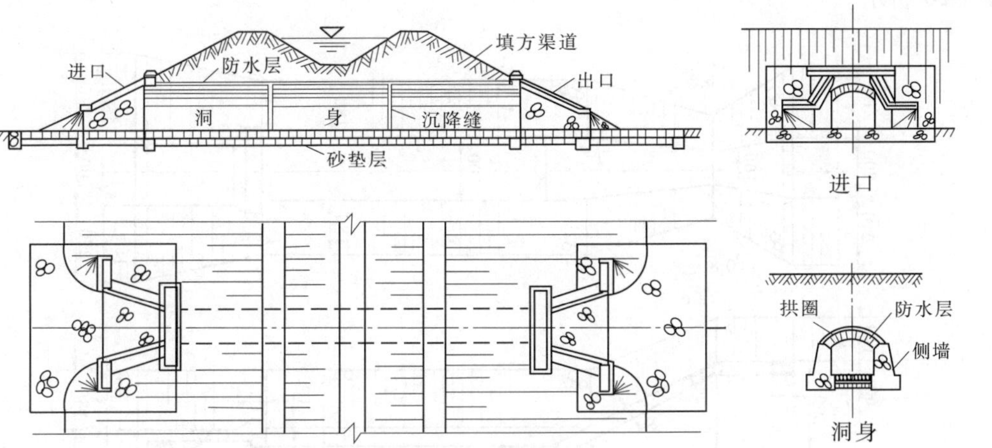

图 7-18　涵洞示意图

1. 跌水

水流呈自由抛射状态跌落于下游消力池的落差建筑物叫跌水。跌差小于 3 ~5 m 时布置成单级跌水,跌差超过 5 m 可布置成多级跌水。

单级跌水由进口连接段、跌水口、消力池和出口连接段组成,如图 7-19 所示。

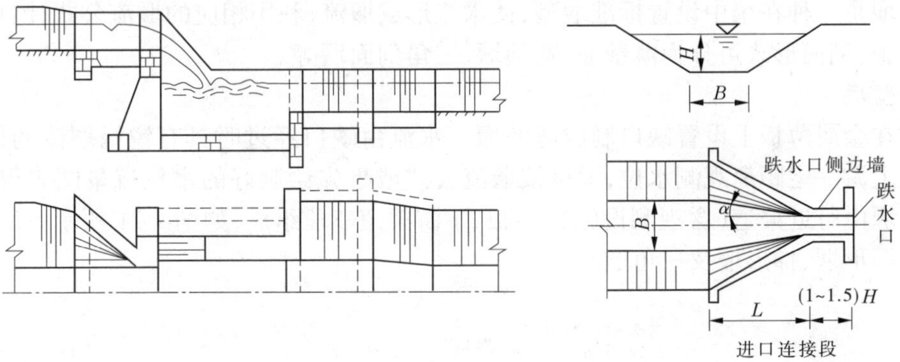

图 7-19　跌水示意图

2. 陡坡

水流沿着底坡大于临界坡度的明渠陡槽呈急流下泄的落差建筑物称为陡坡,是另一种形式的落差建筑物。陡坡的进口连接和控制缺口的布置形式与跌水相同,但对进口水流平顺和对称的要求较跌水更严格,以使下泄水流平稳、对称且均匀地扩散,为下游消能创造良好条件。陡坡段水流速度较高,若其进口及陡坡段布置不当,将产生折冲波致使水流翻墙和气蚀。在陡坡的控制缺口处,可设置闸门控制水位及流量,其优点是既能排沙又能保证下泄水流平稳、对称且均匀地扩散。若陡坡与桥相结合,从经济方面考虑可把控制缺口设计成闸。

陡坡由进口连接段、控制缺口(或闸室段)、陡坡段、消力池和出口连接段组成,如

图 7-20 所示。

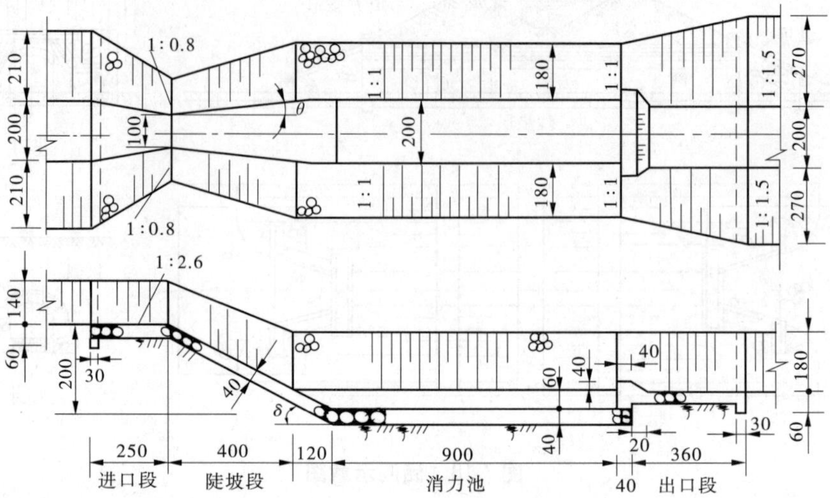

图 7-20　陡坡示意图　（单位：cm）

（五）量水设施

量水设施是渠道上用以量测水流流量的水工建筑物及特设量水设施的总称。其作用是按照用水计划准确、合理地向各级渠道和田间输送水量，为合理征收水费提供依据。

量水堰是一种在渠中设置标准堰型，使水流形成堰流，利用相应的堰流公式计算流量的量水设施，剖面形式可分为薄壁堰、宽顶堰、三角剖面堰等。

1. *薄壁堰*

通常在金属薄板上设置缺口制成薄壁堰。水流由缺口经过时具有锐缘堰流的性质，在距堰板上游一定距离观测水位，即可按堰流公式或事先绘制好的水位流量图表得到流量。薄壁堰由行近渠道（含观测设施）、堰板、下游渠道三段组成，如图 7-21 所示。堰板缺口形状有矩形堰、梯形堰及三角形堰等。

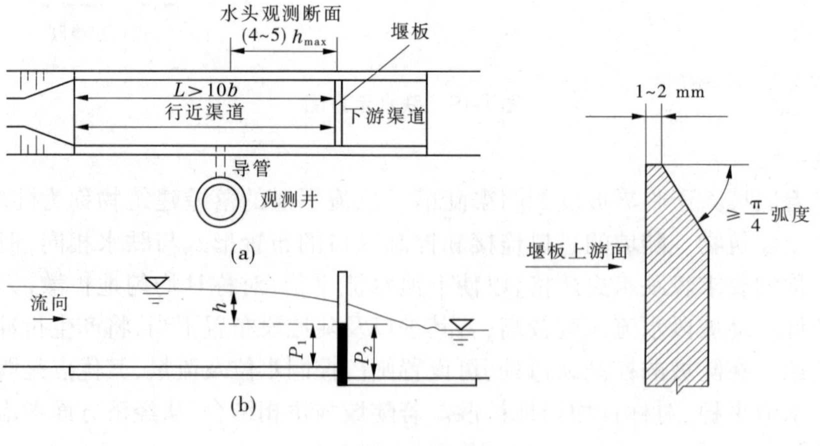

图 7-21　薄壁堰

2. 宽顶堰

标准宽顶堰有矩形宽顶堰与圆头平顶堰两种。矩形宽顶堰的堰顶上下游顶角均为直角(如图7-22所示),必须设在顺直、均匀而稳定的渠段,并与矩形衬砌的行近渠槽同宽,堰体上下游断面应竖直并垂直于建堰渠槽的槽边和槽底。该堰具有外形简单、便于修建或装配安装、较经济等优点,可用于较小水位差,比较适用于中等流量和大流量。其缺点是流量系数不固定,上游顶角容易损坏而影响量测精度。

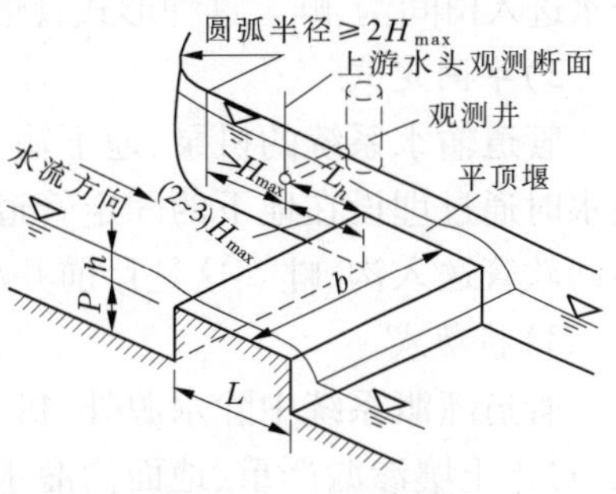

图7-22　矩形宽顶堰

任务四　节水灌溉

随着我国人口的增加,城市化进程的加快,工农业生产进一步发展,全国各地的用水量及耗水量持续增加,造成我国水资源紧缺,供水矛盾进一步加剧。农业灌溉用水是名副其实的"用水大户",大约占到总用水量的65%。因此,发展节水灌溉是势在必行和行之有效的节水途径。

一、低压管道灌溉

管道输水灌溉技术在田间灌水技术上,属于地面灌溉,它是以管道代替明渠输水系统的一种工程形式。灌水时,管道系统工作压力一般不超过0.2 MPa,故称低压管道输水灌溉工程,简称管道输水工程。

(一)管道输水工程的组成与类型

1. 低压管道输水系统的组成

管道输水系统由水源与取水工程、输水配水管网系统和田间灌水系统三部分组成。

1)水源与取水工程

管道输水系统的水源有井泉、沟渠、水库等。水质应满足农田灌溉用水标准。井灌区取水部分除选择适宜的机泵外,还应安装压力表及水表。

2)输水配水管网系统

输水配水管网系统是指管道输水灌溉系统中的各级管道、管件、分水设施、保护装置和其他附属设施。在大型灌区,管网可由干管、分干管、支管、分支管等多级管道组成。

3)田间灌水系统

田间灌水系统是指分水口以下的田间部分。为达到灌水均匀、减少田间损失、提高全系统水的利用系数的目的,通常应进行土地平整,将长畦改为短畦,或给长栓接移动软管。

2. 管道输水工程的分类

管道输水工程可按其输配水方式、管网形式、固定方式、输水压力和结构型式等方式进行分类。通常按固定方式可分为固定式、半固定式、移动式三大类。

1)固定式

管道输水系统中的各级管道及分水设施均埋入地下,固定不动。给水栓或分水口直接分水进入田间沟、畦。这种形式管道密度大、标准高,一次性投资大,管理方便,灌水均匀。

2)半固定式

管道输水系统的机泵、地下输水管道和出水口是固定的,而地面软管是可以移动的,灌水时通过埋设在地下的固定管道将水输送到控制一定灌溉面积的出水口,再接上地面移动软管送入沟、畦。这是目前井灌区低压管道输水系统的主要形式。

3)移动式

管道灌溉系统中除水源外,机泵和地面管道都是可移动的。这样可以实现小定额灌溉,对于土壤渗漏严重、地面沟灌水量损失大的地区,具有显著的节水效果。

(二)管道输水工程的优点

(1)节水节能,管道输水系统可以减少渗漏和蒸发损失,其输水过程中水的有效利用率可达90%以上,而土渠输水灌溉,其水的有效利用率只有45%左右。

(2)省地省工,输水快,灌水及时,管道代替土渠输水,一般可减少占地2%~4%。

(3)改善田间灌水条件,促进增产增收。管道输水灌溉,缩短了轮灌周期,能适时适量供水,有效满足作物生长需要。

(4)适应性强,管理方便。管灌不仅能满足灌区微地形及局部高地农作物的灌溉,而且能适应当前农业生产责任制的要求。灌水时户与户之间干扰少,矛盾少。

(三)管道系统布置

1.管道系统布置的基本原则

管道系统布置应和排水、林网、供电等统筹安排、紧密结合;管网布置力求管线总长度最短,控制灌溉面积最大,管线应平顺,减少拐弯;田间末级地埋管道的布置,应与灌水方向、终止方向及地形坡度相适应;并根据当地经济、技术情况,因地制宜地选择管材。

2.固定管网布置

根据水源位置、浇灌面积、田块形状、地面坡度、作物种植方向等条件,管网布置成树枝状或环状两类。

(1)水源位于田块一侧时,一般采用一字形、T形、L形三种形式,其适用于用水井出水量20~40 m^3/h,控制灌溉面积50~100亩,田块的长宽比(l/b)小于3。当井出水量为60~100 m^3/h,控制面积为150~300亩时,可布置成梳齿状、鱼骨形或环状。

(2)机井位于田块中心,一般采用H形或环形布置,这两种形式适用于井出水量为40~60 m^3/h,控制面积为100~150亩,田块长宽比(l/b)不大于2的情况。

3.半固定式管网布置

半固定式管道系统的布置和固定式管道的布置大致相同。三级布置时,干管和支管是固定的,末级管是移动的软管。支管间距一般为300 m左右,每隔50 m设一给水栓,用以连接软管。平原井灌区半固定式管网布置大多数采取树状网或环状网,两者各有优点,需因地制宜通过技术经济比较确定。

二、喷灌

(一)喷灌系统的组成

喷灌通常需要借助水泵加压,常用离心泵、长轴井泵、潜水电泵等机组;如果有足够的压力差,也可以利用天然水头进行自压喷灌。喷灌系统一般由水源、水泵、动力设备、管网、喷头及田间工程组成,见图 7-23。

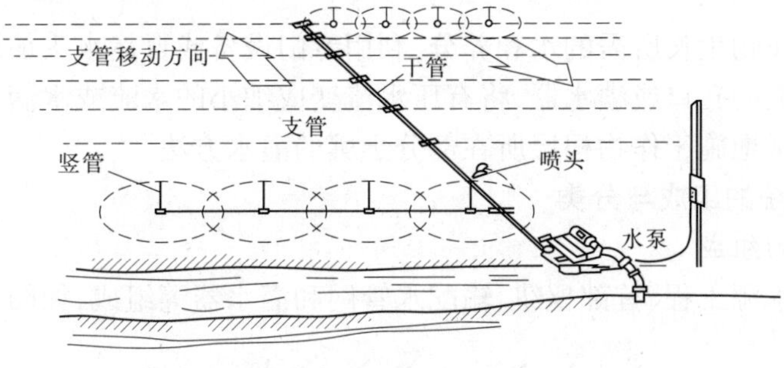

图 7-23　喷灌系统示意图

(二)喷灌系统的分类

喷灌系统可按不同方法分类,按系统获得压力的方式分为机压式和自压式;按喷洒特征分为定喷式和行喷式;按主要组成部分是否移动分为固定式、半固定式和移动式三类。

1. 固定式

喷灌系统各组成部分除喷头外,在整个灌溉季节(常年)都是固定的。水泵和动力机组成固定的泵站,干管和支管埋入地下,进行轮灌。优点是使用操作方便,运行费用低,工程占地少;缺点是工程投资大,设备利用率低,固定的竖管对机耕有影响。

2. 半固定式

在整个喷灌系统中,动力、水泵和干管是固定的,干管上装有许多给水栓,支管和喷头是移动的。支管与喷头在一个位置喷灌完毕后,可移至下一位置。

3. 移动式

在整个灌溉系统中,只有水源是固定的,而水泵、动力、管道及喷头都是移动的,一套设备可以在不同的地块上轮流使用,提高了设备的利用率,降低了单位面积设备的投资。其特点是使用灵活、劳动强度大、路渠占地较多。

(三)喷灌工程的布置

管网的布置形式有两种形式:第一种是树状管网,一般可分为丰字形、梳齿形,主要适用于土地分散、起伏的地区;第二种是环状管网,是一闭合管网,由很多闭路环组成,优点是当某一水流方向上管道出现事故,可由其他管道继续供水,其缺点是水力计算复杂。

选择喷头首先要考虑喷头水力特性能适合作物和土壤特点,喷头的水力特性一般包括额定流量、工作压力、雾化指数等。对于幼嫩作物,压力不宜太大,雾化程度要好;对于黏性土壤,由于入渗速度慢,因此就要采用较低的喷灌强度,而对于沙土可加大喷灌强度。

喷头的喷洒方式有很多种,如全圆喷洒、扇形喷洒、矩形喷洒、带状喷洒等。在管道式喷灌系统中,主要采用全圆喷洒,而在田边路旁或房屋附近则使用扇形喷洒。

喷头的组合形式,一般用相邻 4 个喷头平面位置组成的图形表示。喷头的基本布置形式有两种:矩形组合和平行四边形组合。一般情况下,无论是矩形组合还是平行四边形组合,应尽可能使支管间距 b 大于喷头间距 a,这样可以节省支管用量、降低系统投资或避免频繁移动支管。在有稳定风向时，宜采用 $b>a$ 的组合。

三、微灌

微灌是按照作物生长所需的水和养分，利用专门设备或自然水头加压，再通过低压管道系统末级毛管上的孔口或灌水器，将有压水流变成细小的水流或水滴，直接送到作物根区附近，均匀、适量地施于作物根层所在部分土壤的灌水方法。

（一）微灌系统的组成与分类

1. 微灌系统的组成

微灌系统由水源工程、首部枢纽、输配水管网和灌水器等组成，如图 7-24 所示。

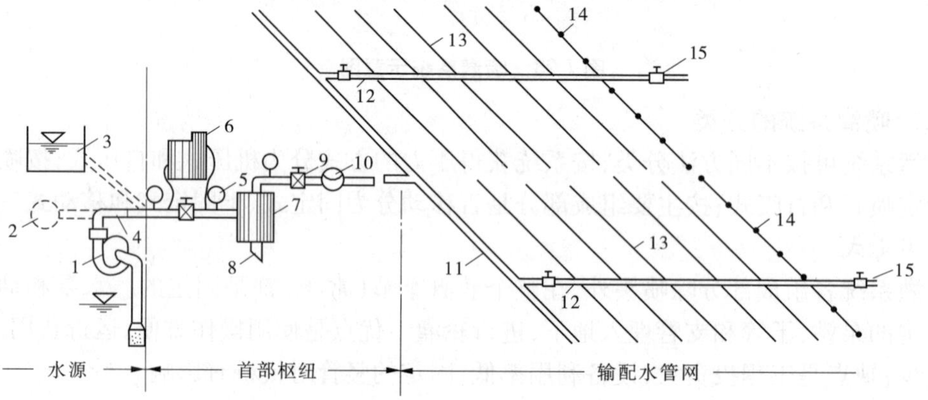

1—水泵；2—供水管；3—蓄水池；4—逆止阀；5—压力表；6—施肥罐；7—过滤器；
8—排污管；9—阀门；10—水表；11—干管；12—支管；13—毛管；14—灌水器；15—冲洗阀门

图 7-24　微灌系统示意图

水质符合微灌要求的水，均可作为微灌的水源。另外，根据需要修建的引水、蓄水和提水工程，以及相应的输配电工程，统称为水源工程。

首部枢纽担负着整个系统的驱动、检测和调控任务，通常由水泵及动力机、控制阀门、水质净化装置、施肥装置、测量和保护设备组成。

微灌系统的输配水管网一般分为干、支、毛三级管道。

灌水器有滴头、微喷头、涌水器和滴灌袋等形式，对应的水流出流方式也有多种。灌水器安装在毛管上或通过连接小管与毛管连接，或置于地表，或埋入地下。

2. 微灌系统的分类

微灌常常按选用的灌水器进行分类，可分为以下几类：

1）滴灌

将具有一定压力的灌溉水，通过管道和管道滴头，滴入植物根部附近土壤的一种方法。由于滴头细小，消杀了水中具有的能量，因此能缓慢均匀地湿润土壤。水的利用率高达 95%，较喷灌更能节水增产，同时可以结合灌溉给农作物施肥。按管道的固定程度，滴灌可分为固定式、半固定式和移动式三种。

2）微喷灌

利用塑料管道输水，通过很小的喷头将水喷洒在土壤或作物表面进行的局部灌溉。

与喷灌相比，微喷头的工作压力较小，可节约能源；与滴灌相比，微喷头可以喷射水流到空中，且微喷头比滴头的湿润面积大。

3）渗灌

通过埋在地下作物根系活动层的滴灌带上的滴头或渗头将水灌入土中的灌水方式。其特点是省水、省电、省肥。但管道间距较大时灌水不够均匀。

4）涌灌

在末级毛管上安装涌水设备，使灌溉水形成间歇小股水流，以浸润土壤的灌水方法。此方式的工作压力很低，不易堵塞，适合地形平坦地区。

5）雾灌

与微喷灌相似，只是工作压力较高，喷出的水滴极细，灌水时形成水雾可以调节田间空气湿度。

（二）微灌系统的特点

（1）省水。微灌能适时适量地按作物生长需要供水，且全部由管道输水，沿程渗漏和蒸发损失少；一般只湿润作物根部附近的部分土壤，灌水流量小，水的利用率高。

（2）灌水均匀度高。微灌系统能做到有效控制每个灌水器的出水量，因此灌水均匀度高，一般可达80%～90%。

（3）增产。微灌可根据小面积作物的需要，适时适量地向作物根区供水，为作物生长提供了良好的条件，容易实现稳产高产，提高产品质量，一般可以增产30%左右。

（4）节能。由于微灌灌水器湿润的范围小，所需压力也小，一般工作压力为50～150 kPa，比喷灌低，而且微灌比地面灌溉省水，可有效减少能耗。

（5）对土壤和地形的适应性强。对于不同的土壤，微灌的灌水速度可快可慢，可以使作物根系层保持适宜的土壤水分。另外，微灌是压力管道输水，因此不受地形影响。

（6）灌水器容易堵塞。这是微灌应用的主要问题，严重时会影响整个系统的工作，甚至报废。为了防止堵塞，微灌对水质要求较高。

（7）造价较高。由于微灌需要大量设备、管材、灌水器具，一般造价较高。

四、波涌灌溉

（一）波涌灌溉机制

波涌灌溉是以一定或变化的周期，循环、间断地向沟畦输水，即向两个或多个沟畦交替供水。当灌溉由一个沟畦转向另一个灌水沟畦时，先灌的沟畦处于停水落干的过程中，由于灌溉水的下渗，水在土壤中的再分配，使土壤导水性减少，土壤中黏粒膨胀，空隙变小，田面被溶解土块的颗粒运移和重新排列所封堵、密实，形成一个光滑封闭的致密层，从而使田间糙率变小，土壤入渗缓慢，因此水流推进速度相应变快，深层渗漏明显减少。

（二）波涌灌溉系统的分类

波涌灌溉系统主要由水源、管道、多向阀或自动间歇阀等组成。波涌灌溉系统根据管道布置方式的不同，可分为“双管”系统和“单管”系统两类。

1.“双管”系统

“双管”波涌灌田间灌水系统如图7-25所示，一般通过埋在地下的暗管管道把水输送到田间，再通过阀门和竖管与地面上带有阀门的管道相连。这种阀门可以自动地在两组管道间开关水流，故称“双管”。通过控制两组间的水流可以实现间歇供水。当这两组灌水沟结束灌水后，灌水工作人员可将全部水流引到另一放水竖管处，进行下一组波涌灌水沟的灌水。对已具备低压输水管网的地方，采用这种方式较为理想。

2.“单管”系统

“单管”波涌灌田间灌水系统通常是由一条单独带阀门的管道与供水处相连接（故称“单管”），管道上的各出水口则通过低水压、低气压或电子阀控制，而这些阀门均以一字形排列，并由一个控制器控制这个系统，如图7-26所示。

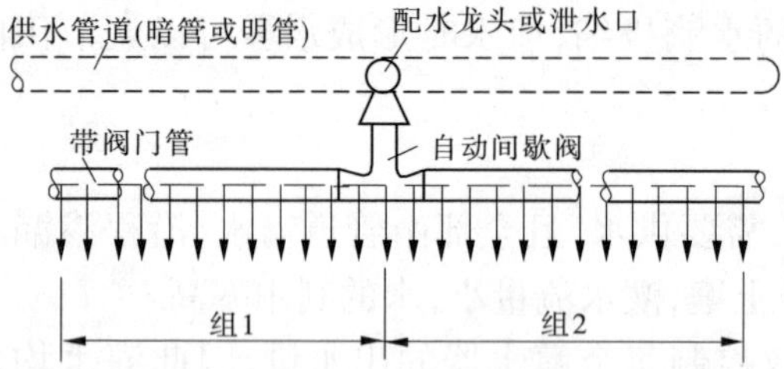

图7-25　“双管”波涌灌田间灌水系统示意图

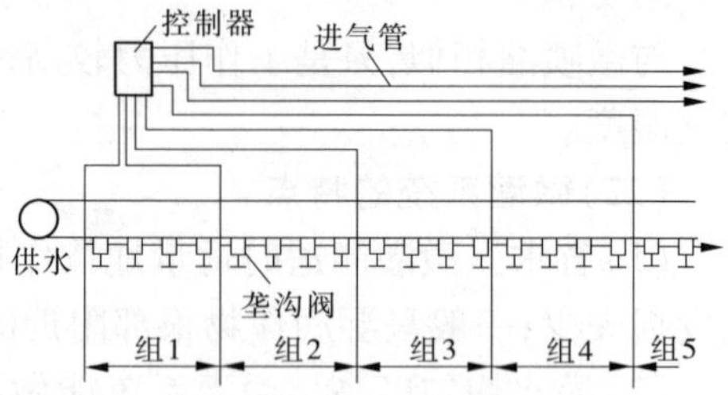

图7-26　“单管”波涌灌田间灌水系统示意图

五、精量灌溉

农作物在生长期内并不总是需要充足的水分，充足供水和适量控水交替实施对提高产量才有利。喷灌、滴灌、微灌等节水灌溉形式，可使水的利用率提高到85%～90%。精量灌溉是节水灌溉的最高目标，其含义为精确估算出农作物生长所必需的灌溉水量，并采用高效的节水灌溉技术将此水量准确而均匀地灌入作物根系层土壤中。在一定区域内，由于土壤特性和作物生长特性的空间变异性，要想使整个区域的农作物获得高产、稳产，必须针对不同的土壤特性，作物高产的生理、生态要求与需水规律，借助于现代的电子测试手段、计算机技术与信息技术，实时预测预报农作物最佳生长环境所需的资源投入量，如灌水量、养分（肥料）以及农药等，并采取高效的技术与手段将作物生长所必需的资源投入量准确而适时地得到实施，使土壤中的水、肥、气、热保持协调关系，最终的目的是实现投入资源的最高产出。

项目自测题

1. 水资源的什么特点是导致旱涝灾害发生的根本原因？

2. 什么是充分灌溉条件下的灌溉制度？什么是非充分灌溉条件下的灌溉制度？二者主要区别是什么？

3. 竖井排水的作用主要体现在哪些方面？

4. 灌溉渠道系统布置应遵循的原则有哪些？

5. 渠道对流速有哪些要求？

6. 渠系建筑物按照作用分有哪些种类？

7. 管道输水有哪些优点？
8. 微灌系统的特点有哪些？
9. 为什么把非充分灌溉条件下的灌溉制度称为经济灌溉？
10. 怎么用量水堰测流量？
11. 解释波涌灌溉的机制。

项目八　水利水电工程施工

【学习目标】 掌握施工导流与截流的概念、土石坝与混凝土工程的施工技术；熟悉水利水电工程施工的特点；了解水利水电工程施工及施工组织设计的基本内容。

任务一　水利水电工程施工的特点及内容

一、水利水电工程施工的任务及特点

水利水电工程建设，可概括为规划、设计和施工等阶段。各个阶段既有分工，又有联系，相辅相成。施工应以规划、设计的成果为依据，而规划和设计又要考虑施工方面的要求，并受施工实践的检验。在这几个阶段中，施工起着将规划、设计方案转变为工程实体的作用。

（一）水利水电工程施工的任务

水利水电工程施工的主要任务可归纳如下：

（1）依据设计、合同任务和有关部门的要求，根据工程所在地区的自然条件，当地社会经济状况，设备、材料和人力等资源的供应情况以及工程特点，编写切实可行的施工组织设计。

（2）按照施工组织设计，做好施工准备，加强施工管理，有计划地组织施工，保证施工质量，合理使用建设资金，多快好省地全面完成施工任务。

（3）在施工过程中开展观测、试验和研究工作，促进水利工程建设科学技术的发展。

（二）水利水电工程施工的特点

水利水电工程施工的全过程都直接与水紧密相连，与当地的地形、地质、水文、气象、施工环境等密切相关。其特点归纳起来有以下几点：

（1）水利工程承担挡水、蓄水和泄水等任务，因而对水工建筑物的稳定、承压、防渗、抗冲、耐磨、抗冻、抗裂、抗震、抗腐蚀等性能都有特殊要求，需按照水利工程的技术规范，采取专门的施工方法和措施，确保工程质量。

（2）水利工程对地基的要求比较严格，工程又常处于地质条件比较复杂的地区和部位，处理不当会留下隐患，难以补救，需采取专门的地基处理措施。

（3）水利工程多在河道、湖泊及其他水域施工，需根据水流的自然条件及工程建设的要求进行施工导流、截流或水下作业。

（4）水利工程施工受气候的影响较大，如降雨、降雪、冰冻等，有时根据质量要求，在高温夏季或严寒冬季需采取降温和保温措施，才能确保工程质量。

（5）水利工程多为规模较大的工程，并与当地自然环境关系密切，对社会、经济影响较大，与国民经济发展和人们生命财产安全都直接相关。

水利工程又常需利用枯水期施工，工期紧、施工强度大，因此需合理安排计划，精心组织施工，及时解决施工过程中的防洪、度汛等问题。

二、水利水电工程施工的内容

水利水电工程施工的内容主要包括施工技术、施工机械的使用和施工管理等。一般可分为以下 9 个方面：

(1)施工准备工程。包括施工交通、施工供水、施工供电、施工通信、施工通风及施工临时设施等。

(2)施工导流工程。包括导流、截流、围堰及度汛、临时孔洞封堵与初期蓄水等。

(3)地基处理。包括桩工、防渗墙、灌浆、沉井、沉箱以及锚喷等。

(4)土石方施工。包括土石方开挖、土石方运输、土石方填筑等。

(5)混凝土施工。包括混凝土原材料制备、储存，混凝土制备，混凝土运输，混凝土浇筑，混凝土养护，模板制作、安装，钢筋加工、安装，埋设件加工、安装等。

(6)金属结构安装。包括闸门安装、启闭机安装、钢管安装等。

(7)水电站机电设备安装。包括水轮机安装、水轮发电机安装、变压器安装、断路器安装以及水电站辅助设备安装等。

(8)施工机械。包括挖掘机械、铲土运输机械、凿岩机械、疏浚机械、土石方压实机械、混凝土施工机械(如水泥储运系统、砂石骨料加工系统、混凝土搅拌系统、混凝土运输设备、混凝土平仓振捣设备)、起重机械、工程运输车辆等。

(9)施工管理。包括施工组织、监督、协调、指挥和控制。按专业划分为计划、技术、质量、安全、供应、劳资、机械、财物等管理工作。全面实行项目法人责任制、招标承包制、建设监理制。一些大型工程还建立信息管理系统，对工程及时、全面、准确地监控。

任务二 施工导流与截流

施工导流是水利工程施工过程中，为了创造干地施工条件，将河流水流通过适当方式导向下游的工程措施。截流是施工导流中截断河道，迫使原河床水流流向预留通道的工程措施。

正确合理的施工导流，可以加快施工进度，降低工程造价，否则会使工程施工遇到意外的障碍，拖延工期，增加投资，甚至会引起工程失事。

一、施工导流方式

施工导流的基本方式可分为两类：一类是河床外导流，又称一次拦断导流、全段围堰法导流，即用围堰一次拦断全部河床，将河道水流引向河床外的明渠或隧洞等导向下游；另一类是河床内导流，又称分段围堰法导流，采用分期导流，即将河床分段用围堰挡水，使河道水流分期通过被束窄的河床或坝体底孔、缺口、隧洞、涵洞、厂房等导向下游。此外，按导流泄水建筑物还可分为明渠导流、隧洞导流、涵洞导流、底孔导流、缺口导流、厂房导流等。一个完整的施工导流方案，常由几种导流方式组成，以适应围堰挡水的初期导流、坝体挡水的中期导流和施工期拦蓄洪水的后期导流等三个不同导流阶段的需要。

（一）全段围堰法导流

全段围堰法导流，就是在河床主体工程的上下游各建一道拦河围堰，使河水经河床以外的临时泄水道或永久泄水建筑物下泄。主体工程建成或接近建成时，再将临时泄水道封堵。

全段围堰法导流，根据泄水道类型不同分为隧洞导流、明渠导流、涵管导流、渡槽导流等。

1. 隧洞导流

隧洞导流（见图 8-1）是在河岸山体中开挖隧洞，在基坑上下游修筑围堰，水流经由隧洞下泄的施工导流方式。

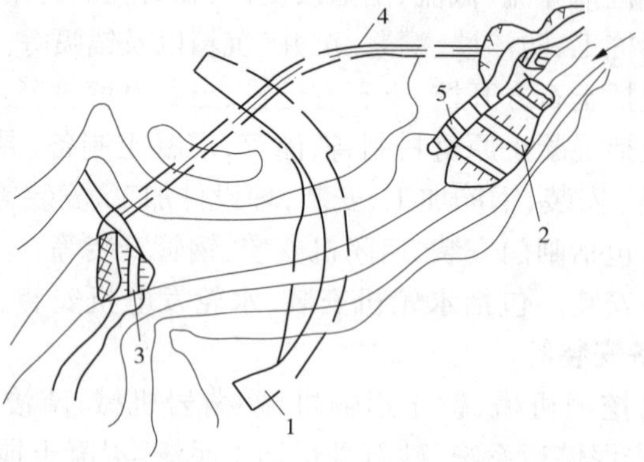

1—混凝土坝；2—上游围堰；3—下游围堰；4—导流隧洞；5—临时溢洪道

图 8-1　龙羊峡水电站隧洞导流

导流隧洞的布置，决定于地形、地质、枢纽布置以及水流条件等因素。

一般山区河流，河谷狭窄，两岸地形陡峻，山岩坚实，采用隧洞导流较为普遍。但由于隧洞的泄水能力有限，汛期洪水宣泄常需另找出路，如允许基坑淹没或与其他导流建筑物联合泄流。隧洞是造价昂贵和施工复杂的地下建筑物，所以导流隧洞应尽量与泄洪洞、引水洞、尾水洞、放空洞等永久隧洞相结合。但是，由于永久隧洞的进口高程通常较高，而导流隧洞的进口高程通常较低，此时，可开挖一段低高程的导流隧洞与永久隧洞低高程部分相连，导流任务完成后将导流隧洞进口堵塞，不影响永久隧洞运行。这种布置方式俗称“龙抬头”（见图 8-2）。只有当条件不允许时，才专为导流开挖隧洞，导流任务完成后还需将其堵塞。

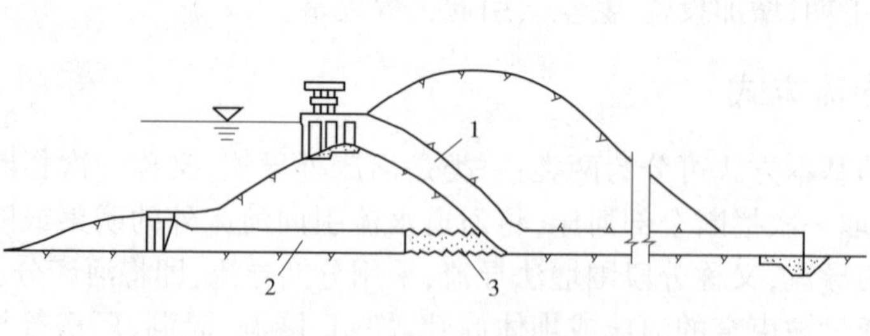

1—永久隧洞；2—导流隧洞；3—混凝土堵头

图 8-2　毛家村水库导流隧洞与永久隧洞结合布置

2. 明渠导流

明渠导流(见图8-3)是在河岸上开挖渠道,在基坑上下游修筑围堰,水流经渠道下泄。明渠导流,一般适用于岸坡平缓的平原河道。在规划时,应尽量利用有利条件,以取得经济合理的效果。如利用当地老河道,或利用裁弯取直开挖明渠,或与永久建筑物相结合。

3. 涵管导流

涵管导流一般在修筑土坝、堆石坝工程中采用,见图8-4。

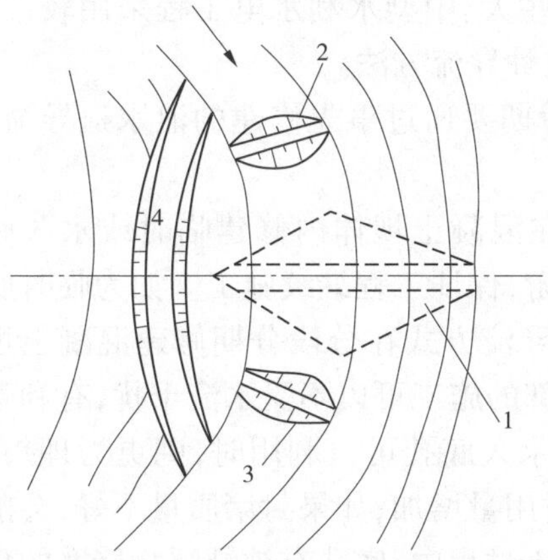

1—坝体;2—上游围堰;3—下游围堰;4—导流明渠

图8-3　明渠导流

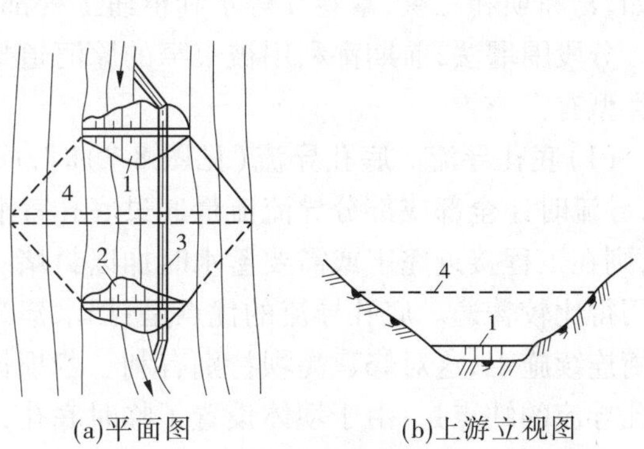

1—上游围堰;2—下游围堰;3—涵管;4—坝体

图8-4　涵管导流

涵管通常布置在河岸岩滩上,其位置常在枯水位以上,这样可在枯水期不修筑围堰或只修小围堰而先将涵管筑好,然后再修上、下游全段围堰,将水流导入涵管下泄。由于涵管的泄水能力较低,所以一般仅用于导流流量较小的河流上,或只用来担负枯水期的导流任务。

4. 渡槽导流

渡槽导流(见图8-5)多用于导流流量小(通常不超过20~30 m^3/s)的小型工程的枯水期导流。渡槽一般为装配式钢筋混凝土矩形槽。

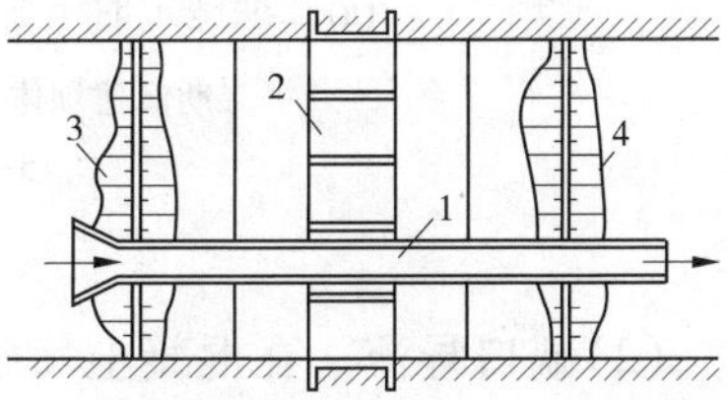

1—渡槽;2—坝体;3—上游围堰;4—下游围堰

图8-5　渡槽导流

(二)分段围堰法导流

分段围堰法亦称分期围堰法,即用围堰将水工建筑物分段、分期围护起来进行施工的方法。

所谓分段,就是在空间上用围堰将建筑物分为若干施工段进行施工。所谓分期,就是在时间上将导流分为若干时期。图8-6为导流分期和围堰分段的几种情况,从图中可以看出,导流的分期数和围堰的分段数可以不同。因为在同一导流分期中,建筑物可以在一段围堰内施工,也可以同时在两段围堰中施工。段数分得愈多,围堰工程量愈大,施工也愈复杂;同样,期数分得愈多,工期有可能拖得愈长。因此,在工程实践中,二段二期导流用得最多。只有在比较宽阔的通航河道上施工、不允许断航或其他特殊情况下,才采用多段多期的导流方式。

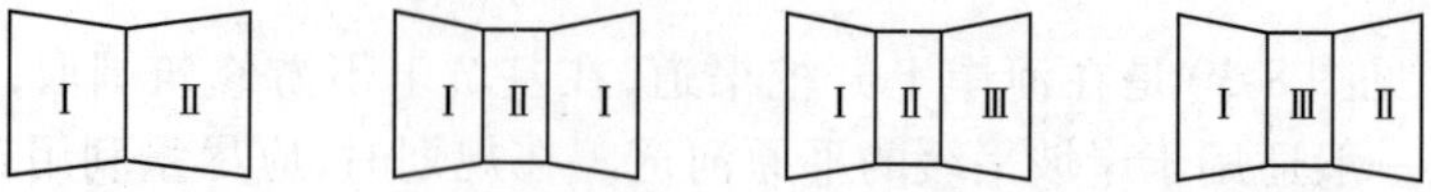

(a)两段两期　(b)三段两期　(c)三段三期　(d)三段三期

图8-6　导流分期与围堰分段示意图

分段围堰法导流一般适用于河床宽、流量大、工期较长的工程，尤其适用于通航河流和冰凌严重的河流。这种导流方法费用低，国内外一些大、中型水利水电工程采用较广。例如，葛洲坝和三峡、富春江等水利枢纽工程都采用这种导流方法。

分段围堰法，前期都利用被束窄的原河道导流，后期要通过事先修建的泄水道导流，其类型有：

（1）底孔导流。底孔导流（见图8-7）时，应事先在混凝土坝体内修建临时或永久底孔，导流时让全部或部分导流流量通过底孔宣泄到下游，保证工程继续施工。如为临时底孔，则在工程接近完工或需要蓄水时加以封堵。这种导流方式在分段分期修建混凝土坝时用得比较普遍。底孔导流的优点是：挡水建筑物上部的施工可以不受水流干扰，有利于均衡连续施工，这对修建高坝特别有利。若坝体内有永久底孔可以利用时，则更为理想。底孔导流的缺点是：由于坝体设置了临时底孔，使钢材用量增加；如果封堵质量不好，会削弱坝的整体性，还可能漏水；导流流量往往不大；在导流过程中，底孔有被漂浮物堵塞的危险；封堵时，由于水头较高，安放闸门及止水等工作均较困难。

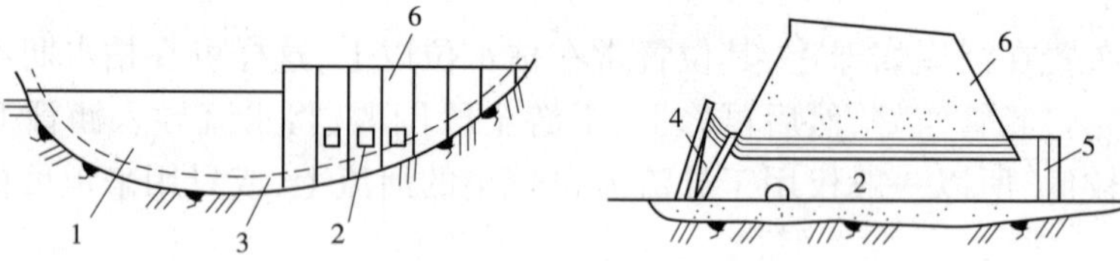

(a)二期施工时下游立视图　(b)底孔纵断面

1—二期修建坝体；2—底孔；3—二期纵向围堰；4—封闭闸门门槽；
5—出口封闭门槽；6—混凝土坝体

图8-7　底孔导流示意图

（2）缺口导流。在混凝土坝施工过程中，当汛期河水暴涨暴落，其他导流建筑物又不足于宣泄全部流量时，可以在未建成的坝体上预留缺口，以配合其他导流建筑物宣泄洪峰流量；待洪峰过后，上游水位回落，再继续修筑缺口。因这种导流方法比较简单，常被采用。

（3）束窄河床和明渠导流。分段围堰法导流，当河水较深或河床覆盖层较厚时，纵向围堰的修筑常常十分困难。若河床一侧的河滩基岩较高且岸坡稳定又不太高陡时，常采用束窄河床导流是较为合适的。有的工程将河床适当扩宽，形成明渠导流，就是在第一期围堰维护下先修建导流明渠，河水由束窄河床下泄，导流明渠河床侧的边墙常用做第二期的纵向围堰；第二期工程施工时，水流经由导流明渠下泄。

上述三种后期导流方式，一般只适用于混凝土坝，特别是重力式混凝土坝。对于土石坝、非重力式混凝土坝，若采用分段围堰法导流，常与河床外的隧洞导流、明渠导流等方式相配合。

二、围堰

围堰是围住水工建筑物施工基坑，避免水中施工而修建的临时挡水建筑物。在导流任务完成以后，如果围堰对永久建筑物的运行有妨碍，或没有考虑作为永久建筑物的一部分时，应予以拆除。

（一）围堰的类型

按其所使用的材料可以分为土石围堰、草土围堰、钢板桩格型围堰、混凝土围堰等。

按围堰轴线与水流方向的关系可以分为基本垂直水流方向的横向围堰和顺水流方向的纵向围堰。

按导流期间基坑淹没条件可以分为过水围堰和不过水围堰。过水围堰除需要满足一般围堰的基本要求外，还需满足堰顶过水的专门要求。

（二）围堰的基本要求

选择围堰型式时，必须根据当时当地具体条件，在满足下述基本要求的原则下，通过技术经济比较加以选定。

（1）具有足够的稳定性、防渗性、抗冲性和强度。

（2）就地取材，造价便宜，构造简单，修建、拆除方便。

（3）围堰的布置，应力求使水流平顺，不发生严重的局部冲刷。

（4）围堰接头、与岸坡连结处要可靠，避免因集中渗漏等破坏作用而引起围堰失事。

（5）必要时应设置抵抗冰凌、船筏冲击破坏的设施。

三、截流

在施工导流中，只有截断原河床水流，才能把河水引向导流泄水建筑物下泄，在河床中全面开展主体建筑物的施工，这就是截流。截流戗堤一般与围堰相结合，因此截流实际是在河床中修筑横向围堰工作的一部分。在大江大河中截流是一项难度较大的工作。

一般来说，截流的施工过程为：先在河床的一侧或两侧向河床中填筑截流戗堤，这种向水中筑堤的工作叫做进占。戗堤将河床束窄到一定程度，就形成了流速较大的龙口。封堵龙口的工作叫合龙。在合龙开始以前，如果龙口河床或戗堤端部容易被冲毁，则须采取防冲措施对龙口加固，如对龙口河床进行护底、对戗堤端部做裹头处理等。合龙以后，龙口部位的戗堤虽已高出水面，但其本身依然漏水，因此须在其迎水面设置防渗设施。在戗堤全线上设置防渗体的工作叫闭气。所以，整个截流过程包括戗堤的进占、龙口范围的加固、合龙和闭气等工作。截流以后，再对戗堤进行加高培厚，直至达到围堰设计要求。

长江葛洲坝工程于 1981 年 1 月仅用 35.6 h，在 4 720 m^3/s 流量下胜利截流，为在大江大河上进行截流积累了宝贵的经验。1997 年 11 月三峡工程大江截流和 2002 年 11 月三峡工程三期导流明渠截流的成功，标志着我国截流工程的实践已经处于世界先进水平。

（一）截流的基本方法

河道截流的方法主要有立堵法、平堵法、立平堵法、平立堵法、下闸截流以及定向爆破截流等。

1. 立堵法截流

立堵法截流（见图8-8）是将截流材料，从龙口一端向另一端或从两端向中间抛投进占，逐渐束窄龙口，直至全部拦断。截流材料通常用自卸汽车在进占戗堤的端部直接卸料入水，或先在堤头卸料，再用推土机推入水中。

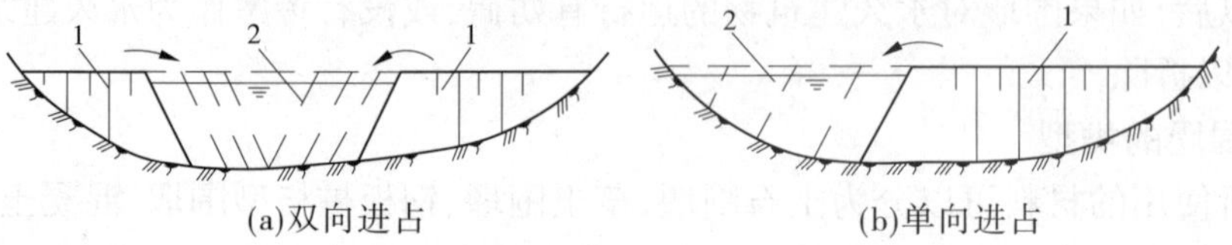

1—截流戗堤；2—龙口

图8-8　立堵法截流

立堵法截流不需要在龙口架设浮桥或栈桥，准备工作比较简单，费用较低。但截流时龙口的单宽流量较大，出现的最大流速较高，而且流速分布不均匀，需用单个重量较大的截流材料。截流时工作前线狭窄，抛投强度受到限制，施工进度受到影响。立堵法截流一般适用于大流量、岩基或覆盖层较薄的岩基河床。对于软基河床只要护底措施得当，采用立堵法截流也同样有效。

2. 平堵法截流

平堵法截流（见图8-9）事先要在龙口架设浮桥或栈桥，用自卸汽车沿龙口全线从浮桥或栈桥上均匀、逐层抛填截流材料，直至戗堤高出水面为止。因此，平堵法截流时，龙口的单宽流量较小，出现的最大流速较低，且流速分布比较均匀，截流材料单个重量也较小，截流时工作前线长，抛投强度较大，施工进度较快。平堵法截流通常适用在软基河床上。

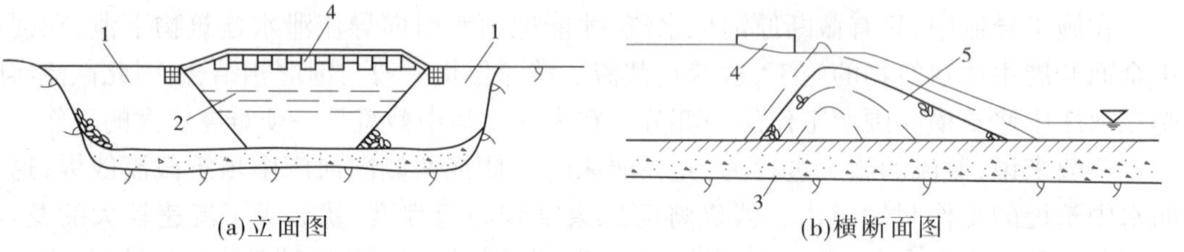

1—截流戗堤；2—龙口；3—覆盖层；4—浮桥；5—截流体

图8-9　平堵法截流

（二）截流的材料类型

截流材料类型的选择，主要取决于截流时可能发生的流速及开挖、起重、运输设备的能力，一般应尽可能就地取材。在黄河上，长期以来用梢料、麻袋、草包、石料、土料等作为堤防溃口的截流堵口材料。在南方，如四川都江堰，则常用卵石竹笼、砾石和杩槎等作为截流堵河材料。国内外大江大河截流一般采用混凝土六面体、四面体、四脚体以及钢筋混凝土构架、钢筋笼、合金网兜等（见图8-10）。

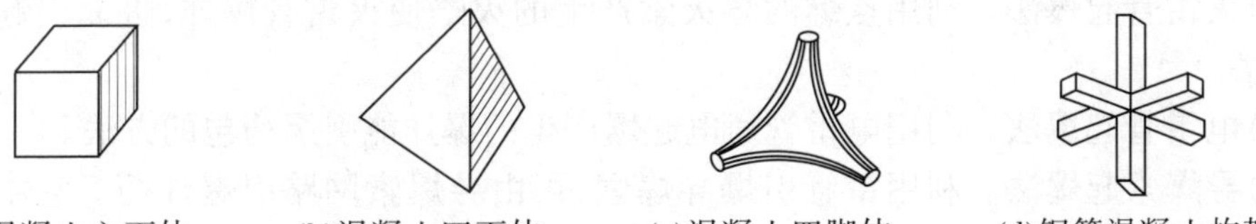

图 8-10　截流材料

任务三　施工技术

一、爆破工程

在水利水电工程施工中，通常采用爆破来开挖基坑和地下建筑物所需要的空间、开采石料以及完成某种特定的施工任务，如定向爆破筑坝、开渠、截流、水下爆破和周边控制爆破等。

（一）钻孔机具和工程炸药

1. 钻孔机具

孔眼爆破中，钻孔作业费用占爆破工程总费用的 70% 以上，钻孔消耗的时间占爆破工程各工序消耗时间的 50% 以上。

浅孔作业多采用轻型手提式风钻，其自重为 20 ~ 25 kg，多用于向下钻垂直孔，向上及倾斜钻孔则多采用支架式重型风钻。采石场和基坑的深孔作业多用大型钻机，常用的有三种：冲击式钻机、回转式钻机和潜孔钻。

2. 工程炸药

在外能的激发下，能发生化学爆炸的单质和混合物称为炸药。工程炸药分为起爆炸药、单质猛性炸药和混合猛性炸药三类。

（1）起爆炸药。指用以制造起爆材料的炸药。这类炸药的爆力和猛度都很高，对冲击、摩擦或火焰非常敏感，但其本身又具有很高的化学安定性。常用的有雷汞、氮化铅、二硝基重氮酚等。

（2）单质猛性炸药。此系化学成分为单一化合物、爆力与猛度都很高的一类炸药。也多用于制造起爆材料或作为混合猛性炸药提高敏感度的敏化材料，如梯恩梯、硝化甘油、黑索金、特屈儿、泰安等。

（3）混合猛性炸药。此系由爆炸性成分和非爆炸性成分（一般为可燃物）按一定比例混合制成的炸药，是工程中应用最广的一类炸药。我国使用的主要是硝酸铵类炸药。水下爆破或爆破坚硬的岩石时也使用硝化甘油炸药。

（二）起爆方法及起爆材料

利用外能使药包爆炸的过程称为起爆。常用的起爆材料有导火索、火雷管、电雷管、导爆索、导爆管等。

常用的起爆方法有：

（1）火雷管起爆法。利用点燃的导火索产生的火焰使火雷管爆炸，进而引起药包爆炸的方法。

（2）电雷管起爆法。利用电雷管通电起爆产生的爆炸能引爆药包的方法。

（3）导爆索起爆法。利用雷管引爆导爆索，再由导爆索网路引爆炸药。它主要用于深孔和洞室爆破。

（4）导爆管起爆法。是一种新型非电起爆方法，它使用的主要起爆材料导爆管是一根外径为 3 mm、内壁涂有薄层单质炸药的薄塑料软管。导爆管用火或撞击均不能引爆，须用起爆枪或雷管才能起爆。

（5）联合起爆法。在大量炸药爆破时，为了确保爆破安全可靠，避免发生拒爆事故，首要的问题就是保证起爆的可靠性。提高起爆可靠性的措施，一种是采用双重起爆网络，分别提供两套起爆能量；另一种是加大起爆炸药药包的起爆能力，使之准确起爆。

（三）爆破的基本方法

爆破方法的选择取决于施工条件、工程规模和开挖强度的要求。工程中通常采用的爆破方法有以下几种：

（1）浅孔爆破法。孔深小于 5 m、孔径小于 75 mm 的炮孔爆破通称为浅孔爆破。用于小型料场、渠道、路堑、基坑保护层开挖、坚土预松、地形复杂不便于大型机械作业地区的石方开挖、旧建筑物控制爆破拆除及地下工程爆破开挖等，是应用最广泛的一种爆破方法。

（2）深孔爆破法。孔深大于 5 m、孔径大于 75 mm 的炮孔爆破称为深孔爆破。常用于大型工程深基坑开挖、大型采石场采石及大型劈坡开挖。

（3）药壶爆破法。为了减少钻孔工作量，当孔眼爆破装药量超过堵塞长度要求时，可先用少量炸药进行多次隐藏式爆破，形成装药体积较大的药壶，从而使孔眼爆破的延长药包变成集中药包。适合于地势陡峻的露天开挖。

（4）洞室爆破法。水利工程中，常采用数以吨计的炸药来采料、截流或定向爆破筑坝，故需开凿洞室装药进行大量爆破。药室由平洞或者竖井相连。

二、土石坝工程

新时期土石坝施工技术的发展以重型土石方机械及振动碾等大型施工设备的成功实践为主要标志，使土质心墙堆石坝和混凝土面板堆石坝成为现代高土石坝的两种主导坝型。近年来，一批高土石坝的相继建成和动工修建，标志着我国土石坝施工水平已经进入世界先进行列。

（一）土石坝的挖运机械

土石坝施工中，从料场的开挖、运输，到坝面的平料和压实等各道工序，均由互相匹配的具有独特功能的工程机械来完成，构成“一条龙”的生产工艺流程，即为土石坝的综合机械化施工。

1. 挖掘机械

挖掘机械的种类很多，就其构造及工作特点，有循环单斗式和连续多斗式之分；就其传动系统又有索式、链式和液压传动之分。挖掘机的分类及用途见表 8-1。液压传动具有突出的优点，现代工程机械多采用液压传动。

表8-1 挖掘机械的分类及用途

分类要素	型式	用途
工作装置	正铲、反铲、索铲、抓铲	挖掘基坑,疏通河道、道路,清理废墟,挖掘水库和河道,剥离表土,挖装土石材料等
动力装置	电力驱动式、内燃机驱动式、混合动力等	
动力传递和控制方式	机械式、机械液压式、全液压式	
行走方式	履带式、轮胎式、拖挂式	
作业方式	循环作业式(单斗挖掘机)、连续作业式(多斗挖掘机)	

2. 推土机

推土机是一种在履带式拖拉机上安装推土板等工作装置而成的一种运铲机械,是水利水电建设中最常用、最基本的机械。可用来完成场地的平整、基坑的开挖、渠道的开挖、推平土方、堆积土料、回填沟槽、清理场地等作业,还可以牵引振动碾、松土器、拖车等机械作业。推土机按安装方式分为固定式和万能式;按操纵方式分为钢索和液压操纵;按行驶方式分为履带式和轮胎式。

3. 铲运机

铲运机是利用装在前后轮之间的铲斗,在行驶中进行铲削、装载、运输、铺卸土壤循环作业的铲土运输机械,它机动灵活、高效,能独立完成铲土、运土、卸土、铺土、综合作业。按行驶方式分为牵引式和自行式。前者用拖拉机牵引铲斗,后者自身有行驶动力装置。

4. 装载机

装载机是一种短程装运结合的机械,具有机动灵活、适应性强、作业效率高等特点。装载机主要用途是铲取散粒材料并装上车辆或料斗,还可用于集渣、装运、挖掘、推运、平整地面和牵引车辆,若更换装置,尚可用于抓举和起重等作业。装载机按照行走装置分为履带式和轮胎式,按照铲斗卸料方式分为前卸式和侧卸式。

(二)开挖运输方案

料场的开挖与运输,是保证上坝强度的重要环节之一。开挖运输方案,主要根据坝体结构布置特点、坝料性质、填筑强度、料场特性、运距远近、可供选择的机械型号等多种因素,综合分析比较确定。

土石坝施工中开挖运输方案主要有以下几种:

(1)挖掘机开挖,自卸汽车运输上坝。

(2)挖掘机开挖,皮带机运输上坝。

(3)采砂船开挖,机车运输,转胶带机上坝。

(4)斗轮式挖掘机开挖,皮带机运输,转自卸汽车上坝。

坝料的开挖运输方案很多,但无论采用何种方案,都应结合工程施工的具体条件,组织好挖、装、运、卸的机械化联合作业,提高机械化利用率;减少坝料的转运次数;各种坝料的铺筑方法及设备应尽量一致,减少辅助设施;充分利用地形条件,统筹规划和布置。

(三)土料压实

土是松散颗粒的集合体,其自身稳定性主要取决于土料内摩擦力和黏结力。而土的内摩擦力、凝聚力和抗渗性都与土的密实性有关,密实性越大,物理力学性能越好。土料压实效果与土料的性质、颗粒组成与级配、含水量以及压实功能有关。

1. 压实机械

不同土料其物理力学性质也不相同，因此使之密实的作用外力也不同。黏性土料黏结力是主要的，要求压实作用外力能克服黏结力；非黏性土料（砂性土料、石渣料、砾石料）内摩擦力是主要的，要求压实作用外力能克服颗粒间的内摩擦力。不同的压实机械设备产生的压实作用外力不同，可分为碾压、夯击和振动三种基本类型。

（1）羊脚碾。羊脚碾的外形如图 8-11 所示，碾的滚筒表面设有交错排列的截头圆锥体，状如羊脚，钢铁空心滚筒侧面设有加载孔。重型羊脚碾碾重可达 30 t，羊脚相应长 40 cm。碾压时，羊脚碾的羊脚插入土中，不仅使羊脚端部的土料受到压实，侧向土料也受到挤压，从而达到均匀压实的效果。

1—羊脚；2—加载孔；3—碾滚筒；4—杠辕框架

图 8-11　羊脚碾外形图

（2）振动碾。振动碾是一种具有静压和振动双重功能的复合型压实机械。常见的类型是振动平碾，也有振动变形（表面设凸块、肋形、羊脚等）碾。由于振动力的作用，土中的应力可提高 4 ~5 倍，压实厚度达 1 m 以上，有的高达 2 m，生产率很高。可以有效地压实堆石体、砂砾料和砾质土，也能压实黏性土，是土坝砂壳、堆石坝碾压必不可少的工具，应用非常广泛。

（3）气胎碾。气胎碾利用充气轮胎作为碾子。在碾压土料时，气胎随土体的变形而变形，随着土体压实密度的增加，气胎的变形也相应增加，从而使气胎与土体的接触面积随之增大，始终能保持较为均匀的压实效果。

（4）夯实机械。夯实机械是一种利用冲击能来击实土料的机械，有强夯机、挖掘机夯板等，用于夯实砂砾料，也可以用于夯实黏性土。适于在碾压机械难于施工的部位压实土料。

2. 压实标准

土料压实得越好，物理力学性能指标就越高，坝体填筑质量就越有保证。但对土料过分压实，不仅提高了费用，还会产生剪力破坏。因此，应确定合理的压实标准。不同性质的土石料，压实标准也各不相同。

1）黏性土料

黏性土料的压实标准，主要以压实干表观密度和施工含水量这两个指标来控制。

(1)压实干表观密度确定。我国采用击实仪 25 击作为标准压实功能,得出一般不少于 25 ~ 30 组最大干表观密度的平均值 $\gamma_{d\cdot max}$(t/m^3)作为依据,从而得出设计干表观密度 γ_d(t/m^3):

$$\gamma_d = m\gamma_{d\cdot max} \tag{8-1}$$

式中 m——施工条件系数,也称为压实度,一般Ⅰ、Ⅱ级高坝,采用 0.97 ~ 0.99,中低坝采用 0.95 ~ 0.97。

(2)施工含水量确定。施工含水量是由标准击实条件时的最大干表观密度确定的,最大干表观密度对应的含水量为最优含水量。施工含水量一般控制在最优含水量附近,根据土料性质、填筑部位、气候条件和施工机械等情况,在 -2% ~ +3% 范围内变动。

2)沙土及沙砾石

沙土及沙砾石的压实程度,与颗粒级配及压实功能关系密切,一般用相对密度表示。设计的相对密度,与地震等级、坝高等有关。一般土石坝或地震烈度在 5 度以下的地区,要求不低于 0.67;对高坝或地震烈度为 8 ~ 9 度时,不小于 0.75。对沙性土,还要求颗粒不能太小或过于均匀,级配要适当,并有较高的密实度,防止产生液化。

3)石渣及堆石体

石渣及堆石体作为坝壳填筑料,压实度一般用空隙率表示。碾压式堆石坝坝体压实后空隙率一般规定为 22% ~ 28%;面板堆石坝上游主堆石区空隙率标准为 21% ~ 25%;用沙砾料填筑的面板坝,沙砾料压实平均空隙率为 15% 左右。

(四)坝面填筑作业

当基础开挖和基础处理及隐蔽工程验收合格后,就可进行坝体的填筑。坝体填筑包括基本作业(卸料、平料、压实和质检)和辅助作业(洒水、刨毛、清理坝面和接缝处理)。

1. 土料防渗体施工

防渗体坝面填筑分为铺料、压实、取样检查三道工序,还有洒水、刨毛、清理坝面、接缝处理等工作。

1)土料铺筑

土料铺筑分为卸料与平料两道工序。选择铺料方法主要考虑以下两点:一是坝面平整、铺料层厚均匀,不得超厚;二是对已压实合格土料不过压,防止产生剪力破坏。

防渗体土料铺筑应沿坝轴线方向进行,采用自卸汽车卸料,推土机平料,宜增加平地机平整工序,便于控制铺土厚度和坝面平整。推土机平料过程中,应采用仪器或钢钎及时检查铺层厚度,发现超厚部位应立即进行处理。

2)土料压实

防渗体土料压实机械主要用凸块振动碾,也有采用气胎碾。压实方法采用进退错距法,碾压方向应沿坝轴线方向进行,碾车行车速度一般取 2 ~ 3 km/h,不得超过 4 km/h。

3)坝面土料含水率调整

土料含水率调整应在料场进行,仅在特殊情况下可考虑在坝面做少许调整。

(1)土料加水。当上坝土料的平均含水率与碾压施工含水率相差不大,仅需增加 1% ~ 2% 时,可采用在坝面直接洒水。加水方式分为汽车洒水和管道加水两种。汽车喷雾洒水均匀,施工干扰小,效率高,宜优先采用。管道加水方式多用于施工场面小、施工强度较低的情况。加水后的土料一般应以圆盘耙或犁使其掺和均匀。

（2）土料的干燥。当土料的含水率大于施工控制含水率上限的1%以内时，碾压前可用圆盘耙或犁在填筑面进行翻松晾晒。

（3）在干燥和气温较高天气，为防止填土表面失水干燥，应做喷雾加水养护。

4）填土层结合面处理

当使用平碾、气胎碾及轮胎牵引凸块碾等机械碾压时，在坝面将形成光滑的表面。为了保证土层之间结合良好，对于中高坝防渗体或窄心墙，铺土前必须将压实合格面洒水湿润并刨毛深1~2 cm。对低坝，经试验论证后可以不刨毛，但仍须洒水湿润，严禁在表土干燥状态下，在其上铺填新土。

2. 坝壳料施工

土坝坝壳料按其材料分为堆石、风化料、砂砾（卵）石三类。不同材料由于其强度、级配、湿陷程度不同，施工采用的机械及工艺亦不尽相同。

坝面填筑作业包括铺料、碾压、取样检查三道主要工序，还有洒水、超径石处理等项工作。坝壳特殊部位，如分期填筑接缝、靠近岸坡结合带及坝体上下游坡面应采用专门施工方法进行处理。

1）坝壳料铺填方法

坝壳石料铺料的基本方法分为进占法、后退法、混合法三种。

（1）堆石料一般应用进占法铺料，堆石强度在60~80 MPa的中等硬度岩石，施工可操作性好。对于特硬岩石（强度大于200 MPa），由于岩块边棱锋利，施工机械的轮胎、链轨节等损坏严重，同时因硬岩堆石料往往级配不良，表面不平整影响振动碾压实质量，因此施工中要采取一定的措施，如在铺层表面增铺一薄层细料，以改善平整度。

（2）级配较好的石料，如强度在30 MPa以下的软岩堆石料、沙砾（卵）石料等宜采用后退法铺料，以减少分离，有利于提高密度。

不管用何种铺料方法，卸料时要控制好料堆分布密度，使其摊铺后厚度符合设计要求，不要因过厚而难以处理。尤以后退法铺料更需注意。

2）坝面超径石块处理

（1）对于振动碾压实，石料允许最大粒径可取稍小于压实层厚；气胎碾可取层厚的1/2~2/3。

（2）超径石块应在料场内解小，少量运至坝面的大石块或漂石，在碾压前应做处理。一般是就地用反铲挖坑将之掩埋在层面以下，或用推土机移至坝外坡附近，作护坡石料。少量超径石也可在坝面用冲击锤解小。

3）坝壳料压实

坝壳透水料和半透水料的主要压实机械有振动平碾、气胎碾等。

振动平碾适用于堆石与含有漂石的沙卵石、沙砾石和砾质土的压实。振动碾压实功能大，碾压遍数少，压实效果好，生成效率高，应优先选用。气胎碾可用于压实砂、沙砾料、砾质土。

（1）除坝面特殊部位外，碾压方向应沿轴线方向进行。一般均采用进退错距法作业。在碾压遍数较少时，也可一次压够后再行错车的方法，即搭接法。

(2)施工主要参数铺料厚度、碾压遍数、加水量等要严格控制;还应控制振动碾的行驶速度以及符合要求的振动频率、振幅等参数。

(3)分段碾压时,相邻两段交接带的碾迹应彼此搭接,垂直碾压方向,搭接宽度不小于0.3~0.5 m,顺碾压方向应不小于1.0~1.5 m。

(4)对沙砾料或细料较多的堆石,宜在碾压前洒水一次,然后边加水、边碾压,力求加水均匀。对于细粒含量较少的大块堆石,宜在碾压前洒水一次,以冲掉填料层面上的细粒料,改善层间结合。

三、混凝土工程

在水利水电工程中,混凝土的使用范围几乎涉及所有的水工建筑物,如大坝、水闸、水电站、抽水站、隧洞、港口、桥梁、堤防、护岸和渠系建筑物等。

混凝土具有如下特点:

(1)混凝土拌和物具有一定的和易性和可塑性。

(2)硬化后的混凝土抗压强度高、耐久性好。

(3)除水泥外,其余组成材料来源广泛、价格低廉,经济性明显。

(4)可按需要配制不同性能的混凝土,可改造性能。

(5)抗拉强度低、韧性差和抗侵蚀性弱。

(6)钢材、水泥、木材的耗用量大,工程投资较多。

(7)施工环节多,质量控制难度大。

(一)钢筋的制备与安装

1.钢筋的制备

钢筋的加工包括调直、去锈、配料、画线、切断、弯曲、绑扎与焊接、冷加工处理等工序。

1)调直和去锈

盘条状的细钢筋,通过绞车冷拉调直后方可使用。成直线状的粗钢筋,当发生弯曲时才需用弯筋机调直,直径在25 mm以下的钢筋可在工作台上手工调直。

钢筋除锈的主要目的是为了保证其与混凝土间的握裹力。去锈的方法有多种,可借助钢丝刷或砂堆手工除锈,也可用风砂枪或电动去锈机除锈,还可用酸洗法化学除锈。

2)配料与画线

钢筋配料是指施工单位根据钢筋结构图计算出钢筋的直线下料长度、总根数以及钢筋总重量,从而编制出钢筋配料单,作为备料加工的依据。施工中确因钢筋品种或规格与设计要求不相符合时,须征得设计部门同意并按规范指定的原则进行钢筋代换。从降低钢筋损耗率考虑,钢筋配料要按照长料长用、短料短用和余料利用的原则下料。

画线是指按照配料单上标明的下料长度用粉笔或石笔在钢筋应剪切的部位进行勾画的工序。

3)切断与弯曲

钢筋切断有手工切断、剪切机剪断和氧炔焰切割等方式。手工切断一般只能用于直径不超过12 mm的钢筋,12~40 mm直径的钢筋一般都采用剪切机剪断,而直径大于40 mm的圆钢则采用氧炔焰切割或用型材切割机切割。

钢筋的弯制包括画线、试弯、弯曲成型等工序。钢筋弯制分手工弯制和机械弯制两种,但手工弯制只能弯制直径小于20 mm的钢筋。近年来,除直径不大的箍筋外,一般钢筋均采用机械弯制。弯制过的钢筋需用铅丝归类绑扎好,并挂上注明标号和使用位置的标签。

4)焊接与绑扎

水利工程中钢筋焊接常用闪光对焊、电弧焊、电阻点焊和电渣压力焊等方法,有时也用埋弧压力焊。

钢筋的绑扎应按施工规范的要求进行。绑扎宜松紧得当、准确均匀、横平竖直;相邻绑扎点的铁丝扣要呈"八"字形,以免钢筋网格歪斜变形。绑扎接头不得位于钢筋弯曲处或最大应力集中处。钢筋绑扎采用18~22号铁丝,所需铁丝规格根据绑扎钢筋的直径而定。

5)冷加工处理

钢筋冷加工是指在常温下对钢筋施加一个大于屈服点强度而小于极限强度的外力使钢筋产生变形。钢筋冷加工处理的目的在于提高钢筋强度和节约钢材用量。钢筋冷加工的方法有三类:冷拉、冷拔和冷轧。

2.钢筋的安装

钢筋的安装可采用散装和整装两种方式。散装是将加工成型的单根钢筋运到工作面,按设计图纸绑扎或点焊成型。整装则是将地面上加工好的钢筋网片或钢筋骨架运至工作面进行安装。散装对运输要求相对较低,中小型工程用得较多。而大中型工程中,散装已经逐步被整装所替代。

钢筋安装时应注意钢筋的位置、间距、保护层厚度及各个部位的型号、规格均应符合设计要求,同时还应特别注意不要让脱模剂或机油、泥土污染钢筋表面。钢筋安装的允许偏差应符合规范要求。

(二)模板工程

1.模板的分类

模板按制作材质可分为钢模板、木模板、钢木组合模板、混凝土或钢筋混凝土模板、地模以及竹模等。按使用特点可分为固定模板、拆移模板、移动模板和滑升模板。按形状可分为平面模板和曲面模板。按受力条件可分为承重模板和非承重模板。按支承受力方式可分为简支模板、悬臂模板和半悬臂模板。

2.模板作业

模板作业的内容有内业和外业之分。内业是指配板设计,即根据图纸上标示的建筑物形状与尺寸选定模板的类型及其数量,并确定模板的连接与支撑方式,制定模板安装和拆除的操作规程。外业包括模板的制作、运输、拆除和维修。

立模方法因模板类型和安装部位而异。大型整装模板常采用专用的模板起重机吊装或利用浇筑混凝土的起重机吊装,其他模板则可利用小型起重设备吊装。

模板拆除时间的影响因素主要有设计要求、结构特性、混凝土强度增长情况、养护温度、外界气温等。拆除期限应在进行混凝土强度试验后加以确定。拆下的模板、支架、连结件应及时清理和维修,并分类存放。

（三）混凝土制备

混凝土的制备作业内容包括按质按量地储存水泥与骨料、可靠灵活地供料运输、按工作精度称量配料、按设计与施工要求拌和混凝土、协调一致地出料与运输。

1. 混凝土配料

混凝土配料要按照配合比（重量法）设计要求，将各种组成材料拌制成均匀的拌和物。施工现场的混凝土配料要根据骨料含水状况采用施工配合比，水泥、水和外加剂的配料精度为±2%。

2. 水泥的储存

从质量和节约的观点出发，水利工程上普遍采用散装水泥拌制混凝土。散装水泥一般采用罐储量为50～1 500 t的圆形罐储存，其装卸与转运工作主要依靠风动泵或螺旋输送器运输完成。袋装水泥多用于水泥用量不大的零星工程，一般储存于满足防潮要求的水泥仓库之中，但需要按品种、强度等级和出厂日期的不同分区堆放。

3. 混凝土的拌和

（1）混凝土拌和机。按工艺条件不同，混凝土拌和机可分为连续式和循环式两种基本类型。在连续式拌和系统中，原材料称配、拌和与出料整个过程是连续进行的。而循环式拌和机则需要将原材料的称配、拌和与出料等工序依次完成。

（2）拌和楼。用料集中的大中型水利工程普遍采用拌和楼拌制混凝土。拌和楼多由型钢搭建装配而成，具有占地面积小、运行可靠、生成效率高以及便于管理的特点。拌和楼各层设备由电子传动系统操作。水泥、掺和料和骨料用提升机和皮带机分别运送至储料层的分格仓内。各分格仓下均配置自动秤和配料斗，称量过的物料汇入集料斗后由给料器送进拌和机。拌和水则由自动量水器计量后注入拌和机。拌制好的混凝土卸入出料层，开启气动弧门便可将混凝土拌和物排入运输车辆的料罐中。

（3）拌和站。中小型水利工程、分散工程及零星工程一般采用由数台拌和机联合组成的拌和站拌制混凝土。在拌和机数量不多时，拌和站可在台地上呈"一"字形布置；而数量较多的拌和机则布置于沟槽两侧相向排列。拌和站的配料可由机械或人力完成，布置供料与配料设施时应考虑料场位置、运输路线和进出料方向。现代混凝土拌和站一般由双卧轴强制式拌和机、配料机、水泥储罐、风压系统以及计算机控制系统组成。

（4）拌和机的投料顺序。采用一次投料法时，先将外加剂溶入拌和水，再按砂—水泥—石子的顺序投料，并在投料的同时加入全部拌和水进行搅拌。采用二次投料法时，先将外加剂溶入拌和水中，再将骨料与水泥分二次投料，第一次投料时加入部分拌和水后搅拌，第二次投料时再加入剩余的拌和水一并搅拌。实践表明，用二次投料拌制的混凝土均匀性好，水泥水化反应也充分，因此混凝土强度可提高10%以上。

4. 混凝土的运输与入仓

（1）混凝土的运输。混凝土水平运输包括轨道运输、汽车运输、翻斗车运输、胶轮车运输、皮带机运输和管道压运等方案。水平运输方案的选择，主要与浇筑方案、拌和楼的位置、取料方式、地形条件等因素有关。混凝土的垂直运输主要依靠起重机械，如门机、塔机、缆机和履带式起重机等。工程上可以一并完成水平方向与垂直方向运输混凝土的机械有混凝土泵（管道运输）、汽车（综合运输）、塔带机（连续运输）和风动装置（压送运输）等。

(2)混凝土入仓。采用起重机进行混凝土垂直运输时,通常都是通过混凝土吊罐入仓。泵送混凝土和皮带机输送的混凝土可以直接入仓,或通过一段溜槽入仓。无论通过什么手段入仓,混凝土自由落体的高度不得大于 2 m。当混凝土卸料高度大于 2 m 时,要通过溜筒来降低混凝土下落的速度,以防止混凝土发生离析。

(四)混凝土的浇筑与养护

混凝土浇筑的施工过程包括浇筑仓面的准备、混凝土的入仓铺料、平仓振捣和养护。

1. 浇筑仓面的准备

浇筑仓面的准备工作包括基础面的处理、施工缝的处理、立模和架设钢筋等。

1)基础面的处理

土基处理的基本要求是使土基具有一定的湿度和承载能力。砂砾地基的处理方法是,先清除杂物,整平基面,再洒水浸湿使其湿度与最优强度时的湿度相符,并浇贫混凝土垫层(厚 10 ~ 20 cm),以防漏浆。对于软土基,应避免破坏或扰动原状土壤,先铺碎石(厚 10 ~ 20 cm)垫底,盖上湿砂(厚 5 cm),压实后,再浇贫混凝土垫层(厚 10 ~ 20 cm)。

岩基处理的总体要求是保证基岩面坚固、清洁和完好。岩基面的处理方法是,先清除表面的风化层、松软岩石、棱角、反坡以及杂物、泥土等,并用高压水或压缩空气清扫岩面残留的碎屑、油渍和污物,再用压缩空气吹至岩面无积水,最后铺盖湿麻袋,或铺刷水泥砂浆,或喷涂塑料层,以防止岩基重新风化。岩基浇筑前应保持洁净与湿润。

2)施工缝的处理

施工缝是指因施工条件限制或人为因素所造成的新老混凝土之间的结合缝。为保证新老混凝土牢固地结合并满足水工建筑物整体性和抗渗性的要求,必须对施工缝进行处理,任务是将在老混凝土初凝后 2 h 左右形成的乳皮加以清除并使表层形成石子半露的麻面。施工缝的处理包括清除乳皮、仓面清扫和铺设砂浆三道工序。

3)仓内模板、钢筋和预埋件的检查

模板架立后需检查的内容包括定位的准确性、支撑的牢固性、拼装的严谨性、板面的洁净性、脱模剂涂刷的均匀性以及弯曲拉条的纠正情况等。钢筋安装后,应检查其保护层的厚度、位置、规格和数量的准确性以及绑焊的牢固性。另外,对止水、预埋件也应特别关注。

4)仓面布置的检查

仓面布置要满足从开仓至收仓正常浇筑的条件,对其检查的主要内容:施工所需的工具设备配备数量及其完好率、照明器材与插座布设情况及其安全性、水电及压缩空气供应的可靠性、劳动组合的合理性等。

2. 入仓铺料

混凝土入仓铺料的方式有平层铺筑法、阶梯铺筑法和斜层铺筑法(见图 8-12)。

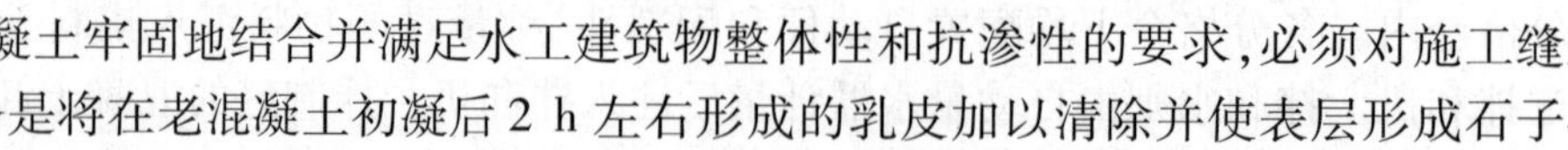

(a)平层法　　(b)斜层法　　(c)阶梯法

图 8-12　混凝土铺料方式

平层法是沿仓面的长边逐条逐层有序、连续地水平铺填。铺料层厚与拌和能力、振捣器性能、混凝土浇筑速度、运距和气温有关，一般为30～50 cm。当采用振捣器组振捣时，层厚可达70～80 cm。采用平层法浇筑的前提条件是，混凝土设备、运输和浇筑能力必须满足混凝土不产生冷缝的要求。冷缝是浇筑混凝土时，层间间歇时间过长而形成的软弱结合面。

阶梯法浇筑的前提是薄层浇筑，根据吊运混凝土的设备能力和散热的需要，浇筑块高控制在1.5 m以内，浇筑层厚度则小于0.6 m，每一浇筑条的宽度为2～3 m，阶梯上表面暴露部分宽度为1 m左右，斜面坡度不陡于1∶2。采用斜层法浇筑时，层面坡度控制在10°以内。

3.平仓与振捣

1）平仓

平仓就是在保证分料均匀和有效防止混凝土分离的前提下，将卸入仓内成堆的混凝土摊铺到要求的厚度。小型仓面一般采用人工持锹平仓或借助振捣器平仓，大型仓面则用推土机平仓。需要指出的是，振捣器平仓不能替代下道工序振捣。

2）振捣

振捣的目的是使混凝土获取最大的密实性，是保证混凝土质量和各项技术指标的根本措施和关键工序。

混凝土振捣的方式有多种。在施工现场使用的振捣器有内部振捣器、表面振捣器和附着式振捣器，使用最多的是内部振捣器。而内部振捣器又分为电动式振捣器、风动式振捣器和液压式振捣器。大型水利工程中普遍采用成组振捣器。表面振捣器只适合薄层混凝土使用，如路面、大坝顶面、护坦表面、渠道衬砌等。附着式振捣器只适合用于结构尺寸较小而配筋密集的混凝土构件，如柱、墙壁等。

振动影响圈直径一般为振捣棒直径的10倍左右。为了避免漏振，应使振点呈格形或梅花形排列，振点间距为影响半径的1～1.5倍，井然有序地按振点进行垂直振捣，并应使振捣器插入下层混凝土5～10 cm，以利上下层混凝土结合。振捣过程中振捣器与模板保持1/2影响半径的距离，不得触及钢筋和预埋件。振捣时间以15～25 s为宜，不得欠振或过振，振捣时间过短则难以振捣密实，振捣时间过长会引起混凝土分离。

4.混凝土的浇筑顺序

水利工程的实践表明，水工建筑物的构造比较复杂，混凝土的分块尺寸普遍较大，混凝土温度控制的要求相当严格，土建工程与安装工程的目标一致性尤为突出。因此，工程界对于各浇筑仓位施工顺序的安排都极为重视，比较成熟的浇筑顺序有对角浇筑、跳仓浇筑、错缝浇筑和对称浇筑（见图8-13）。

5.混凝土养护

养护就是在混凝土浇筑完毕后一段时间内保持适当的温度和足够的湿度，形成良好的混凝土硬化条件。养护是保证混凝土强度增长、不发生开裂的必要措施。

养护分洒水养护和养护剂养护两种方法。洒水养护就是在混凝土表面覆盖上草袋或麻袋，并用带有多孔的水管不间断地洒水。采用养护剂养护，就是在混凝土表面喷一层养护剂，等其干燥成膜后再覆盖上保温材料。

塑性混凝土应在浇筑完毕后6～18 h内开始洒水养护，低塑性混凝土应在浇筑完毕后立即喷雾养护，并及早开始洒水养护。混凝土应连续养护，养护期内始终保持混凝土表面的湿润。养护持续期应符合规范要求，一般不少于28 d，有特殊要求的部位宜适当延长养护时间。

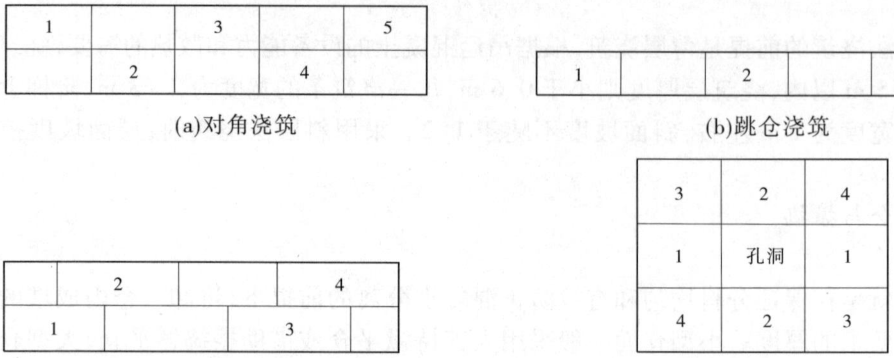

(a)对角浇筑　(b)跳仓浇筑　(c)错缝浇筑　(d)对称浇筑

图8-13　混凝土浇筑仓位安排

任务四　施工组织设计

施工组织设计是根据工程建设任务的要求，研究施工条件，制订施工方案，指导施工的技术经济文件。施工组织设计是水利工程设计文件的重要组成部分，是确定枢纽布置、优化工程设计、编制工程总概算及控制工程投资的重要依据。做好施工组织设计，对正确选定坝址、坝型、枢纽布置及对工程设计优化、合理组织工程施工、保证工程质量、缩短工期、降低工程造价、提高工程效益等都有十分重要的作用。

不同环节所研究的施工组织问题，由于工作深度和资料条件的限制，其内容详略和侧重点虽不尽相同，但研究的范围是大同小异的。在可行性研究中，要根据工程施工条件，从施工角度提出可行性论证；在初步设计中，要编制施工组织设计，全面论证工程施工技术上的可能性和经济上的合理性；在招标投标活动中，参加招投标的单位都要从各自的角度，分析施工条件，研究施工方案，提出质量、工期、施工布置等方面的要求，对工程的投资或造价进行合理的估计；在工程施工过程中，要针对各项工程或专项工程的具体条件，编制单项工程或专项工程施工措施设计，从技术组织措施上落实施工组织设计的要求。下面仅对初步设计中的施工组织设计进行介绍。

一、施工组织设计的内容

根据初步设计编制规程和施工组织设计规范，初步设计的施工组织设计应包含以下内容。

（一）施工条件分析

施工条件包括工程条件、自然条件、物资供应条件以及社会经济条件等，主要有：工程所在地点，对外交通运输，枢纽建筑物及其特征；地形、地质、水文、气象条件；主要建筑材料来源和供应条件；当地水源、电源情况，施工期间通航、过鱼、供水、环保等要求；对工期、分期投产的要求；施工用地、居民安置以及工程施工有关协作条件等。

(二)施工导流设计

施工导流设计包括确定导流标准，划分导流时段，明确施工分期，选择导流方案、导流方式和导流建筑物，进行导流建筑物设计，提出导流建筑物的施工安排，拟定截流、度汛、拦洪、排冰、通航、下闸封堵、供水、蓄水、发电等措施。

(三)主体工程施工

主体工程包括挡水、泄水、引水、发电、通航等主要建筑物，应根据各自的施工条件，对施工程序、施工方法、施工强度、施工布置、施工进度和施工机械等问题，进行分析比较和选择。

对有机电设备和金属结构安装任务的工程项目，应对主要机电设备和金属结构的加工、制作、运输、拼装、吊装以及土建工程与安装工程的施工顺序等问题，作出相应的设计和论证。

(四)施工交通运输

施工交通运输分对外交通运输和场内交通运输。

对外交通运输是在弄清现有对外交通和发展规划的情况下，根据工程对外运输总量、运输强度和重大部件的运输要求，确定对外交通运输方式，选择线路的标准和线路，规划沿线重大设施和国家干线的连接，并提出场外交通工程的施工进度安排。

场内交通运输应根据施工场区的地形条件和分区规划要求，结合主体工程的施工运输，选定场内交通主干线路的布置和标准，提出相应的工程量。施工期间，若有船、木过坝问题，应做出专门的分析论证，提出解决方案。

(五)施工工厂设施和大型临建设施

施工工厂设施，如混凝土骨料开采加工系统，土石料场和土石料加工系统，混凝土拌和及制冷系统，机械修配系统，汽车修配厂，钢筋加工厂，预制构件厂，风、水、电、通信、照明系统等，均应根据施工的任务和要求，分别确定各自位置、规模、设备容量、生产工艺、工艺设备、平面布置、占地面积、建筑面积和土建安装工程量，提出土建安装进度和分期投产的计划。

大型临建工程，如施工栈桥、过河桥梁、缆机平台等，要做出专门设计，确定其工程量和施工进度安排。

(六)施工总布置

施工总布置的主要任务是根据施工场区的地形地貌、枢纽主要建筑物的施工方案、各项临建设施的布置要求，对施工场地进行分期、分区和分标规划，确定分期分区布置方案和各承包单位的场地范围，对土石方的开挖、堆料、弃料和填筑进行综合平衡，提出各类房屋分区布置一览表，估计用地和施工征地面积，提出用地计划，研究施工期间的环境保护和植被恢复的可能性。

(七)施工总进度

施工总进度的安排必须符合国家对工程投产所提出的要求。为了合理安排施工进度，必须仔细分析工程规模、导流程序、对外交通、资源供应、临建准备等各项控制因素，拟定整个工程,包括准备工程、主体工程和结束工作在内的施工总进度,确定项目的起讫日程和相互之间的衔接关系;对导流截流、拦洪度汛、封孔蓄水、供水发电等控制环节,工程应达到的形象面貌,需做出专门的论证;对土石方、混凝土等主要工种工程的施工强度,对劳动力、主要建筑材料、主要机械设备的需用量,要进行综合平衡;要分析施工工期和工程费用的关系,提出合理工期的推荐意见。

(八)主要技术供应计划

根据施工总进度的安排和定额资料的分析,对主要建筑材料(如钢材、钢筋、木材、水泥、粉煤灰、油料、炸药等)和主要施工机械设备,列出总需要量和分年需要量计划。

必须指出,施工组织设计的内容虽然各有侧重、自成体系,但密切关联、相辅相成。弄清施工组织设计各部分内容之间的内在联系,对于搞好施工组织设计,做好现场施工的组织和管理,都有重要意义。

二、施工组织设计的编制原则

编制施工组织设计,必须遵照国家关于发展国民经济的总方针和水利水电建设的技术政策,结合工程的实际条件,参照国内的实践经验,吸收国内外先进技术,加强调查研究,掌握基本资料,落实技术措施,使设计真正能符合实际,符合又好又快的要求。

编制施工组织设计,应遵循以下原则:

(1)执行国家有关方针政策,严格执行国家基本建设程序和遵守有关技术标准、规程、规范,并符合中国招标投标法的规定和国际招标投标的惯例。

(2)面向社会,深入调查,收集市场信息,根据工程特点,因地制宜提出施工方案,并进行全面技术经济比较。

(3)开发和推广新技术、新材料、新工艺和新设备,努力提高技术效益和经济效益。

(4)统筹安排,综合平衡,妥善协调各分部分项工程,均衡施工。

我国在水利工程施工组织设计方面技术发展很快,在施工组织设计工作中应用现代化科学管理,以系统工程为指导,广泛应用计算机和现代数学方法优化设计方案。如使用计算机模拟技术,模拟工程未来的施工状况,以得到切合工程实际的各种设计参数;应用数理统计学和应用数学,分析工程施工中各因素之间的关系等技术。在使用对象方面,不仅项目法人、工程设计单位重视施工组织设计,各施工企业也充分认识到了施工组织设计的重要性,因为一个切合本企业情况的、科学的、先进的施工组织设计,不仅可以帮助企业在工程招标投标时中标,还可以使企业在工程施工中提高管理水平,节约成本,保证工程质量,加快工程施工进度。因此,施工组织设计工作已成为现代化施工管理的重要依据。

项目自测题

1. 水利工程施工的特点是什么?
2. 水利工程施工导流与截流的概念各是什么?
3. 施工导流的基本方式有哪些?
4. 什么是全段围堰法和分段围堰法?

5. 全段围堰法导流的导流方式分为哪几种?
6. 分段围堰法导流的导流方式分为哪几种?
7. 什么是围堰? 围堰的类型有哪些?
8. 什么是进占、合龙与闭气?
9. 河道截流的基本方法有哪些?
10. 什么是炸药、起爆?
11. 爆破的基本方法有哪些?
12. 土石坝的挖运机械、压实机械有哪些?
13. 土石坝土料防渗体施工包括哪些工序?
14. 土石坝坝面施工包括哪些工序?
15. 钢筋的加工包括哪些工序?
16. 混凝土的制备包括哪些内容?
17. 混凝土仓面的准备工作包括哪些内容?
18. 混凝土振捣时应注意哪些事项?
19. 混凝土养护方法有哪些? 养护时应注意哪些事项?
20. 施工组织设计包括哪些内容?

项目九　水利工程管理

【学习目标】　掌握水工建筑物检查与观测的主要内容；熟悉土坝、混凝土工程、砌石工程的养护与维修的主要内容；了解水利水电工程管理的任务与内容。

任务一　水利工程管理的任务与工作内容

水利作为国民经济的基础产业历来受到重视。国家建设了一大批水利水电工程，为抵御水旱灾害和保护人民生命财产发挥了重要作用。常言道："三分建，七分管。"水利工程管理得好，工程效益就高；工程管理得差，就可能达不到设计效益，甚至会给人民生命财产带来不可估量的损失。由于长期以来我们"重建设，轻管理"，致使许多水利工程和设备老化失修，带病运行，效益衰减，严重影响了工程效益的发挥，所以要以已建成的水利系统为对象，用水利技术作基础，靠现代管理科学手段，来搞好工程管理工作。

一、水利工程管理的任务

水利工程管理通过合理调水用水，除害兴利，最大限度发挥水资源的综合效益；通过检查观测，了解建筑物的工作状态并及时发现隐患；通过养护和修理，保持工程处于良好工作状态；通过科学研究，提高管理水平并逐步实现工程管理现代化。

因此，水利工程管理的主要任务是：确保工程的安全、完整，充分发挥工程和水资源的综合效益。

二、水利工程管理的内容

（一）调度运用及自动化管理

根据已批准的调度运用计划和指标，结合工程实际情况与用水部门的要求，参照近期水文气象预报资料进行洪水调度和兴利调度。通过大坝安全自动监控系统、防洪调度自动化系统、调度通信和警报系统及供水调度自动化系统等现代化手段，为工程管理科学化与规范化、防汛抢险、保障工程安全、发挥工程效益及降低运行管理费用提供技术保障。

（二）检查观测及资料积累

管理人员通过现场观察和仪器测量，掌握建筑物变形、渗流、应力、温度、水流、冰情、泥沙、崩塌、库区浸没等方面的变化规律，来达到以下目的：为工程正确运用提供科学依据；及时发现异常迹象，确保工程安全；根据观测数据和变化规律，验证原设计正确性；对水质变化动态做好预报；积累、分析及应用技术资料，建立技术档案。

（三）养护修理

为保证水利工程的完整状态和正常运用，对建筑物、机电设备、管理设施及其他附属工程进行日常维护和定期修理。养护和修理并无本质差别,若不注意对建筑物及机电设备的养护,就会逐渐出现各种损害并导致严重破坏,这时就需要修理。

(四)防汛抢险

防汛抢险是为了防止洪水灾害,确保工程及防护区安全地度过汛期,而进行的一项重要工作。汛期时,要及时了解气象水文状况,预报水情,必要时下达警报;巡查和守护防洪工程,运用防洪系统各项措施,依据水情和工程状况以及防汛调度计划,控制调度洪水,遇有险情立即抢护;当发生超标准洪水时,请示上级同意后采取紧急措施(如分洪、撤离分洪区居民等)以减小损失。

(五)科学研究及应用

为了提高水利工程管理水平,就需要研究如何保证水利工程的安全运行、如何提高工程的经济和社会效益、如何延长工程设施的使用寿命、如何降低运行成本……通过开展科学试验,研究新技术、新材料和新工艺,并把这些成果应用到水利工程管理当中。

任务二　水利工程的检查与观测

由于影响水利工程的自然因素十分复杂,而水工理论和技术仍处于发展阶段,水利工程的施工条件又十分困难且工程量巨大,这就使得工程规划、勘测、设计、施工难免有不符合实际之处,导致建筑物本身存在不同程度的缺点、弱点和隐患。另外,水工建筑物经常受到水和各种荷载的作用,随着时间推移将向不利方向转化,这种变化往往比较隐蔽、缓慢且不易察觉。因此,需要预埋一定的观测设备和仪器,在施工及正常运用期进行经常的、系统的观察和量测,对水工建筑物的状态进行监测。

一、水工建筑物的检查

水工建筑物检查主要是用眼看、耳听、手摸等直观方法并辅以简单的工具,观察建筑物外露部分,以发现一切不正常现象,并分析、判断引起该现象的内部原因。

(一)检查的分类

水工建筑物的检查工作主要包括:

(1)经常检查。一种制度式检查,一般一个月1~2次。

(2)定期检查。较全面的检查,如每年汛前、汛后的检查或用水期前后的检查。

(3)特别检查。当发现建筑物有安全隐患时进行的专门的、有针对性的检查。

(4)安全鉴定。初蓄期每隔3~5年鉴定一次,老化期每隔6~10年鉴定一次。

(二)检查的内容

1. 土石建筑物

土石坝、堤防等土石建筑物的检查包括:①体内有无裂缝;②有无散浸和集中渗流现象,有无管涌、流土和沼泽化现象;③有无滑坡现象;④护坡和表面有无破坏;⑤排水沟、截水沟、集水井等有无损坏及阻塞等现象;⑥防浪墙、路面、测桩是否损坏;⑦坝体有无动物洞穴及活动迹象;⑧观察水质是否有环境污染现象;⑨对溢洪道、涵管等进行定期检查。

2. 混凝土建筑物

对坝、闸、泄洪建筑物分别进行检查，观察伸缩缝有无卡塞、填料流失；坝面有无磨损冲刷等现象；排水设施有无堵塞和破坏；基础有无破坏造成集中渗漏；上游漂浮物是否造成建筑物破坏或影响运用等。

3. 金属结构

检查金属结构各部位是否有磨损、锈蚀或变形等现象；运行时有无超载、振动、气蚀等造成的破坏；检查支撑行走和转动部分的磨损情况；各部位有无裂缝以及焊缝开焊、铆钉松动等现象。

二、水工建筑物的观测

水工建筑物的观测需要借助专门的仪器设备进行定量观测，以获得比较精确的数据。虽然观测比检查更准确，但也存在局限性。首先，测点往往布设在一些典型断面和个别部位上，内部异常情况却不会恰好就发生在该点；其次，仪器观测是定时进行的，而异常情况可能就发生在观测间隔期间。因此，检查和观测各有利弊，需要相互补充。水工建筑物观测的项目包括变形观测、裂缝观测、应力及温度观测、渗流观测和水流观测等。

（一）变形观测

大坝在自重、水压力等荷载作用下，会产生不同程度的变形，各部位发生变形的原因在于组成该部位的点发生了位移。空间一点的位移有三个方向，因此大坝某一点位移可分为水平位移和垂直位移，水平位移又具体分为垂直坝轴线的横向水平位移和平行坝轴线的纵向水平位移。位移量的大小除受荷载影响外，也与坝体材料、结构型式、施工质量、地基状况等因素有关。

变形观测的目的在于掌握变形的变化规律，研究有无裂缝、渗漏、滑坡等趋势，是判断水工建筑物运行状态的一项重要的观测项目。

1. 水平位移

视准线法（见图9-1）是广泛运用的测定水平位移方法，适用于各种直线形大坝。首先要在大坝两端岸坡上稳定可靠的基岩中布设固定工作基点，左右岸的两个固定工作基点的连线就是视准线。因为工作基点不受大坝变形影响，所以视准线就可以作为观测大坝水平位移的基准线。然后选择坝体的最大坝高处、合龙段、有泄水底孔处、地基坡度和地质情况突变处的横断面为观测断面，并在观测断面上有代表性的部位埋设位移标点。最后用经纬仪观测位移标点偏离视准线的距离。同一位移标点两次观测值之差就是该位移标点的水平位移值。

混凝土和砌石坝的水平位移还可以用引张线法（见图9-2）测量。首先在廊道内坝体两端的基点间拉紧一根钢丝作为基准线，然后测量坝体上各测点相对于基准线的偏离值，进而计算水平位移量。另外，混凝土及砌石坝水平位移沿坝体高程不一样，高程越高位移越大，还需要观测坝体水平位移沿高程的分布，并绘制成图，即坝体的挠度，一般用正垂线或倒垂线来观测。

激光作为一种新型光源得到广泛运用，它具有方向性强、单色性好、亮度高、相干性好等特点。大坝水平位移也可以应用激光来进行观测，这种方法精度高，同时也为观测自动

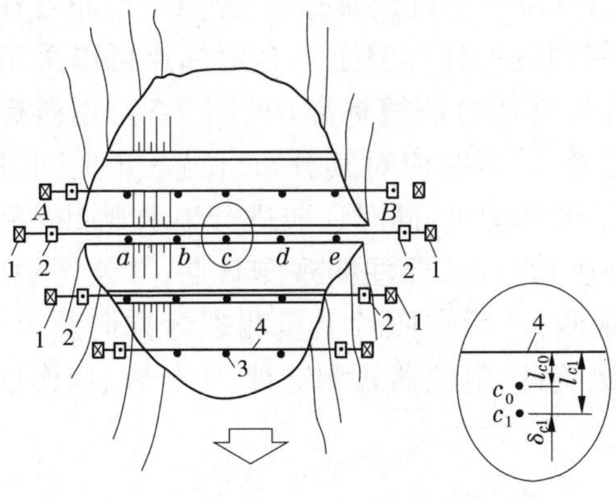

1—校核基点；2—工作基点；3—位移标点；4—视准线

图 9-1　视准线法观测水平位移原理图

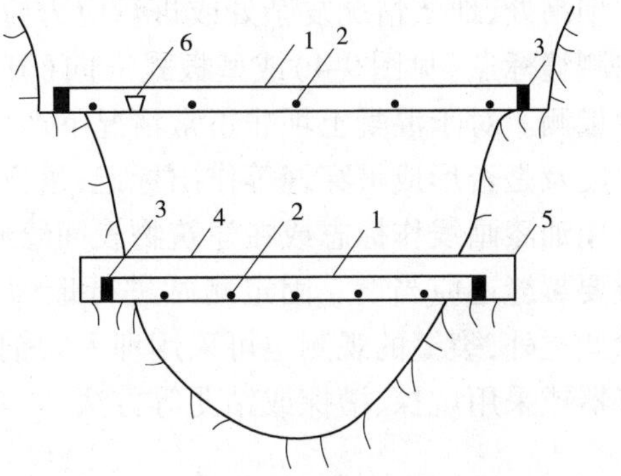

1—引张线；2—测点；3—端点；4—廊道；5—隧洞；6—坝顶

图 9-2　引张线布置示意图

化创造了条件。目前，应用较多的是激光经纬仪准直法。普通经纬仪上安装一个激光管后就成为激光经纬仪。观测时在一个工作基点上架设激光经纬仪，激光管发射一条可见的红色激光束照准对岸的另一个工作基点，就构成了一条可见的准直射线。光电接受靶是测量位移标点与准直射线间距离的装置。靶上安装了硒光电池，只有当激光光斑正好照准硒光电池中心时，与之连接的电流表指针才指向零。将光电接受靶安置在位移标点上，转动靶上的测微鼓使之移动至电流表为零处，表示对准了准直射线，然后在测微鼓读出游标数，表示位移标点与准直射线的偏离值。同一测点相邻两次偏离值之差即位移值。

2. 垂直位移观测

土石坝由于土的固结及库水位变化引起的地基沉陷会导致坝体发生沉降。为了解土石坝的沉降情况就需要进行土石坝垂直位移观测。垂直位移测点与水平位移测点常结合在一起，只需在水平位移测点顶部的观测盘上加制一个圆顶的金属标点头。然后用水准仪定期测定各标点的高程，计算同一标点两次高程之差即得垂直位移值。

垂直位移可以使我们掌握坝体和坝基总的沉降量，这对于分析坝体变形仍然不够，还需要知道坝体自身的固结总量及分层固结量，进而总结固结规律，因此需要进行土石坝的固结观测。首先选择坝体内有代表性的断面为观测断面，然后在各测点逐层埋设沉降仪，观测各测点的高程变化，即可知分层固结量。沉降仪有横梁式（见图 9-3）、电磁式、干簧管式、水管式等多种。

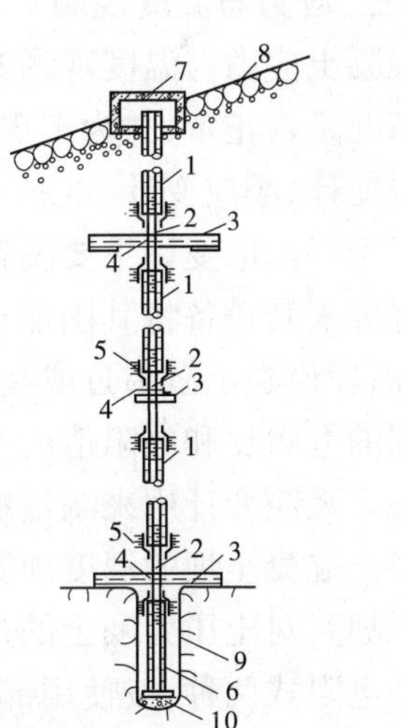

1—套管；2—带横梁的细管；3—横梁；
4—U 形螺栓；5—浸以柏油的麻袋布或棕皮；
6—管座；7—保护盒；8—块石护坡；
9—岩石；10—混凝土底座

图 9-3　横梁式沉降仪结构

（二）伸缩缝和裂缝观测

混凝土建筑物本身设有伸缩缝，同时干缩、沉陷等原因也会使建筑物产生各种裂缝，这些缝隙随着外部荷载及混凝土温度等因素的变化而开合。

伸缩缝观测通常需要在坝顶、坝面和廊道内的测点位置埋设金属标点，测点一般布置在最大坝高处、地质情况复杂处或进行应力应变观测坝段的伸缩缝上。金属标点可以采用单向测缝标点（见图9-4）或型板式三向（开合、错动、高差）测缝标点（见图9-5），用游标卡尺量测。对于混凝土坝非正常情况下产生的裂缝，观测时应对其分布、位置、走向、长度、宽度及是否形成贯穿缝等作出标记，进行详细了解和记录，同时还应进行渗水观测。裂缝处用油漆画线作标志或在建筑物表面绘制方格进行量测，要注明观测日期，并绘图说明。重要裂缝还应当设立固定测站进行地面摄影观测，然后在照片上量测裂缝方向及尺寸。除此之外，裂缝的观测也可采用埋入式铜电阻测缝计、电位器式测缝计、千分表、探伤仪等仪器或采用坑探、槽探或钻孔等方法。

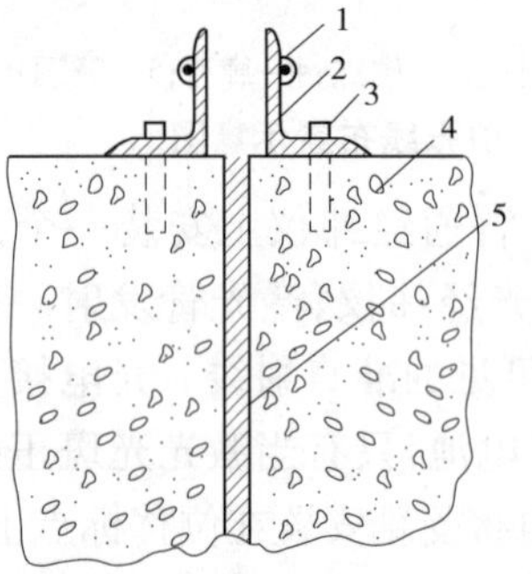

1—标头；2—角钢；3—螺栓；4—混凝土；5—伸缩缝

图9-4 单向测缝标点

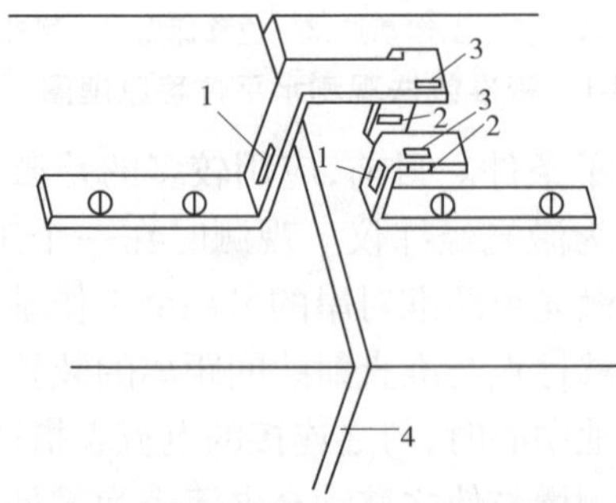

1—观测 x 方向的标点；2—观测 y 方向的标点；
3—观测 z 方向的标点；4—伸缩缝

图9-5 型板式三向测缝标点

（三）应力与温度观测

混凝土应力与温度观测的目的是为了掌握其分布和变化情况，分析内部状态变化和工作情况是否正常，并为工程控制运用、验证设计和科学研究提供资料。观测常用仪器包括大应变计、小应变计、钢筋计、压应力计、孔隙压力计、埋入式铜电阻温度计、电阻比电桥和集线箱等。应变计主要测量内部或表面的应变，在浇筑混凝土时埋入，需要专用的支柱和支杆等配套设备将其固定在埋设位置并保持一定的方向，如图9-6所示。温度计损坏率较高，埋设在上游附近或在水下使用时应注意密封完好。电阻比电桥是量测差动电阻式仪器的电阻比和电阻值的专用接收仪表。集线箱是专门用于连接传感器以便切换测点的设备。无应变计用来测量应变计组附近混凝土因温度、湿度和化学变化所引起的非应力变形。混凝土坝的温度观测一般采用铜电阻温度计，差动电阻式仪器也可兼测温度。

土坝要对土压力及土的空隙水压力进行观测。土压力观测常用土压力计，有钢弦式和差动电阻式两种；按使用部位也可分为边界式和埋入式两类，前者用于测量土与混凝土建筑物表面接触处的压力，后者用于测量土坝体内填土的内部土压力。空隙水压力观测的目的是了解土石坝坝身或坝基产生的空隙水压力的大小、分布和消散情况。在施工阶段可以了解孔隙水压力对质量、进度的影响，在大坝运用期间可以掌握渗流状态和坝身稳定状况以确保大坝安全。空隙水压力观测应与变形观测、土压力观测配合进行，并应同时观测上下游水位、降雨量和地下水位的情况。对空隙水压力的观测资料，应及时整理分

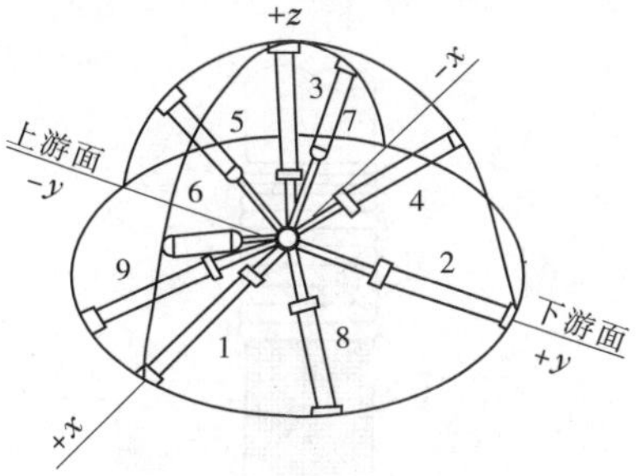

(a)九向应变计组

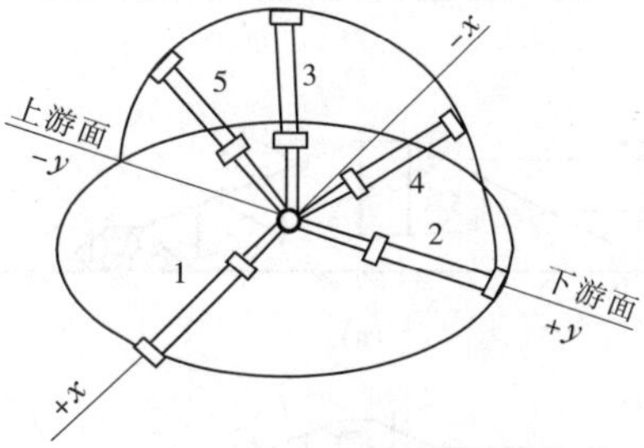

(b)五向应变计组

图 9-6　应变计组示意图

析,绘制成果曲线,并和计算值对比论证,结合施工运用分析空隙水压力变化速率、范围和趋势,提出对设计、施工和运用的意见和建议。

(四)渗流观测

水库建成蓄水后,在上下游水头差作用下坝体和坝基会出现渗流现象,分为正常渗流和异常渗流两种情况。正常渗流从防渗排水设施渗出,只要逸出坡降小于允许值并不会造成破坏。还有些渗流则会引起土体渗透破坏或影响蓄水兴利,称之为异常渗流。在一定外界条件下,正常渗流也可能转化为异常渗流。因此,需要进行认真的检查观测,以保证水库正常运用。

土石坝渗流观测的主要项目包括:坝体浸润线的位置变化、坝基的渗流动水压力及导渗减压的效能、绕坝渗流情况、渗流量及渗水温度等。

1. 浸润线观测

一般使用测压管来进行浸润线观测,如图 9-7 所示。测压管大多在土石坝竣工后钻孔埋设,布置在重要、有代表性、能控制主要渗流情况或可能发生问题的地方。常用金属管、塑料管或无沙混凝土管,分为进水管、导管和管口保护设备三部分(见图 9-8)。测压管安装好后应做注水试验,检查其灵敏度。观测时,用测深钟或者电测水位器测定测压管中的水位,然后根据测量结果绘制曲线就可得到浸润线。

2. 渗流量观测

虽然浸润线观测能测出坝体和坝基的渗透状况和变化过程,但因测压管埋设数量有限,局部渗流可能不易察觉,而内部渗透变化与渗透水量之间存在联系,因此通过渗流量观测作补充就可综合反映坝的渗透状况和工作情况。通常在坝下游设集水沟,将渗流水引至沟中集中量测。观测时将某一时段渗水引入容器内测量的方法称为容积法;在沟中设置薄壁堰用水力学公式计算渗流量的方法称为量水堰法。正常情况下,渗流量随上下游水位差的增减而变化,即水位差增大渗流量增加,水位差减小渗流量也随之减少。进行渗流量观测,对于判断渗流是否稳定、防渗排水设施是否正常具有重要意义。

3. 绕渗观测

岸坡中存在强透水层或岸坡因过陡产生裂缝,渗流会绕过大坝两端向下游流出;当土石坝与混凝土或砌石建筑物的连接部位没有处理好,渗流会沿着接触面向下游流出,以上两种情况称为绕坝渗流。绕坝渗流通过在两岸山体和土石坝与混凝土或砌石建筑物连接部位埋设测压管进行观测，其布置如图9-9所示。

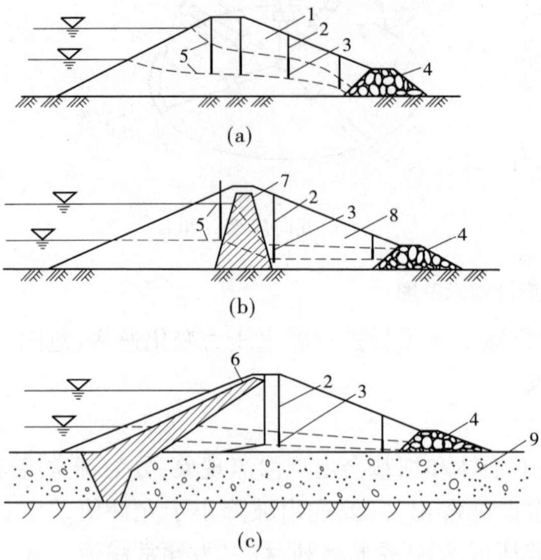

1—土石坝；2—测压管；3—进水管段；
4—排水体；5—浸润线；6—斜墙；
7—心墙；8—透水料；9—透水层

图9-7　测压管布置示意图

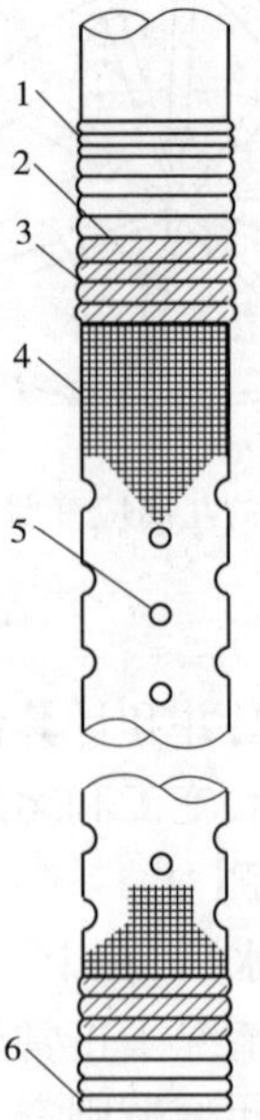

1—缠绕铅丝；2—两层麻布；3—第二过滤层；
4—第一过滤层；5—进水孔；6—封闭管底

图9-8　测压管进水管结构

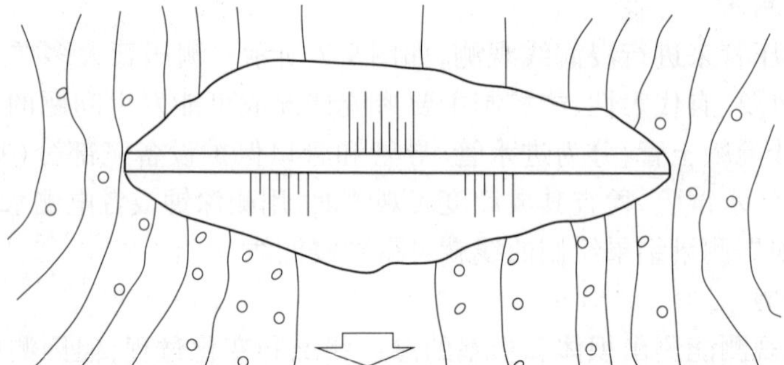

图9-9　绕坝渗流测压管平面布置图

混凝土建筑物除进行渗流量和绕坝渗流观测外，还要进行基础扬压力观测。水工建筑物要受到上下游水位差和尾水浮力的共同作用，该作用是通过水在向下游渗透过程中产生的水压力来达到的。这种对基础产生的向上的水压力叫做基础扬压力。混凝土建筑物主要依靠自身重力来维持稳定，而扬压力抵消了部分重力，因此需要对基础扬压力进行观测，以保证建筑物的抗滑稳定性。基础扬压力可用测压管或电阻式渗压计进行观测。

4. 透明度检测

由坝体或坝基渗出的水若清澈透明即是正常渗流；反之，若出现浑浊、水中带沙或含可溶盐分，则说明坝体或坝基土颗粒被渗出或溶滤，通常是管涌、内部冲刷或化学管涌的前兆。通常用透明度管进行透明度检测，先将渗水摇匀并注入管中，将印有5号拼音字体的纸片置于管下4 cm处，用管上阀门调节水柱高度直至恰好看清字体，水柱高度值即为渗水透明度。

5. 水流观测

水流形态观测包括水流平面形态、水面线、水跃以及高速水流引起的建筑物振动、气蚀、进气量、脉动压力或负压等，一般采用水文方法观测辅以目测、描述、绘图、摄影、录像等方式进行，应同时记录上下游水位、流量、闸门开度、风力和风向等。

三、信息技术在检查观测中的应用

随着现代科技的发展，以计算机和通信网络为核心的信息技术革命正深刻地改变着人类的生活和工作方式。作为国民经济基础产业的水利行业同样面临着信息化建设的问题，水利信息化是水利现代化的基础和标志。水利工程检查观测正从传统观测方式向集中遥测、遥感、自动记录和数据处理、自动显示和闭路电视等自动化、信息化方向发展。

（一）水工建筑物监测系统

水工建筑物监测系统是指通过充分利用当今计算机先进的软件技术、国内外先进的工程监测成果和经验，开发出的一套在原型观测技术方面具有先进性、可靠性、通用性和可扩充性的，并能进行自动监测和数据处理分析，保存和辅助观测设备的网络集合，所以也称为工程安全监测分析评价预报系统。这种系统使工程安全监测分析评价预报和管理实现监测的自动化、网络化，可以使水利水电工程部门和流域电力系统等上级管理部门及时掌握工程的实际状态，进行工程安全评价，及时指导水利水电工程的安全运行，提高管理水平，充分发挥工程的经济效益和社会效益。

（二）3S技术

3S（GPS/GIS/RS）技术在防洪减灾、水灾旱情评估、水土流失监测、水资源规划、农业节水等诸方面得到广泛应用，是一种以处理地球表面信息为主要特征的空间信息系统技术。GPS（全球定位系统）可以对地表空间任一位置准确定位，在水下地形测量、防汛抢险适时指挥等方面有广泛应用；GIS（地理信息系统）是通过计算机技术对各种与地理位置有关的信息进行采集、存储、检索、显示和分析，将水利专业属性数据与空间位置直观地联系起来，为水利信息可视化表达提供了强有力的技术手段；RS（遥感）是采用卫星、雷达等航天观测技术，对地球表面进行连续观测，并经过一系列分析处理获得地球表况特征信息的一种新技术。

任务三　水利工程的养护与修理

水利工程建筑物建成后要逐渐老化，同时在复杂的自然条件和各种外力的作用下会发生各种形式的破坏。通过检查和观测发现隐患后，要及时采取措施防止病害进一步恶化。养护工作能够延缓建筑物老化的速度，修理能使建筑物破坏的部位得到恢复。水利工程的养护与修理应该坚持以防为主、防重于修、修重于抢的原则，做到小坏小修，随坏随修，以确保工程的安全和完整。

一、水工建筑物的养护

（一）土坝的养护

土坝的养护工作主要包括：

（1）严格遵守安全管理规定。坝面不得进行农作物种植、放牧、铲草皮以及搬动护坡的砂石材料等活动；坝顶、坝坡和戗台不得堆放重物以免引起不均匀沉陷或局部塌陷；坝面不得作为码头停靠船只或装卸货物；上下游安全距离范围内不得任意挖坑、取土、打井、爆破；禁止在水库内炸鱼。

（2）水库运用时应控制水位降落速度以免引起滑坡，上游布置铺盖的土坝不宜放空水库，以免铺盖干裂或冻裂。

（3）坝顶应保持平整并具有一定排水坡度；路面经常养护；防浪墙、路沿石、栏杆、台阶、灯柱及线路遇损坏应及时修补。

（4）护坡块石松动、翻动或滚落以及反滤层、垫层流失时，应及时修复；护坡石块过小难抵抗风浪淘刷，可在石块间隙中填充水泥砂浆或勾缝；混凝土护坡伸缩缝填充料流失，应冲洗干净后按原设计补充；草皮护坡的局部损坏应在适当季节补植。

（5）岸坡与坝面排水系统应保持完好和畅通无阻，及时清除淤积并修复损坏部位；防止下游浑水倒灌或回流冲刷对坝体滤水设施和坝后减压设施的破坏。

（6）土坝减压井应高于地面以防止地表水倒灌。减压井淤积，应用掏淤、洗井、抽水的方法使其恢复正常，如已损坏无法修复可把原井用滤料填实后另打新井。

（7）坝体若有兽洞、蚁穴的应设法捕捉害兽和灭杀白蚁，并对兽洞和蚁穴进行适当处理。

（8）观测设备和仪器应妥善保护。

（二）混凝土、砌石和钢筋混凝土建筑物的养护

混凝土、砌石和钢筋混凝土建筑物的养护工作主要包含以下内容：

（1）保持建筑物表面清洁完整，防止出现磨损、冲刷、剥蚀、风化、裂缝等现象。

（2）建筑物的预留伸缩缝应防止出现被杂物卡塞、堵料流失或止水破坏的情况。

（3）利用每年水库水位下降机会修补上游面浆砌石的勾缝；修补砌石坝其他部位的灰缝。

（4）泄洪建筑物泄洪前后，渡槽、倒虹吸管过水前后均应进行检查，发现问题应及时处理；厂房、隧洞、涵管、跌水与陡坡、船闸、鱼道等建筑物等的养护均应制定专门而又详尽的养护制度。

（5）泥沙量大的河流上的水工建筑物，泄水底孔应定期泄水排沙，防止因淤积而影响闸门开启。

（6）经常清理输水洞上下游漂浮物，防止阻水、卡堵门槽或冲坏消能工。

（7）妥善保护各种观测设备。

（三）钢结构的养护

水利工程的钢结构在工作时受到水、空气、日光等介质和水生物的侵蚀，以及高速水

流、泥沙、冰凌等的冲击摩擦会发生腐蚀。在干湿交替环境下工作易产生化学腐蚀作用，特别当钢结构本身质地不纯时，在电解作用下还会发生电化学侵蚀。腐蚀的结果是钢材成片剥落或穿孔，严重的可导致整个构件报废。因此，钢结构应进行定期养护。

防治钢结构直接化学腐蚀的常用方法是在表面涂上涂料（俗称油漆）形成连续而牢固的覆盖层，隔绝金属与外界介质的接触，起到防护和装饰作用。这种方法工艺简单，费用低廉，适应性广，但是保护周期较短，维护工作耗用劳力较多。

防止金属电化学侵蚀，可将锌、铝、铬、镍等电位较高的金属镀在钢结构表面，使之成为微电池阳极，镀层金属会比铁优先腐蚀，这样作为阴极的钢结构就得到了保护。除此之外，也可采用外加电流与涂料联合作用的电化学保护的办法。

（四）启闭与动力设备的养护

在日常工作中，闸门、拦污栅、吊梁等设备应定点存放并保持严格的次序，保证管理人员能够自由、安全、方便地进行工作。动力部分要求有足够容量的电源，电动机及仪表应保持性能良好；电动机要防尘、防潮、外壳保持清洁；传动部件应灵活；接线相序正确，接地可靠。传动部分的变速箱、变速齿轮、蜗轮、蜗杆、联轴器、滚动轴承、轴瓦等部件，应加注润滑油；液压传动装置应保证油泵运行正常，油液质量良好，油箱、管道和阀组无漏油或堵塞。

（五）木结构的养护

木结构易发生腐烂、虫蛀、翘曲和开裂等现象，应尽量保持干燥通风，定期涂油漆或沥青进行防腐处理，个别损坏构件应及时更换。

二、水工建筑物的维修

（一）土坝的维修

1. 土坝的裂缝

土坝的裂缝，按其部位可分为表面裂缝、内部裂缝；按产生的原因可分为变形裂缝、滑坡裂缝、干缩裂缝、冻融裂缝、水力劈裂缝、塑流裂缝、震动裂缝；按方向可分为垂直坝轴线的横向裂缝、平行坝轴线的纵向裂缝以及无规律的龟纹裂缝。裂缝可采用开挖回填和灌浆的方法进行处理。开挖回填法先将土坝出现裂缝部位完全挖除，保护好坑口和接合面，然后选用塑性较大的土料分层夯实。灌浆法处理裂缝可在裂缝中灌注纯水泥浆或水泥黏土浆，不仅可以起到充填坝体裂缝的作用，而且浆液在灌浆压力作用下可将裂缝两侧坝内土体挤压密实，周围与灌浆裂缝不相连通的裂缝也可因此而闭合。

2. 土坝的渗漏

土坝渗漏的常见形式有散浸、集中渗漏、管涌、斜墙或心墙击穿等。应按“上截下排”原则对渗漏进行处理。“上截”是指封堵坝渗漏入口以截断渗漏途径，“下排”是指使已进入坝体的渗水在不带走土颗粒的前提下迅速排出。处理渗漏在坝轴线以上可采用建造防渗墙、黏土贴坡、黏土截水槽、黏土铺盖或灌浆等方法；同时在下游要采取导渗和滤水等措施。

3. 土坝的滑坡

土坝的滑坡是指坝坡局部因失去稳定而滑动，发生上部坍塌下部隆起并脱离原来位置向下滑移的现象。滑坡发生的根本原因在于滑动面上的土体滑动力超过抗滑力，按性质可分为剪切性滑坡、塑流性滑坡和液化性滑坡。滑坡之前会出现裂缝及变形、孔隙水压力、浸润线、渗流量异常等征兆，这时就应该特别注意，及时采取抢护和处理措施，防止险情恶化。滑坡可采用放缓坝坡、堆石（抛石）固脚、开沟导渗滤水还坡等措施进行处理。

（二）混凝土、砌石建筑物的维修

1. 表面损坏的维修

水利工程混凝土建筑物表面会出现蜂窝、麻面、接缝不平、磨损、冻融和风化引起的疏松脱壳等现象；砌石建筑物表面出现缺损、破裂以及灰缝和勾缝开裂与剥落等现象。因水流边界条件差所引起的损坏，应采取改善水流边界条件的措施进行补救。混凝土表面已损坏部分应人工凿除，然后根据不同情况采用普通混凝土、喷混凝土、压浆混凝土或真空作业混凝土回填，预缩砂浆或环氧砂浆修补，环氧石膏填补等方法进行处理。修补的混凝土强度不得低于原混凝土，水灰比应尽量小。砌石建筑物表面勾缝剥落，应先清除缝内松动的原砂浆体并用水冲洗干净，露出砌石后再用高标号水泥砂浆填塞压实并抹光表面。

2. 裂缝的处理

混凝土和砌石建筑物的坝体由于应力、不均匀沉陷、温度等原因，当应力和变形达到一定程度超过建筑材料本身的抵抗能力时，坝体表面或坝体内就会产生裂缝。对于表面裂缝，采取的处理方法有：

（1）表面涂抹：用水泥浆、水泥砂浆、防水快凝砂浆或环氧砂浆涂抹在建筑物表面有裂缝的部位，适用于非溢流表面的堵缝截漏。

（2）表面粘补：将橡皮、玻璃丝布等材料用胶黏剂粘贴在表面裂缝处，起到封闭裂缝和防渗堵漏的作用。这种方法适用于裂缝尚未稳定且对建筑物的强度没有影响的情况，尤其在伸缩缝及温度裂缝修补时使用。

（3）凿槽嵌补：沿裂缝凿一条深槽，槽内嵌填环氧砂浆、沥青油膏、干硬性砂浆、聚氯乙烯胶泥、预缩砂浆等防水材料，以防止内水外渗或外水内渗。凿槽嵌补主要用于对结构强度没有影响的裂缝。

（4）喷浆修补：对混凝土表面裂缝部位进行凿毛处理，然后喷射一层密实而高强度的水泥砂浆，达到封闭裂缝和防渗堵漏或提高混凝土表面抗冲耐蚀能力的目的。根据裂缝的部位、性质和修理要求等情况可采用无筋素喷浆、挂网喷浆、挂网喷浆与凿槽嵌补相结合的方法。根据裂缝的性质、开度和施工条件等具体情况选用适合的灌浆材料：水泥灌浆适用于开度大于0.3 mm的裂缝；化学灌浆适用于开度小于0.3 mm的裂缝；若裂缝中渗透流速大于600 m/d或裂缝受温度变化影响比较大，只能采用化学灌浆。化学灌浆应注意选用材料的性质：甲凝多用于灌注干燥或处理后无渗水的细微裂缝或低温灌浆；环氧树脂多用于灌注0.3 mm左右干燥或处理后无渗水的裂缝；水玻璃、铬木素、丙凝多用于渗水裂缝的堵水止漏。

（三）堤防的维修

堤防与土坝一样都是挡水的土工建筑物，养护和修理的方法也与土坝大致相同。但堤防工程主要防御流动的洪水，江、河、湖的水位不像水库水位那样容易控制。另外，堤身长度比土坝要长得多，且绵延于旷野，因此堤防的维修有其特殊的地方。

堤防容易出现渗漏引起的管涌、岸坡崩塌、堤坡损坏、蚁穴和兽洞等隐患，造成堤防不能达到原来的防洪标准，应及时养护修理。堤基管涌处理可采用薄抓斗成槽、射水法成槽、锯槽等技术建造防渗墙，也可在堤后用吹填技术设盖重，或在堤后导渗等多种方法。堤防崩岸的治理可采用抛石、铰链混凝土块、土工膜袋、土工织物软体排、四面六边透水框架等多种防护技术。

项目自测题

1. 水利工程管理的任务是什么？
2. 水利工程管理的内容有哪些？
3. 水工建筑变形观测的目的是什么？
4. 为什么会产生绕坝渗流？
5. 什么是土坝的滑坡？
6. 怎么进行水工建筑物水平位移观测？
7. 基础扬压力产生的原理是什么？
8. 如何对水利工程的钢结构进行电化学保护？
9. 如何对土坝的裂缝进行处理？
10. 可以采取哪些措施处理混凝土建筑物表面的裂缝？

参考文献

[1] 王长运，叶舟. 水利水电工程概论[M]. 郑州：黄河水利出版社，2009.
[2] 王长运. 水工建筑物[M]. 郑州：黄河水利出版社，2014.
[3] 杨勇，田利萍，张保同. 水工建筑物[M]. 郑州：黄河水利出版社，2017.
[4] 中华人民共和国水利部. 水利水电工程等级划分及洪水标准：SL 252—2017[S]. 北京：中国水利水电出版社，2017.
[5] 杨邦柱，焦爱萍. 水工建筑物[M]. 2版. 北京：中国水利水电出版社，2009.
[6] 李鸿雁. 水利水电工程概论[M]. 北京：中国水利水电出版社，2012.
[7] 王溥文，韩昌海，童中山. 橡胶坝技术及应用[M]. 北京：中国水利水电出版社，2008.
[8] 吴伟民. 水利工程概论[M]. 北京：中国水利水电出版社，2017.
[9] 中华人民共和国水利部. 混凝土重力坝设计规范：SL 319—2018[S]. 北京：中国水利水电出版社，2018.
[10] 中华人民共和国住房和城乡建设部，中华人民共和国国家质量监督检验检疫总局. 灌溉与排水工程设计标准：GB 50288—2018[S]. 北京：中国计划出版社，2018.
[11] 焦爱萍，陈诚. 水工建筑物[M]. 3版. 北京：中国水利水电出版社，2015.
[12] 吴持恭. 水力学[M]. 5版. 北京：高等教育出版社，2016.
[13] 梅孝威. 水利工程管理[M]. 2版. 北京：中国水利水电出版社，2013.
[14] 崔承章，熊治平. 治河防洪工程[M]. 北京：中国水利水电出版社，2004.
[15] 王金亭. 城市防洪[M]. 郑州：黄河水利出版社，2008.
[16] 袁光裕，胡志根. 水利工程施工[M]. 6版. 北京：中国水利水电出版社，2016.
[17] 吴宏平，陶家俊. 水泵与水泵站[M]. 3版. 郑州：黄河水利出版社，2016.
[18] 冯卫民. 水泵及水泵站[M]. 北京：中国水利水电出版社，2012.
[19] 雷恒，周志琦. 水电站[M]. 郑州：黄河水利出版社，2017.
[20] 中华人民共和国水利部. 泵站设计规范：GB 50265—2010[S]. 北京：中国计划出版社，2011.
[21] 薛桦. 水利水电工程施工技术与施工组织[M]. 郑州：黄河水利出版社，2014.
[22] 陈胜宏. 水工建筑物[M]. 北京：中国水利水电出版社，2014.
[23] 陈德亮. 水工建筑物[M]. 5版. 北京：中国水利水电出版社，2008.
[24] 林继镛. 水工建筑物[M]. 5版. 北京：中国水利水电出版社，2009.
[25] 奚立平，朱友聪. 水利工程安全监测与养护修理[M]. 郑州：黄河水利出版社，2015.
[26] 闫国新，张梦宇，王飞寒. 水利水电工程施工技术[M]. 郑州：黄河水利出版社，2013.